Craftsman Nail technician

# 네일미용사 필기
## 적중모의고사 (상시시험 대비)

◾ 노희영
- 현) 서경대학교 예술교육원 미용학 전공 학과장
- 한성대학교 예술학 석사
- 한양대학교 보건학 박사
- 국가자격증 미용사(메이크업) 심사위원
- 국가자격증 미용사(네일) 심사위원

◾ 이기혜
- 현) 서경대학교 예술교육원 미용학 출강
- 현) 백석예술대학교 뷰티예술학부 출강
- 서경대학교 미용예술대학원 석사
- 한국네일 예술교류협회 이사
- 한국산업인력공단 미용사 네일 실기 감독
- 서울 국제 네일 페스티벌 심사위원

## preface... 머리말

21세기는 전문가의 시대입니다.

오늘날 미용업무는 공중위생분야로서 국민의 건강과 직결되어 있는 중요한 분야로 향후 국가의 산업구조가 제조업에서 서비스업 중심으로 전환되는 차원에서 수요가 증대되고 있습니다. 또한, 분야별로 세분화 및 전문화되고 있는 세계적인 추세에 맞추어 미용의 업무 중 머리, 화장, 네일, 메이크업의 업무를 수행할 수 있는 미용분야 전문인력을 양성하여 국민의 보건과 건강을 보호하기 위해 만든 자격제도가 바로 한국산업인력공단이 주관·시행하고 있는 미용사 자격시험입니다.

이 교재는 NCS 과정에 따라 개편된 한국산업인력공단의 출제기준을 반영하여 만들어진 미용사(네일) 필기 교재로 다음과 같은 구성적 장점을 통해 수험생 여러분들에게 자격시험 합격의 지름길을 제공할 것입니다.

1. 한국산업인력공단의 출제기준과 NCS 과정을 반영하여 이론 내용을 구성·정리하였으며, 공중위생관리법규는 최신의 내용을 수록하고 있습니다.
2. 상시시험으로 운영되고 있는 미용사(네일) 필기시험 출제문제를 반영한 총 10회분의 CBT 대비 적중모의고사를 상세한 해설과 함께 수록하여 효과적인 시험대비가 가능하도록 하였습니다.
3. 풍부한 유형의 문제 풀이가 있어야 하는 만큼 적중모의고사의 각 문항에는 상세한 해설을 곁들여 유사 문제에도 쉽게 대비할 수 있도록 하였습니다.

이 책이 수험생들에게 보다 쉽게 자격증을 취득할 수 있도록 작으나마 보탬이 되고 또한 우수한 미용인 양성에 초석이 되었으면 하는 바람입니다. 수험생 여러분, 인생에서 초심이 가장 중요하듯이 책장이 한 장 한 장 넘어갈 때마다 여러분들이 가졌던 첫 마음을 다시 한 번 생각하면서, 소망하는 미용전문인이 되기를 두 손 모아 기대합니다.

저자 일동

# 기술검정안내

## ◉ 개요
네일미용에 관한 숙련기능을 가지고 현장업무를 수행할 수 있는 능력을 가진 전문기능인력을 양성하고자 자격제도를 제정

## ◉ 직무내용
손톱·발톱을 건강하고 아름답게 하기 위하여 적절한 관리법과 기기 및 제품을 사용하여 네일 미용 업무 수행

## ◉ 진로 및 전망
네일미용사, 미용강사, 화장품 관련 연구기관, 네일 미용업 창업, 유학 등

## ◉ 취득방법
1. 실시기관 : 한국산업인력공단
2. 실시기관 홈페이지 : http://q-net.or.kr
3. 시험과목
    - 필기 : 네일 화장물 적용 및 네일미용 관리
    - 실기 : 네일미용 실무
4. 검정방법
    - 필기 : 객관식 4지 택일형, 60문항(60분)
    - 실기 : 작업형(2시간 30분 정도, 100점)
5. 합격기준 : 100점 만점에 60점 이상
6. 응시자격 : 제한없음

## 미용사(네일) 필기시험 출제기준

| 시험 과목 | 주요 항목 | 세부 항목 | |
|---|---|---|---|
| 네일 화장물 적용 및 네일미용 관리 | 1. 네일미용 위생서비스 | 1. 네일미용의 이해<br>3. 네일숍 안전 관리<br>5. 개인위생 관리<br>7. 피부의 이해<br>9. 손발의 구조와 기능 | 2. 네일숍 청결 작업<br>4. 미용기구 소독<br>6. 고객응대 서비스<br>8. 화장품 분류 |
| | 2. 네일 화장물 제거 | 1. 일반 네일 폴리시 제거<br>3. 인조 네일 제거 | 2. 젤 네일 폴리시 제거 |
| | 3. 네일 기본관리 | 1. 프리에지 모양만들기<br>3. 보습제 도포 | 2. 큐티클 부분 정리 |
| | 4. 네일 화장물 적용 전 처리 | 1. 일반 네일 폴리시 전 처리<br>2. 젤 네일 폴리시 전 처리<br>3. 인조 네일 전 처리 | |
| | 5. 자연 네일 보강 | 1. 네일 랩 화장물 보강<br>3. 젤 화장물 보강 | 2. 아크릴 화장물 보강 |
| | 6. 네일 컬러링 | 1. 풀 코트 컬러 도포<br>3. 딥 프렌치 컬러 도포 | 2. 프렌치 컬러 도포<br>4. 그러데이션 컬러 도포 |
| | 7. 네일 폴리시 아트 | 1. 일반 네일 폴리시 아트<br>3. 통 젤 네일 폴리시 아트 | 2. 젤 네일 폴리시 아트 |
| | 8. 팁 위드 파우더 | 1. 네일 팁 선택<br>3. 프렌치 팁 작업 | 2. 풀 커버 팁 작업<br>4. 내추럴 팁 작업 |
| | 9. 팁 위드 랩 | 1. 팁 위드 랩 네일 팁 적용<br>2. 네일 랩 적용 | |
| | 10. 랩 네일 | 1. 네일 랩 재단<br>3. 네일 랩 연장 | 2. 네일 랩 접착 |
| | 11. 젤 네일 | 1. 젤 화장물 활용<br>3. 젤 프렌치 스컬프처 | 2. 젤 원톤 스컬프처 |
| | 12. 아크릴 네일 | 1. 아크릴 화장물 활용<br>3. 아크릴 프렌치 스컬프처 | 2. 아크릴 원톤 스컬프처 |
| | 13. 인조 네일 보수 | 1. 팁 네일 보수<br>3. 아크릴 네일 보수 | 2. 랩 네일 보수<br>4. 젤 네일 보수 |
| | 14. 네일 화장물 적용 마무리 | 1. 일반 네일 폴리시 마무리<br>2. 젤 네일 폴리시 마무리<br>3. 인조 네일 마무리 | |
| | 15. 공중위생관리 | 1. 공중보건<br>2. 소독<br>3. 공중위생관리법규(법, 시행령, 시행규칙) | |

# NCS(국가직무능력표준) 안내

## NCS(국가직무능력표준)와 NCS 학습모듈

- 국가직무능력표준(NCS, National Competency Standards)이란 산업현장에서 직무를 수행하기 위해 요구되는 지식·기술·소양 등의 내용을 국가가 산업부문별·수준별로 체계화한 것으로 국가적 차원에서 표준화한 것을 의미합니다.
- NCS 학습모듈은 NCS 능력단위를 교육 및 직업훈련 시 활용할 수 있도록 구성한 교수·학습자료입니다. 즉, NCS 학습모듈은 학습자의 직무능력 제고를 위해 요구되는 학습 요소(학습 내용)를 NCS에서 규정한 업무 프로세스나 세부 지식, 기술을 토대로 재구성한 것입니다.

## NCS 개념도

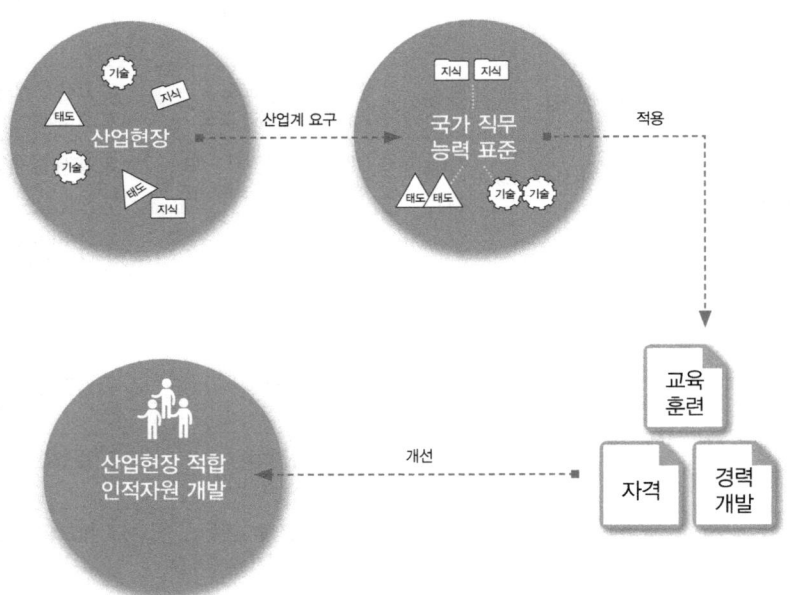

## NCS의 활용영역

| 구분 | | 활용 콘텐츠 |
| --- | --- | --- |
| 산업현장 | 근로자 | 평생경력개발경로, 자가진단도구 |
| | 기업 | 현장수요 기반의 인력채용 및 인사관리기준, 직무기술서 |
| 교육훈련기관 | | 직업교육 훈련과정 개발, 교수계획 및 매체·교재개발, 훈련기준 개발 |
| 자격시험기관 | | 자격종목설계, 출제기준, 시험문항, 시험방법 |

## ☙ NCS 학습모듈의 특징

- NCS 학습모듈은 산업계에서 요구하는 직무능력을 교육훈련 현장에 활용할 수 있도록 성취목표와 학습의 방향을 명확히 제시하는 가이드라인의 역할을 합니다.
- NCS 학습모듈은 특성화고, 마이스터고, 전문대학, 4년제 대학교의 교육기관 및 훈련기관, 직장교육기관 등에서 표준교재로 활용할 수 있으며 교육과정 개편 시에도 유용하게 참고할 수 있습니다.

## ☙ NCS와 NCS 학습모듈의 연결 체제

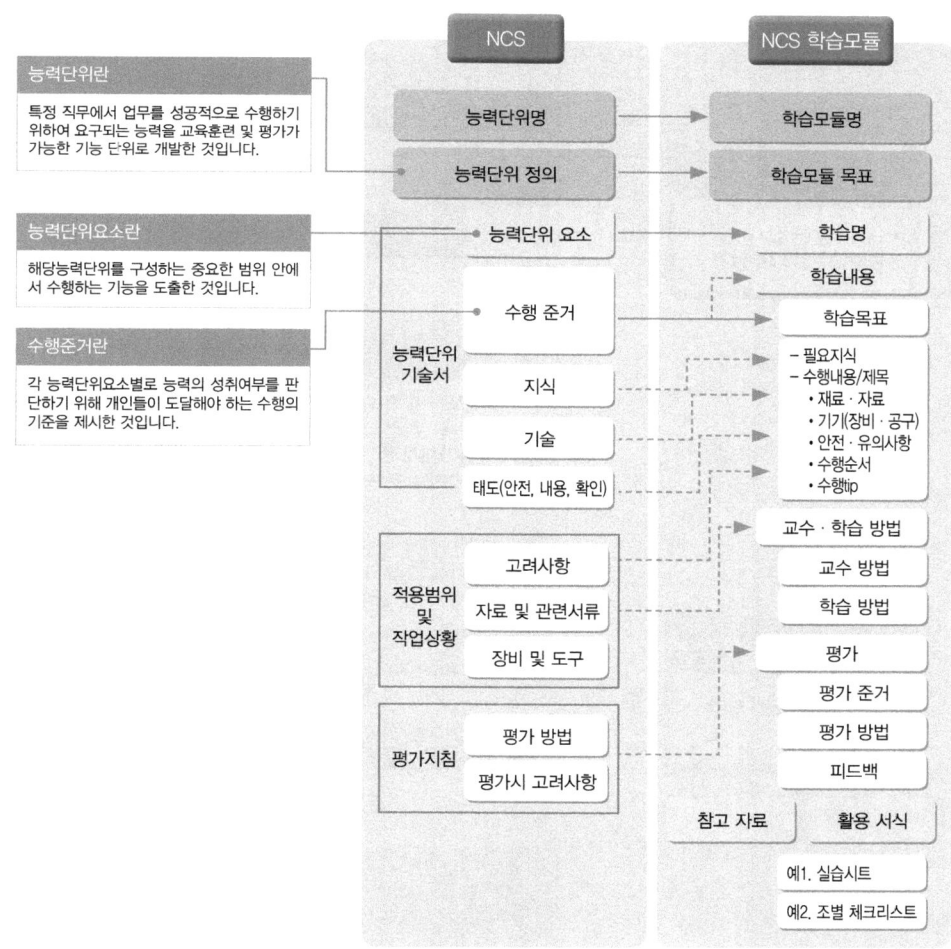

# 과정평가형 자격취득 안내

## ◉ 과정평가형 자격

과정평가형 자격은 국가기술자격법에 근거하여 국가직무능력표준(NCS)에 따라 설계된 교육·훈련과정을 체계적으로 이수한 교육·훈련생에게 내·외부 평가를 통해 국가기술자격증을 부여하는 새로운 개념의 국가기술자격 취득 제도로서 2015년부터 시행되고 있다.

## ◉ 과정평가형 자격 운영 절차

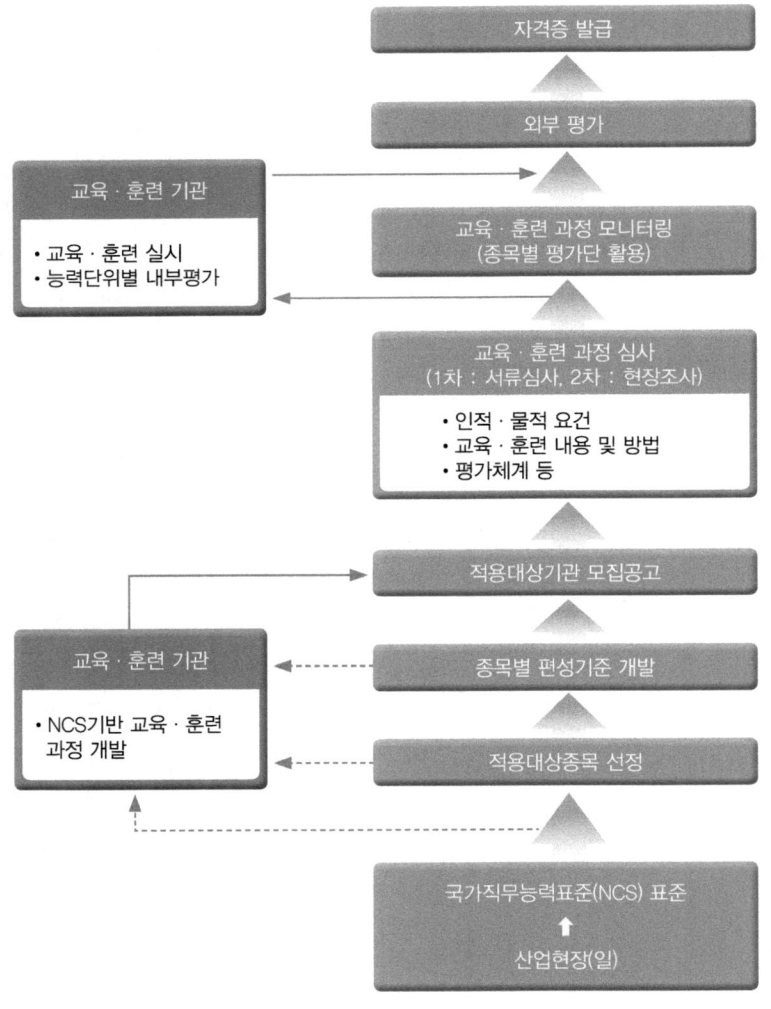

## ◉ 시행 대상

국가기술자격법의 과정평가형 자격 신청자격에 충족한 기관 중 공모를 통하여 지정된 교육·훈련기관의 단위과정별 교육·훈련을 이수하고 내부평가에 합격한 자

## ◉ 교육·훈련생 평가

① 내부평가(지정 교육·훈련기관)
   ㉮ 평가대상 : 능력단위별 교육·훈련과정의 75% 이상 출석한 교육·훈련생
   ㉯ 평가방법
      ㉠ 지정받은 교육·훈련과정의 능력단위별로 평가
      ㉡ 능력단위별 내부평가 계획에 따라 자체 시설·장비를 활용하여 실시
   ㉰ 평가시기
      ㉠ 해당 능력단위에 대한 교육·훈련이 종료된 시점에서 실시하고 공정성과 투명성이 확보되어야 함
      ㉡ 내부평가 결과 평가점수가 일정수준(40%) 미만인 경우에는 교육·훈련기관 자체적으로 재교육 후 능력단위별 1회에 한해 재평가 실시
② 외부평가(한국산업인력공단)
   ㉮ 평가대상 : 단위과정별 모든 능력단위의 내부평가 합격자
   ㉯ 평가방법 : 1차·2차 시험으로 구분 실시
      ㉠ 1차 시험 : 지필평가(주관식 및 객관식 시험)
      ㉡ 2차 시험 : 실무평가(작업형 및 면접 등)

## ◉ 합격자 결정 및 자격증 교부

① 합격자 결정 기준
   내부평가 및 외부평가 결과를 각각 100점을 만점으로 하여 평균 80점 이상 득점한 자
② 자격증 교부
   기업 등 산업현장에서 필요로 하는 능력보유 여부를 판단할 수 있도록 교육·훈련 기관명·기간·시간 및 NCS 능력단위 등을 기재하여 발급

> NCS 및 과정평가형 자격에 대한 내용은 NCS국가직무능력표준 홈페이지(www.ncs.go.kr)에서 보다 자세하게 살펴볼 수 있습니다.

# CBT 필기시험제도 안내

## ◉ CBT 필기시험 개요

CBT(컴퓨터 기반 시험) 필기시험 제도는 한국 산업인력공단 상설시험장과 외부기관의 시설 및 장비를 임차하여 시행하기 때문에 시험장 사정에 따라 시험일자가 달라질 수 있으며, 수험생들이 선호하는 시험장은 조기 마감될 수 있으므로 주의하여야 합니다.

## ◉ 원서접수 기간 및 접수처

- 한국산업인력공단이 주관 및 시행하는 기능사 정기 CBT 필기시험 및 상시 CBT 필기시험과 관련한 정보는 큐넷 홈페이지(http://www.q-net.or.kr)를 방문하여 확인합니다.
- 기능사 필기시험의 원서접수는 인터넷으로만 가능하며 정기 및 상시시험 모두 큐넷 홈페이지(http://www.q-net.or.kr)에서 접수할 수 있습니다.
- 기능사 상시시험 종목 : 한식조리기능사, 양식조리기능사, 일식조리기능사, 중식조리기능사, 제과기능사, 제빵기능사, 미용사(일반), 미용사(피부), 미용사(네일), 미용사(메이크업), 굴착기운전기능사, 지게차운전기능사, 건축도장기능사, 방수기능사 [14종목]
  ※건축도장기능사, 방수기능사 2종목은 정기검정과 병행 시행

## ◉ CBT 부별 시험시간 안내

| 구분 | 입실시간 | 시험시간 | 비고 |
|---|---|---|---|
| 1부 | 09:30 | 09:50~10:50 | |
| 2부 | 10:00 | 10:20~11:20 | |
| 3부 | 11:00 | 11:20~12:20 | |
| 4부 | 11:30 | 11:50~12:50 | |
| 5부 | 13:00 | 13:20~14:20 | 시험실 입실 시간은 시험 시작 20분 전 |
| 6부 | 13:30 | 13:50~14:50 | |
| 7부 | 14:30 | 14:50~15:50 | |
| 8부 | 15:00 | 15:20~16:20 | |
| 9부 | 16:00 | 16:20~17:20 | |
| 10부 | 16:30 | 16:50~17:50 | |

※지역별 접수인원에 따라 일일 시행횟수는 변동될 수 있으며, 원거리 시험장으로 이동할 수 있습니다.

## ◉ 합격자 발표

종이 시험과 달리 CBT 필기시험은 시험이 종료된 후 시험점수와 함께 합격 여부를 확인할 수 있으며, 이 결과는 시험일정 상의 합격자 발표일에 최종 확인할 수 있습니다.

# CBT 필기시험 체험하기

01 CBT 필기시험 응시를 위해 지정된 좌석에 앉으면 해당 컴퓨터 단말기가 시험감독관 서버에 연결되었음을 알리는 연결 성공 메시지가 나타납니다.

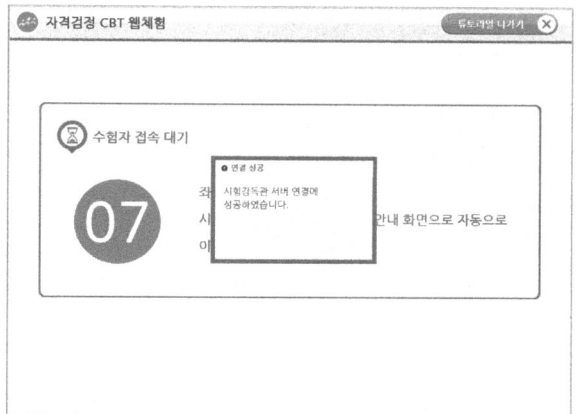

02 수험자 접속 대기 화면에서 좌석번호를 확인합니다. 좌석번호 확인이 끝나면 시험감독관의 지시에 따라 시험 안내 화면으로 자동으로 이동합니다.

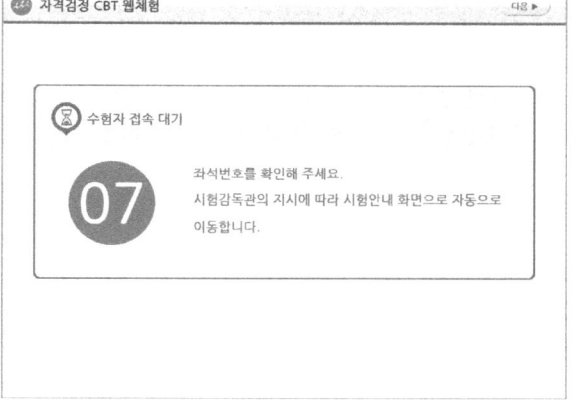

03 수험자 정보를 확인합니다. 감독관의 신분 확인 절차가 진행됩니다. 신분 확인이 모두 끝나면 시험을 시작할 수 있습니다.

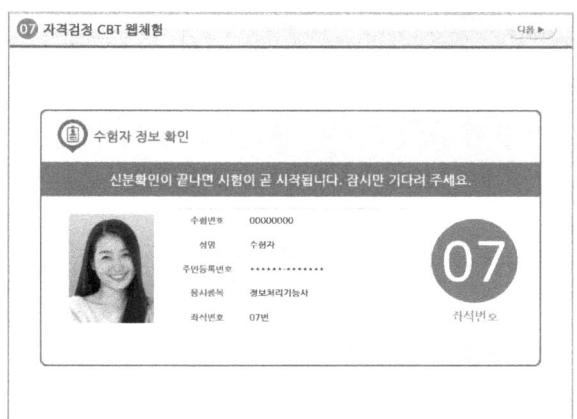

04 CBT 필기시험에 대한 안내사항이 나타납니다. 화면은 예제이며, 실제 기능사 필기시험은 총 60문제로 구성되며, 60분간 진행됩니다.

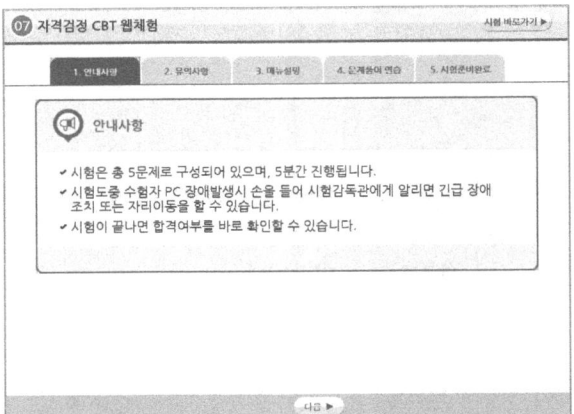

05 다음 항목에서 시험과 관련된 유의사항을 확인합니다. 특히, 시험과 관련한 부정행위 적발 시 퇴실과 함께 해당 시험은 무효처리되어 불합격 될 뿐만 아니라, 이후 3년간 국가기술자격검정에 응시할 수 있는 자격이 정지되므로 부정행위로 인정되는 내용을 꼼꼼히 확인하도록 합니다.

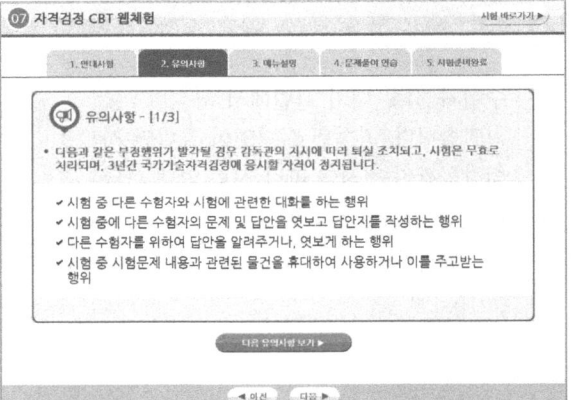

06 메뉴설명 항목에서는 문제풀이와 관련된 메뉴에 대한 설명을 확인할 수 있습니다. CBT 화면에서는 글자 크기를 크게 하거나 작게 할 수 있을 뿐 아니라, 화면 배치를 1단 또는 2단 화면 보기 혹은 한 문제씩 보기로 선택할 수 있습니다.

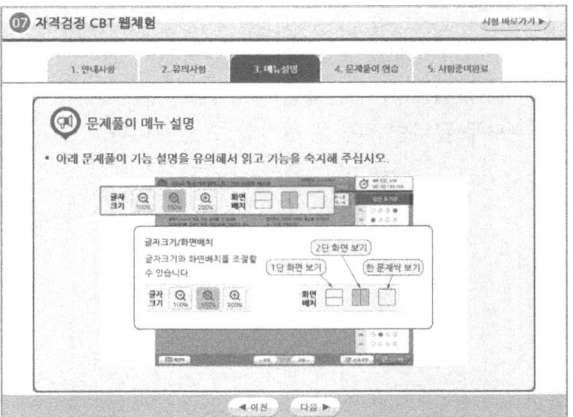

07 문제풀이 연습 항목에서는 실제 문제를 풀어보는 과정을 연습할 수 있습니다. 실제 시험에서 실수하지 않도록 하기 위해 [자격검정 CBT 문제풀이 연습] 버튼을 클릭합니다.

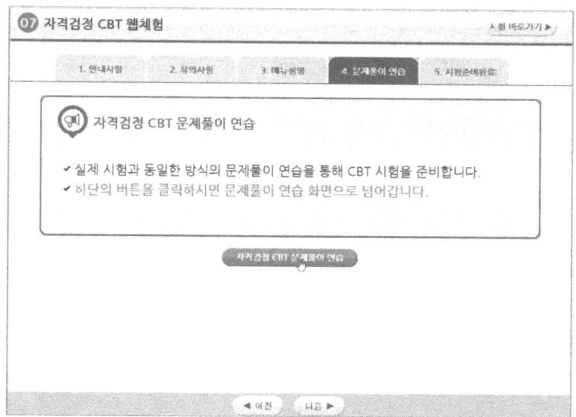

08 보기의 연습 문제는 국가기술자격시험의 정부 위탁기관인 한국산업인력공단의 본부 청사 소재지를 묻는 것입니다. 현재 한국산업인력공단 본부는 울산광역시에 소재하고 있습니다. 문제 아래의 보기에서 번호 항목을 클릭하거나 답안 표기란의 번호 항목에서 해당 답안을 클릭하여 답안을 체크합니다.

09 문제 아래의 보기를 클릭하거나 오른쪽 답안 표기란의 답안 항목을 클릭하면 화면과 같이 선택한 답안이 OMR 카드에 색칠한 것과 같이 색이 채워집니다.

> 답안을 수정할 때는 마찬가지 방법으로 수정하고자 하는 문제의 보기 항목이나 답안 표기란의 보기 항목에서 수정하고자 하는 답안을 클릭합니다.

10 문제를 풀고 나면 다음 문제를 풀기 위해 화면 하단의 [다음] 버튼을 클릭하여 문제를 계속 풀어나가면 됩니다. 참고로 하단 버튼 중 [계산기]를 클릭하면 간단한 공학용 계산기를 사용하여 계산 문제를 푸는 데 도움을 받을 수 있습니다.

> 계산이 끝나고 계산기를 화면에서 사라지게 하려면 계산기 창의 오른쪽 상단에 있는 닫기 ⊠ 버튼을 클릭합니다.

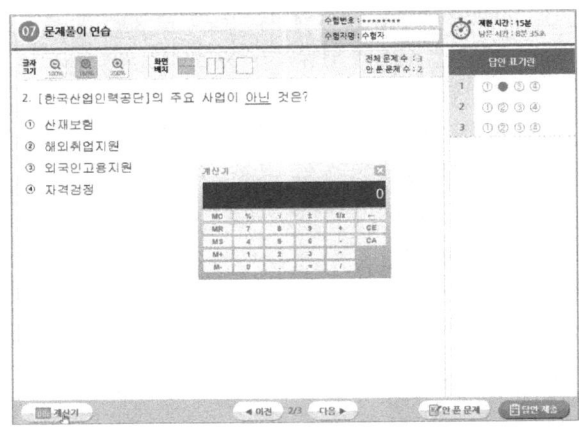

11 문제 풀이 연습이 끝나면 하단의 [답안 제출] 버튼을 클릭하여 답안을 제출합니다.

> 어려운 문제의 경우 하단의 [다음] 버튼을 클릭하여 다음 문제를 풀 수도 있습니다. 단, 이러한 경우 답안을 제출하기 전에 하단의 [안 푼 문제] 버튼을 클릭하여 혹시 풀지 않은 문제가 있는 지 최종적으로 확인하도록 합니다.

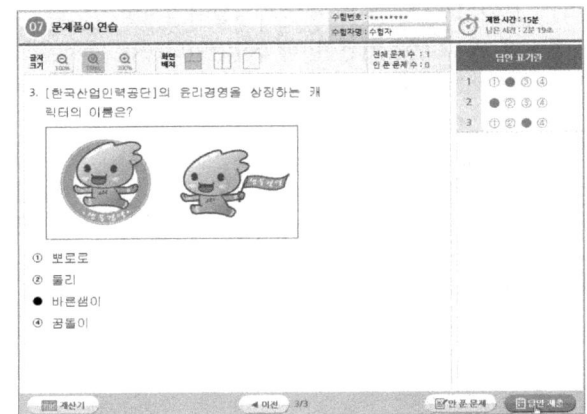

12 답안 제출을 클릭하면 나타나는 화면입니다. 수험생들이 실수로 답안을 모두 체크하지 않고 제출할 수 있는 실수를 방지하기 위해 2회에 걸쳐 주의 화면이 나타납니다. 답안을 제출하려면 [예] 버튼을 누릅니다.

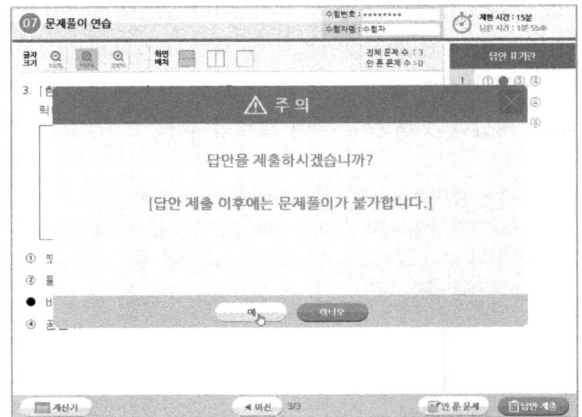

13 문제풀이 연습을 모두 마치면 나타나는 화면에서 [시험 준비 완료] 버튼을 클릭합니다. 이후 시험 시간이 되면 시험감독관의 지시에 따라 시험이 자동으로 시작됩니다.

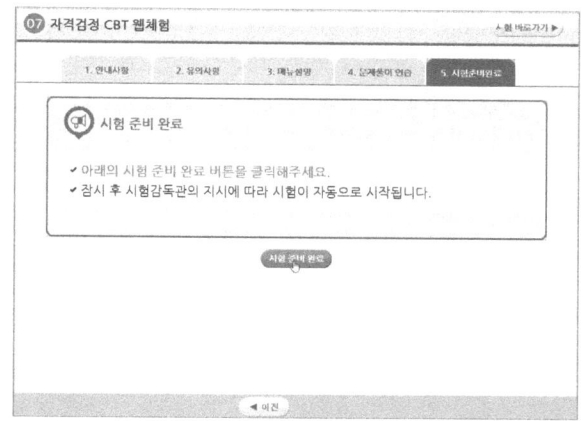

14 본 시험이 시작되면 첫 번째 문제가 화면에 나타납니다. 앞서 문제풀이 연습 때와 마찬가지 방법으로 문제의 보기에서 정답을 클릭하거나 답안 표기란에 해당 문제의 정답 항목을 클릭하여 답을 선택합니다.

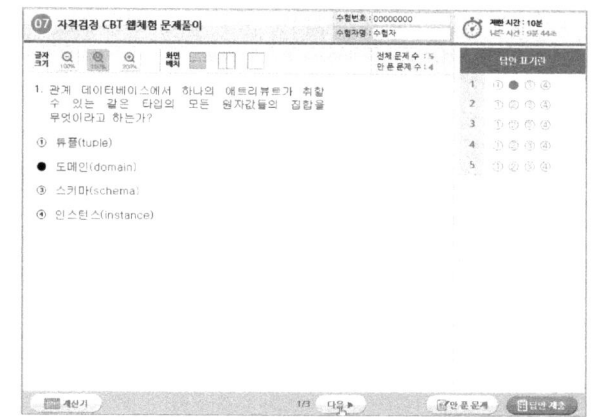

15 화면 하단의 [다음] 버튼을 클릭하면 다음 문제를 풀 수 있습니다. 앞서와 마찬가지 방법으로 답안에 체크하고 모든 문제를 풀었다면 [답안 제출] 버튼을 클릭합니다.

화면의 상단 오른쪽에 제한 시간과 남은 시간이 표시됩니다. 본 예제는 체험을 위한 것으로 실제 시험시간은 60분이며, 이에 따라 남은 시간도 표시됩니다.

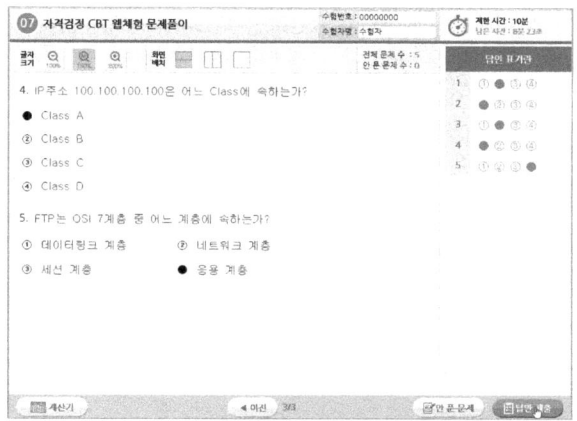

16 수험생의 실수를 방지하기 위해 2회에 걸쳐 주의 문구가 출력됩니다. 모든 문제를 이상없이 풀고 답안에 체크했다면 [예] 버튼을 클릭하여 답안을 제출하고 시험을 마무리합니다.

> 문제 화면으로 다시 돌아가고자 한다면 [아니오] 버튼을 클릭하여 이미 푼 문제들을 다시 확인하고 필요한 경우 답안을 수정할 수 있습니다.

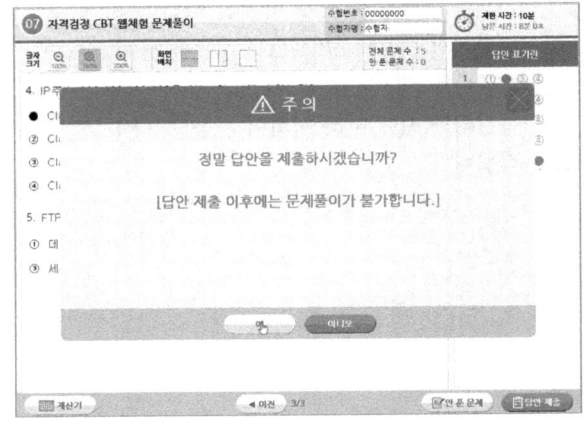

17 답안 제출 화면이 나타납니다. 잠시 기다립니다.

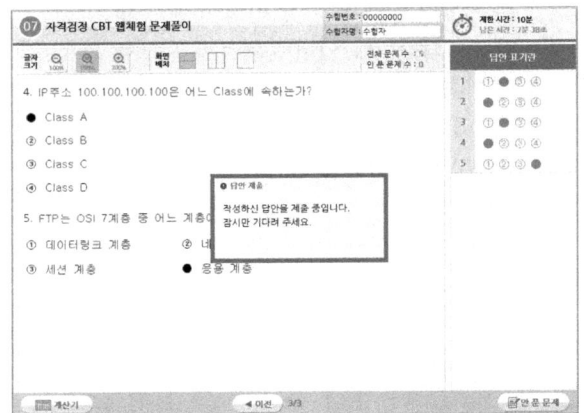

18 CBT 필기시험을 모두 끝내고 답안을 제출하면 곧바로 합격, 불합격 여부를 화면과 같이 확인할 수 있습니다. 독자분들은 꼭 화면과 같은 합격 축하 문구를 볼 수 있기를 기원합니다.

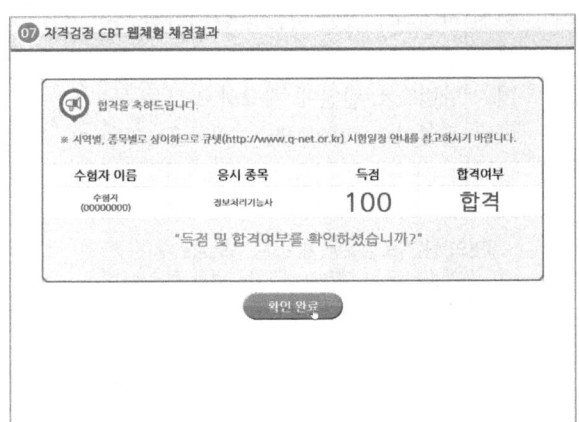

19 앞서의 합격 여부 화면에서 [확인 완료] 버튼을 클릭하면 CBT 필기시험이 종료됩니다. 고생하셨습니다.

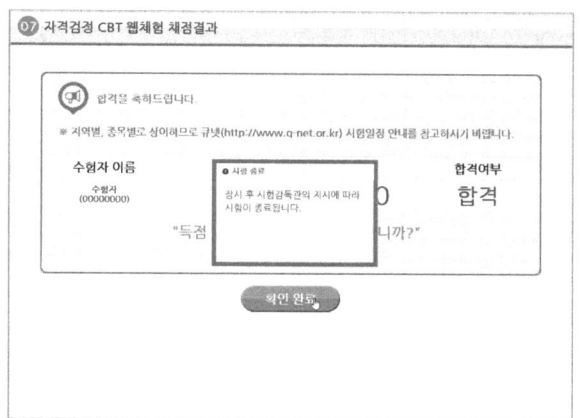

본 도서에 수록된 CBT 필기시험 체험하기 내용은 한국산업인력공단의 CBT 체험하기 과정을 인용하여 구성 및 정리한 것입니다. 직접 한국산업인력공단에서 제공하는 CBT 필기시험을 체험하고자 하는 독자께서는 한국산업인력공단이 운영하는 큐넷 홈페이지(www.q-net.or.kr)를 방문하시기 바랍니다.

# Contents

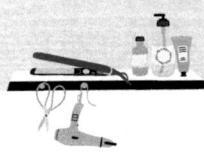

**PART 00**

머리말
기술검정안내
NCS(국가직무능력표준) 안내
CBT 필기시험제도 안내

**PART 01 핵심이론 요약**

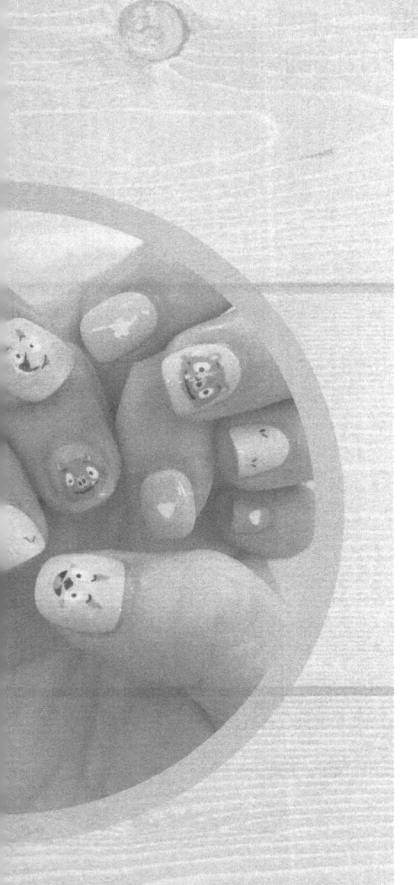

**CHAPTER 01 네일미용 위생서비스**
01 네일미용의 이해 ·················································· 22
02 위생 및 안전관리 ················································ 25

**CHAPTER 02 피부의 이해**
01 피부와 피부 부속기관 ········································· 31
02 피부 유형 분석 ···················································· 36
03 피부와 영양 ························································· 39
04 피부와 광선 ························································· 42
05 피부면역 ······························································· 45
06 피부노화 ······························································· 47
07 피부장애와 질환 ·················································· 48

**CHAPTER 03 화장품 분류**
01 화장품 기초 ························································· 53
02 화장품 제조 ························································· 57
03 화장품의 종류와 기능 ········································· 59

## CHAPTER 04 손발의 구조와 기능
- 01 뼈(골)의 형태와 발생 …………………… 74
- 02 네일과 네일의 병변 …………………… 81

## CHAPTER 05 네일미용 기술
- 01 네일 화장물 제거 ……………………… 85
- 02 네일 기본관리 ………………………… 87
- 03 네일 화장물 적용 전 처리 …………… 90
- 04 자연 네일 보강 ………………………… 92
- 05 네일 컬러링 …………………………… 96
- 06 네일 폴리시 아트 ……………………… 99
- 07 팁 위드 파우더 ………………………… 102
- 08 팁 위드 랩 ……………………………… 104
- 09 랩 네일 ………………………………… 105
- 10 젤 네일 ………………………………… 107
- 11 아크릴 네일 …………………………… 111
- 12 인조 네일 보수 ………………………… 113
- 13 네일 화장물 적용 마무리 ……………… 114

## CHAPTER 06 공중보건
- 01 공중보건학 기초 ……………………… 116
- 02 질병관리 ……………………………… 118
- 03 가족 및 노인보건 ……………………… 127
- 04 환경보건 ……………………………… 129
- 05 식품위생과 영양 ……………………… 135
- 06 보건행정 ……………………………… 143

# Contents

**CHAPTER 07 소독**
01 소독의 정의 및 분류 ······················· 146
02 미생물 총론 및 병원성 미생물 ············ 148
03 소독방법 및 분야별 위생·소독 ············ 154

**CHAPTER 08 공중위생관리법규**
01 공중위생법규 ····························· 160
02 벌칙 등 ·································· 168

# PART 02 적중모의고사

01회 | 적중모의고사 ····························· 172
02회 | 적중모의고사 ····························· 181
03회 | 적중모의고사 ····························· 190
04회 | 적중모의고사 ····························· 199
05회 | 적중모의고사 ····························· 209
06회 | 적중모의고사 ····························· 218
07회 | 적중모의고사 ····························· 228
08회 | 적중모의고사 ····························· 238
09회 | 적중모의고사 ····························· 248
10회 | 적중모의고사 ····························· 258

PART

# 01

# 핵심이론 요약

**CHAPTER**

01. 네일미용 위생서비스
02. 피부의 이해
03. 화장품 분류
04. 손발의 구조와 기능
05. 네일미용 기술
06. 공중보건
07. 소독
08. 공중위생관리법규

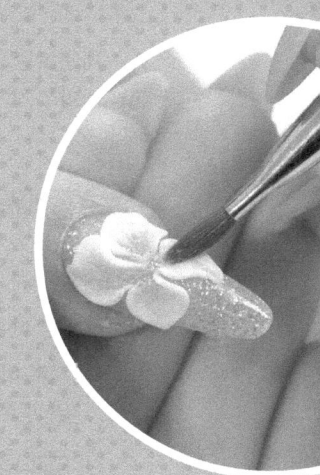

# CHAPTER 01 네일미용 위생서비스

## Lesson 01 네일미용의 이해

### 1. 네일미용의 개념

(1) 네일미용 용어

① 매니큐어(Manicure)란 라틴어의 마누스(Manus/손)과 큐라(cure/관리)에서 파생되어 손톱, 큐티클, 굳은살 정리와 손 마사지, 컬러링(Coloring) 등의 전 과정을 포함하여 손(Hand), 관리(Care) 즉 매니큐어(Manicure)라 일컫는다.
② 네일아티스트(Nail Artist), 네일리스트(Nailist) 또는 매니큐어리스트(Manicurist) 등의 용어로 네일서비스업에 종사하는 사람을 지칭하는 말로써 사용되고 있다.
③ 네일 서비스가 이루어지는 장소는 네일숍(Nail Shop), 네일살롱(Nail Salon), 네일바(Nail Bar)라고 칭한다.

(2) 네일아티스트의 역할

네일아티스트는 고객의 손과 발의 개선 및 관리하기 위하여 매니큐어와 페디큐어에 맞는 적절한 관리법과 기기 및 화장품을 사용하여 아름답게 꾸며, 미적 욕구의 충족과 건강을 유지시켜주는 전문가이다.

### 2. 네일미용의 역사

(1) 고대 및 중세 시대

B.C 3000년경 이집트와 중국의 상류층에서 최초로 네일관리를 시작하였다.

① **고대 이집트** : 관목에서 추출한 헤나(Henna)라고 하는 붉은 오렌지색으로 손톱을 염색하였으며, 왕과 왕비는 진한 적색, 신분이 낮은 계층은 옅은 색상을 물들이는 것이 허용되었다.
② **그리스로마 시대** : 남성들의 전유물서 손톱을 관리하기 시작하였다.
③ **중국** : 벌꿀과 계란 흰자위(난백), 아라비아산 고무나무에서 얻어진 것으로 액을 만들어 손톱에 발랐다. 또한 기원전 600년경에 중국의 귀족들은 금색, 은색을 발랐으며, 15세기에 들어와서 중국의 명나라 왕조는 흑색과 적색을 손톱에 발랐다.
④ **17세기경 인도** : 여성의 상류층임을 과시하기 위하여 조모(Nail matrix)에 문신 바늘로 물감을 주

입하여 신분을 과시하였다.
⑤ **중세시대** : 전쟁터에 나가는 군사들이 전쟁에 나가기 전에 특이한 머리모양과 함께 입술과 손톱에 염료를 이용해 동일한 색을 칠하여 승리를 기원하기 위해 색을 칠하기 시작하였다.

## (2) 근대

1800년대 이후로 네일이 대중화되기 시작하였다.
① **1800년** : 아몬드형의 네일 형태가 유행하기 시작하였으며, 붉은색 오일을 발라 샤미스(Chamios)를 이용하여 색깔과 광택을 내기 시작하였다.
② **1830년** : 유럽의 발 전문 의사 시트(Site)가 치과에 사용되던 기구에 착안한 오렌지 우드 스틱(Orange wood stick)을 네일관리에 이용하게 되었다.
③ **1885년** : 에나멜 필름 형성제인 니트로셀룰로즈를 개발하게 되었다.
④ **1892년** : 발 전문 의사 시트(Site)에 의해 네일관리가 여성들의 직업으로 미국에 도입되었다.
⑤ **1900년** : 금속파일(File), 가위 등을 손톱 손질에 사용하였고, 에나멜을 브러시로 칠하기 시작하였다. 또한 유럽에서도 네일관리가 본격적으로 시작되었다.
⑥ **1910년** : 매니큐어 제조회사 플라워리(Flowery)가 뉴욕에 설립되어 금속파일과 사포로 된 파일이 제작되었다.
⑦ **1925년** : 네일 에나멜 시장이 본격화되었다.
⑧ **1927년** : 프렌치 매니큐어에 사용되는 흰색 에나멜, 큐티클 크림, 큐티클 리무버가 제조되었다.
⑨ **1930년** : 폴리시 리무버, 워머로션, 큐티클 오일이 최초로 등장한다.
⑩ **1932년** : 미국의 레브론사에서 최초로 립스틱과 어울리는 네일 컬러를 출시하였으며, 다양한 에나멜을 제조하기 시작하였다.
⑪ **1935년** : 인조 네일이 개발되었다.
⑫ **1940년** : 여배우 리타 헤이워드에 의해 네일 패션이 시작되었으며, 빨간 컬러의 손톱이 유행하기 시작하였다. 또한 남성들도 이발소에서 습식 손톱관리를 하기 시작하였다.
⑬ **1948년** : 미국의 노린 레호(Noreen Reho)에 의해 매니큐어 작업에 기구를 사용하기 시작하였다.
⑭ **1950년** : 다양한 자연적인 색상이 유행하기 시작하였다.

## (3) 현대

① **1956년** : 헬렌 걸리(Helen Gourley)가 최초로 미용학교에서 네일케어를 가르쳤다.
② **1957년** : 근대적 페디큐어 등장하였다.
③ **1960년** : 실크(Silk)와 린넨(Linen)을 이용하여 약한 손톱을 강하게 보강하기 시작하였다.
④ **1967년** : 손과 발을 가꾸기 위한 트리트먼트를 시작하였다.
⑤ **1970년** 인조 손톱이 본격적인 시작되었으며, 유행은 미국 서부에서 아크릴 네일이 시작되어 중부로 전해졌다.

⑥ **1973년** : 네일 접착제와 접착식 인조 네일이 개발되었다.(미국의 네일 제조회사 IBD)
⑦ **1975년**
   ㉮ 미국의 식약청(FDA-Food and Drug Administration)에 의해 인체에 해를 끼친다고 메틸 메타크릴레이트(MMA)의 사용이 금지되었다.
   ㉯ 올리 인터내셔널(Orly International)사가 에나멜, 리퀴드 파이버 랩(Liquid Fiber Wrap), 릿지 필러(Ridge Filler), 프라이머(Primer), 베이스 코트(Base Coat) 등을 제조하였다.
   ㉰ 미국에서 NANA(National Association of Nail Artist)라는 명칭의 네일 아티스트협회가 만들어졌다.
⑧ **1976년**
   ㉮ 네일아트가 미국 사회에 정착하기 시작하였다.
   ㉯ 스퀘어 손톱 모양이 유행하였으며, 네일 팁, 아크릴릭 네일, 파이버 랩(Fiber Wrap)이 등장하였다.
⑨ **1981년** : 네일 전문 제품 출시와 네일 액세서리가 등장하기 시작하였으며, 에시(Essie), 오피아이(OPI), 스타(Stat) 등의 제조회사가 활동하기 시작하였다.
⑩ **1989년** : 네일 시장이 급성장하게 되었다.
⑪ **1992년** : NIA(The Nails Industry Association)가 창립되어 네일 산업이 정착되기 시작하였으며, 인기 스타들에 의해 대중화가 이루어졌다.
⑫ **1994년** : 라이트 큐어드 젤 시스템(Light Cured System)이 등장하였으며, 뉴욕주에서 네일 테크니션 면허제도가 도입되었다.

(4) **한국 네일미용의 역사**
① **고려시대** : 이 시대는 봉선화과의 한 해 살이 풀을 지갑화(指甲花)라고 불렀다. 여성들이 아름다움의 풍습으로 지갑화를 물들이기 시작하였다.
② **조선시대** : 조선 순조 때의 학자 홍석모(洪錫謨)가 지은 민속 해설서 세시풍속집인 동국세시기(東國歲時記)에는 '젊은 각시와 어린이들이 봉선화를 따다가 백반에 찧어서 신분과 상관없이 손톱에 물을 들였다'라고 나와 있다.
③ **현대**
   ㉮ 1988년 : 이태원에 최초의 전문 네일샵 그리피스 네일살롱이 오픈하였다.
   ㉯ 1996년 : 미국 키스사 제품이 국내에 수입 소개되었고 압구정동에 네일 전문살롱인 세씨네일, 헐리우드 네일 등이 문을 열었다.
   ㉰ 1997년 : 미국 레브론 계열사인 크리에이티브 네일사가 한국 독점 계약체결로 고급품의 전문가 용품과 다양하고 우수한 제품을 보급하여 대중화되었다.
   ㉱ 1998년 : 네일아트 민간 자격시험제도 도입되었고 대학에서 네일관리학 수업이 신설되었다.
   ㉲ 2014년 : 11월 16일 한국산업인력공단이 주관하는 네일 국가자격증 제1회 필기시험이 시행되었다.

# Lesson 02 위생 및 안전관리

## 1. 네일숍 청결 작업

(1) 개요

네일숍 청결은 질병을 예방하고 고객과 네일아티스트의 건강을 지키는데 매우 중요하므로 숍 내부는 물론 기기, 기구 등을 소독, 멸균하여 항상 청결한 상태를 유지해야 한다.

(2) 네일숍 시설 및 물품 청결

① 작업장, 서랍, 캐비닛 등 모든 시설을 청결하게 유지한다.
② 천장, 바닥은 청소가 쉬운 재질을 사용한다.
③ 자외선 소독기에 소독해야 하는 도구들은 반드시 소독하여 사용한다.
④ 아세톤, 로션 등은 전용 용기에 담아 사용(탈지면을 이용하여 고객에게 사용)한다.
⑤ 크림류, 연고 등은 스패출러를 이용하여 용기에 덜어 사용한다.
⑥ 1회 용품들은 재사용하지 않는다.
⑦ 고객의 네일관리 후 작업 환경은 청결하게 청소한다.

(3) 네일숍 환경 위생 관리

① 알맞은 조도 및 환기가 잘 되는 쾌적한 환경을 제공한다.
② 네일숍 내에는 개, 고양이, 새 등 반려동물의 출입을 금지한다.
③ 온·냉방시설 구비 및 냉·온수 공급시설을 구비한다.
④ 뚜껑이 있는 쓰레기통을 배치한다.
⑤ 통풍 및 환기는 수시로 시행하며 환기구를 자주 청소한다.

## 2. 네일숍 안전 관리

(1) 네일숍 안전 수칙

① 화학물질(아크릴, 글루)의 사용 시 눈, 피부에 접촉을 금한다.
② 화학물질(아크릴, 글루)의 경우 반드시 사용 설명서에 따라 시술한다.
③ 화학제품의 과다 사용은 자연 네일을 약하게 하므로 최소로 사용한다.
④ 소독제는 설명서에 따라 적정한 농도로 사용한다.
⑤ 모든 재료는 완전히 밀폐 보관한다.
⑥ 모든 용기에 라벨을 표기하여 관리한다.
⑦ 화기성 제품은 화재의 위험에 노출되지 않도록 주의한다.

(2) 네일숍 시설·설비

① 숍 내에 공기를 자주 환기시켜 쾌적한 환경을 유지한다.
② 작업장의 조도는 높아야 한다.
③ 벽, 작업장, 서랍, 캐비닛 등은 물청소나 먼지 제거가 가능한 재질을 사용한다.
④ 전기 배선과 도구, 배관 시설 올바른 설치 및 배치를 한다.
⑤ 정기적인 소독 및 청소를 실시한다.
⑥ 온수와 냉수, 액상비누, 종이타월 등을 구비한다.

### 3 미용기구 소독

(1) 네일미용 기기 소독

① **발관리 베드** : 베드의 겉면 등은 70% 알코올 솜으로 소독하고, 베드 걸이와 다리 등은 사용 후 세척하고 70% 알코올 솜으로 소독한다.
② **족탕기, 각탕기, 스파 및 세면대** : 고객에게 항상 새로운 물을 공급하여야 하며, 고객이 사용한 후에는 세제로 닦아 건조 시키거나 70% 알코올로 소독한다.
③ **작업대 및 제품용기** : 시술 전 70% 알코올로 소독한다.
④ **젤 램프기** : 사용 전, 후 세척 또는 깨끗하게 닦아서 보관한다.
⑤ **드릴 머신, 에어브러시 건** : 드릴 머신은 작업 후 분진 제거하여 청결히 닦아 보관한다. 메탈 소재는 세척 후 습식 소독기에서 소독한 뒤 자외선 소독기에 보관한다.

(2) 네일미용 도구 소독

① **파일, 샌딩 블록, 면도날, 콘커터** : 고객이 사용할 때마다 새것으로 교체하여 1회용으로 사용한다.
② **니퍼, 메탈 푸셔, 랩 가위 등 금속성 제품** : 금속성 제품은 사용 후 70% 알코올에 20분 동안 담갔다가 자외선 소독기에 넣어 사용한다.
③ **핑거볼등 플라스틱 제품** : 세척 후 자외선 소독기에 넣어 사용한다.
④ **린넨과 타월** : 증기나 자비 소독 세탁하고, 고객이 시술한 후에 타월은 뚜껑이 달린 세탁물 보관통에 보관한다.
⑤ **유리** : 세척 후 자외선 소독기에 겹치지 않게 넣어 소독한다.
⑥ **네일 폴리시 용품** : 사용 후 소독제로 닦아 뚜껑을 잘 닫아 보관한다.
⑦ **1회 용품** : 1회 용품은 재사용을 금지하며, 사용 후에는 반드시 폐기한다.

## 4 개인 위생관리

(1) 네일미용 작업자의 위생관리
① 깨끗하고 청결한 유니폼을 착용한다.
② 시술 전·후 70% 알코올이나 손 소독액으로 시술자와 고객의 손을 소독한다.
③ 가루 제품 작업 시 반드시 마스크와 보안경을 착용한다.
④ 화학물질을 사용하는 동안 손으로 눈을 만지거나 피부에 직접적으로 닿지 않도록 유의한다.
⑤ 감염 가능성, 감염이 된 고객(인플루엔자, 수두 환자, 전염성 보균 상태 등)에게 시술을 금지한다.
⑥ 손이나 피부에 상처가 나지 않도록 주의한다.
⑦ 상처가 있는 경우 시술을 금지한다.
⑧ 모든 타월이나 린넨은 뜨거운 물로 세탁하고 통풍이 잘 드는 햇볕에 말려 사용한다.
⑨ 음식은 시술 장소와 분리된 곳에 보관하고 시술 장소에서는 음식물을 섭취하지 않도록 한다.
⑩ 모든 제품은 밀폐하여 보관한다.
⑪ 화학물질과 파일링할 때의 먼지 흡입을 막기 위해 마스크를 착용한다.

(2) 네일미용 고객 위생관리
① 메탈 도구나 화학제품의 사용 시 알레르기가 발생하면 시술을 중단하고 전문의와 상담 및 치료를 요한다.
② 발 각질 제거용 면도날은 매 고객이 사용할 때마다 새것으로 교환하여 감염을 방지한다.
③ 큐티클을 1mm정도 남기고 정리하여 과한 큐티클 정리의 상처로 인한 감염의 위험을 방지한다.
④ 1회용 도구들은 재사용 하지 않는다.
⑤ 파일은 한 고객에게만 사용한다. 파일을 개인 소지품 서랍장에 보관 후 고객의 이름을 붙여서 재사용 할 수 있도록 한다.
⑥ 니퍼, 메탈푸셔, 랩 가위 등은 사용 후 70% 알코올에 20분 동안 담갔다가 흐르는 물에 헹구어 마른 수건으로 닦은 후 자외선 소독기에 넣어 소독 후 사용한다.
⑦ 핑거볼 등 플라스틱 제품은 세척 후 자외선 소독기에 소독한다.

## 5 고객관리

(1) 고객 분류에 따른 고객관리
① **신규고객** : 기업의 긍정적 이미지 전달 및 고객 만족도를 조사한다.
② **일반고객** : 고객에 대한 인지 및 친밀감 유발, 적극적인 서비스 정보 및 이벤트 제공, 고객우대 정책 소개, 이탈 방지 프로그램을 소개한다.

③ 단골고객 : 고객우대 정책 및 통합관리 시작, 고객별 차별화 및 맞춤형 서비스 제공, 소개 고객 유치에 따른 우대 정책 전달, 이탈 방지 프로그램을 시작한다.

(2) 신규고객관리

① 고객 개인정보 보호 숙지
　㉮ 개인정보의 중요성에 대해 인지한다.
　㉯ 고객의 개인정보가 유출되지 않도록 보안을 철저히 유지 한다.

② 신규고객(회원) 신청서 작성
　㉮ 신규고객(회원) 신청서의 항목을 바탕으로 신청서를 만든다.
　㉯ 고객이 신청서를 작성하면 DB에 입력한다.

③ 네일아트 시행 차트 만들어서 DB 작업
　㉮ 고객용 차트에 기록할 항목을 정한다.
　㉯ 고객의 네일아트 시행 내용을 입력한다.

④ 고객 DB 기초 자료 분류
　㉮ 서비스 분류 기준을 정하고 데이터 구분 기준 항목을 설정한다.
　㉯ 고객 DB의 관리 방법을 설정한다.

⑤ 스프레드시트 작성
　㉮ 스프레드시트 개념을 인지한다.
　㉯ 스프레드시트를 일자별이나 가나다순으로 작성한다.

⑥ 신규방문 고객에게 해피콜 서비스 만족도 조사
　㉮ 일정 확인 후 당일 해피콜 서비스의 대상 고객을 선정한다.
　㉯ 고객에게 전화하여 불편 사항 및 요구사항 등을 묻는다.
　㉰ 만족도 조사 한 다음 감사 인사 후 해피콜을 끊는다.

(3) 고정고객관리

① 네일아트 사업장 고객관리
　㉮ 청결하고 깔끔한 분위기의 사업장으로 관리한다.
　㉯ 고객을 위한 다양한 서비스를 제공한다.
　㉰ 고객이 입점했을 때부터 나갈 때까지 제공할 수 있는 서비스를 개발한다.
　㉱ 벤치마킹을 통해서 더 나은 서비스와 새로운 서비스를 개발한다.
　㉲ 고객에게 새로운 서비스를 적용하고 피드백을 통해 개발한 서비스의 장단점에 대해 나누고 개선 방향을 찾는다.
　㉳ 개선된 서비스를 고객에게 제공한다.

② 네일아트 사업장의 마케팅 전략
　㉮ 다중매체를 통한 마케팅을 기획한다.(기념품, 할인, 쿠폰 등)
　㉯ 연령대에 맞는 서비스를 기획한다.

㉰ 기획한 서비스를 목적에 맞춰 적극적으로 홍보 및 추천한다.
③ **고객 만족도를 높이는 고객관리**
㉮ 트렌드에 적합한 네일아트 제공을 위해 기술과 제품의 지속적인 개발과 교육을 한다.
㉯ 단골고객을 확보하기 위해 프로그램, 우대 방안, 불만 처리 방안 등의 방법을 개발한다.
㉰ 다양한 소셜 미디어를 활용하여 1:1 맞춤으로 고객관리를 한다.

## 6  고객 응대 및 상담

(1) 방문고객 응대

① **고객 응대**
㉮ 고객의 특징 : 고객은 네일아트 서비스에 관해 여러 가지를 요구할 수 있으며 고품질의 기술과 서비스를 받고 싶어 한다.
  ㉠ 기술적 측면의 기대 : 전문적, 노련함, 적정한 시간과 시술 등
  ㉡ 서비스적 측면의 기대 : 신뢰성, 청결함, 쾌적함 등
㉯ 인사 방법 : 목례, 보통례, 정중례

② **고객 상담**
㉮ 예약하는 방법 : 대기시간 없이 서비스를 받을 수 있도록 날짜와 시간을 지정하는 서비스로 말하는 사람과 듣는 사람이 갖추어야 할 점을 잘 이해하고 적용한다.
㉯ 예약카드 작성 방법 : 예약이 필요한 사항들과 부가적인 정보를 기록한다.(이름, 성별, 연락처, 예약시간, 목적지 장소, 도착시간, 성향, 스타일, 특징 및 요구사항 등)

(2) 전화상담 고객 응대

① **전화상담 방법**
㉮ 장점 : 고객이 궁금한 부분에 즉각적으로 피드백이 되고 섬세한 부분을 직접적으로 문의가 가능하다. 시간이 없거나 이동 중에 신속하게 처리가능하며 사업장에 대한 다양한 정보를 알 수 있다.
㉯ 단점 : 통화 내용에 착오나 오해가 생길 수 있으며 분쟁이 생겼을 경우 책임 소재를 명확하게 판단하기가 어렵다.

② **전화예약 방법** : 전화 받기 → 고객 신분 확인 → 예약 내용 확인 → 예약 내용 확정 → 마무리 인사 → 전화 끊기

(3) 온라인상담 고객 응대

① **고객 상담**
㉮ 대상 : 고객 및 소비자
㉯ 목표 : 신규고객 확보 및 정보제공, 예약 및 불만 사항 접수, 서비스 질 향상
㉰ 상담의 내용 : 정보제공 및 의사 결정에 도움, 서비스 구매에 대한 지침 제시, 소비자 의견 반영

② 상담 방법
　㉮ 인터넷상담 방법 : 다양한 내용을 파악, 고객이 원하는 자료를 빠르게 제공가능한 반면 전문 상담사 부재 시 시간 지연, 실시간 업데이트가 힘들며 그로 인해 소비자에게 혼란을 줄 수 있다.
　㉯ SNS 상담방법: 시간과 장소에 구애를 받지 않고 실시간 상담 가능, 자료가 남아 예약 오류 확인 가능, 고객이 원하는 정보제공으로 신뢰감 부여, 마케팅 효과를 낼 수 있는 반면 잘못된 메시지 수정 불가, 자칫 사생활 침해가 될 수 있으며 부정적 이미지나 불만이 순식간에 퍼져 나갈 수 있다.
③ 온라인고객 응대 시 주의사항
　㉮ 온라인 특성상 신속한 대응이 필요하며 정보 전달이나 고객의 궁금증을 빠르게 피드백을 해야 한다.
　㉯ 고객입장에서 친절함이나 신뢰를 못 느꼈을 때는 부정적인 의견을 직접 온라인상에 유포할 가능성이 있다.
　㉰ 온라인상에서 고객의 개인 정보 유출 또는 고객의 개인 초상권 등의 사고는 방지해야 한다.

(4) 불만고객 응대
① 불만고객 응대
　㉮ 불만고객의 특성 파악
　㉯ 불만고객의 행동 유형 파악
　㉰ 불만고객의 감정 단계 이해
② 불만 사항 처리
　㉮ 불만 발생의 요인 : 불쾌한 언행, 불확실하거나 잘못된 정보의 전달, 약속 불이행, 불친절한 태도, 서비스 본질에 대한 불만족 등
　㉯ 불만 사항 접수 : 관리 책임자 확인, 관련 담당자 통보
　㉰ 불만 사항 처리법 : 불만 사항 처리(경청-상황파악-감사표시), 사후 처리법(환경적 부분, 시술적 부분)
③ 불만고객 응대 절차
　㉮ 고객의 성격 유형을 분석한다.
　　㉠ 성향 항목별 점수를 파악하고 항목별로 합산
　　㉡ 분석 결과를 확인(주도형, 사교형, 안정형, 신중형)
　㉯ 고객이 제기하는 불만 및 불평에 대처한다.
　　㉠ 고객의 성향에 맞춰 적절한 방법으로 불만 사항을 대처한다.
　　㉡ 고객이 제기하는 불만 사항을 고객 응대 8단계 순서에 맞춰 대처한다.
　㉰ 불만 사항을 접수 후 처리한다.

■ 불만고객 응대 8단계
사과 → 경청 → 공감 → 원인 분석 → 해결책 제시 → 대안 제시 → 고객 동조 → 감사 표시

# 피부의 이해

## Lesson 01 피부와 피부 부속기관

### 1 피부 구조

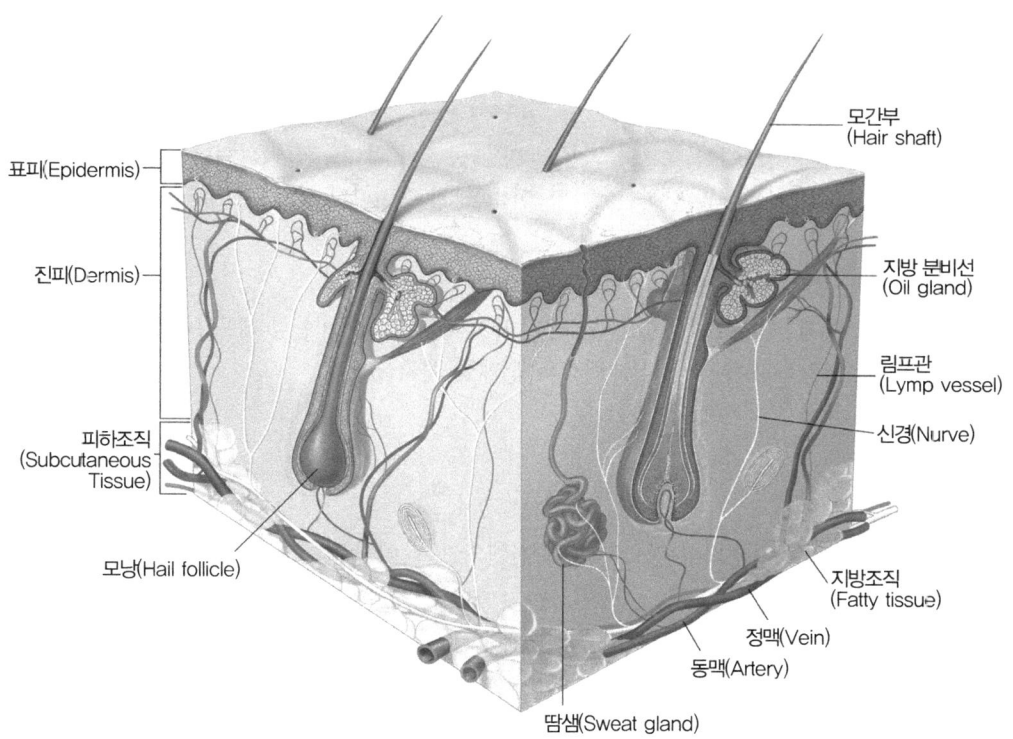

[피부 단면도]

(1) 표피(Epidermis)

피부의 가장 상층부에 존재하며, 모세혈관과 신경이 존재하지 않는다. 표피는 무핵층과 유핵층으로 구분되는데 무핵층은 각질층, 투명층, 과립층으로 되어 있고 유핵층은 유극층, 기저층으로 되어 있다.(각질층 → 투명층 → 과립층 → 유극층 → 기저층으로 구성)

① 각질층
  ㉮ 피부의 가장 바깥층에 존재한다.
  ㉯ 외부의 물리적 자극 및 유해 물질의 침투를 방지(보호기능 담당)한다.
  ㉰ 정상 각질층은 약 20층 정도로 외피로 갈수록 편편한 모양이다.
  ㉱ 천연보습인자(NMF)가 있어 정상 피부의 경우 10~20% 수분을 함유한다.

② 투명층
  ㉮ 손바닥, 발바닥에만 존재한다.
  ㉯ 엘라이딘이라는 물질이 함유되어 있어 투명하게 보이고 빛과 물을 차단하는 역할을 한다.

③ 과립층
  ㉮ 3~4층의 유핵의 편평 또는 방추형 세포로 구성한다.
  ㉯ 방어막이 있어 체내의 수분 유출을 방지하고 외부로부터 피부를 보호한다.
  ㉰ 핵이 위축되어 퇴화되면서 실제 각질화 과정이 시작된다.

④ 유극층
  ㉮ 표피의 대부분을 차지한다.
  ㉯ 표피 중 가장 두꺼운 층으로 약 70%의 수분을 함유한다.
  ㉰ 세포 사이에 림프액이 흐르고 피부의 영양 공급과 혈액순환에 관여한다.
  ㉱ 피부의 면역 기능을 담당하는 랑게르한스 세포 존재한다.

⑤ 기저층
  ㉮ 표피의 가장 아래층에 위치한다.
  ㉯ 진피와 경계를 이루며 각질 형성 세포 90%, 멜라닌 색소 형성 세포 10%로 구성되어 있다.
  ㉰ 산소와 영양분 흡수 및 이산화탄소와 노폐물 배출을 한다.
  ㉱ 새로운 세포를 생성한다.

(2) 진피(Dermis)

유두층, 망상층으로 구분되어 있으며 피부 전체의 90% 이상을 차지하고 있는 실질적인 피부이다.

① 유두층
  ㉮ 교원섬유와 탄력섬유들이 가늘고 느슨하게 존재한다.
  ㉯ 통각 및 촉각을 감지하는 감각수용체에 위치한다.
  ㉰ 모세혈관을 통해 표피에 영양소와 산소를 공급한다.

② 망상층
  ㉮ 피부의 탄력성을 부여한다.
  ㉯ 그물모양으로 형성한다.
  ㉰ 혈관, 신경관, 림프관, 땀샘, 기름샘, 모발과 입모근 등이 분포한다.
  ㉱ 콜라겐, 엘라스틴(탄력섬유), 무코다당류(히알루론산)로 구성한다.
  ㉲ 온각, 냉각, 압각을 감지하는 감각수용체에 위치한다.

(3) 피하조직(Subcutaneous Tissue)

포도송이 고양을 하고 있고, 지방 조직이 대부분을 차지하며 피부의 가장 아래층에 위치한다.
① 피부의 가장 최하층으로 진피와 근육 사이에 불규칙한 형태로 위치한다.
② 체형 결정 및 보호(쿠션)기능, 체온유지 역할을 한다.
③ 여성, 젊은 사람, 엉덩이, 유방에 많이 분포되어 있다.
④ 15%의 물과 85%의 지방으로 구성된다.

## 2 피부의 기능

(1) 보호 기능
① 물리적 자극에 대한 보호기능
② 화학적 자극에 대한 보호기능
③ 세균 침입에 대한 보호기능
④ 태양광선에 대한 보호기능

(2) 체온조절 작용
① 신체에서 발산되는 열량의 70%는 피부를 통해 발산되고 나머지는 호흡을 통해 발산한다.
② 피지각과 모세혈관, 한선이 체온조절에 중요한 역할을 담당한다.

(3) 분비 및 배설 작용
① 피지와 땀이 섞여 피지막을 형성하여 수분증발 억제 및 세균발육 저지 역할을 한다.
② 한선을 통해 땀 분비로 체내 노폐물 배출 기능을 한다.

(4) 비타민 D 형성 작용
① 피부 내에 존재하는 프로비타민 D는 자외선에 의해 합성된다.

(5) 기타 작용
① **감각 작용** : 통각, 촉각, 냉각, 압각, 온각 순으로 분포되어 있어 위험을 감지하고 신체를 보호한다.
② **표정 작용** : 얼굴에 있는 표정근을 통해 의사나 감정을 나타낸다.
③ **재생 작용** : 피부가 상처를 입고 원래로 돌아가고자 하는 재생 작용을 한다.
④ **면역 작용** : 각질형성 세포, 랑게르한스 세포 등이 면역 반응을 통해 생체 방어기전에 관여한다.

## 3 피부 부속기관의 기능

(1) 피부 구성 물질

① 표피 구성 세포
  ㉮ 각질 형성 세포
    ㉠ 케라틴을 만들어 내는 세포이다.
    ㉡ 각화주기는 28일이며, 노화된 피부는 각화주기가 길어져 각질층이 두꺼워진다.
  ㉯ 멜라닌 세포
    ㉠ 기저층에 위치한다.
    ㉡ 유멜라닌은 동양인, 흑색 또는 적갈색, 입자형 색소가 나타난다.
    ㉢ 페오멜라닌은 서양인, 적색 또는 노란색, 분사형 색소가 나타난다.
    ㉣ 멜라닌 색소는 자외선을 흡수 또는 산란시켜 자외선으로부터 피부가 손상 입는 것을 방지한다.
    ㉤ 멜라닌 색소 증가 요인은 자외선, 스트레스, 임신, 내장 장애, 호르몬 변화 등이 있다.
  ㉰ 랑게르한스 세포
    ㉠ 유극층에 존재한다.
    ㉡ 피부 면역에 관여하며, 외부에서 들어온 이물질인 항원을 면역담당 세포인 림프구로 전달해 주는 역할을 한다.
  ㉱ 머켈세포
    ㉠ 기저층에 위치한다.
    ㉡ 신경세포와 연결되어 촉각을 감지한다.

② 진피 구성 세포 및 물질
  ㉮ 섬유아세포 : 교원섬유와 탄력섬유 그리고 기질을 만드는 역할이다.
  ㉯ 대식세포 : 외부 침입자가 들어오면 걸러내는 작용을 한다.
  ㉰ 비만세포 : 진피의 유두층 내 모세혈관 가까이에 위치하며, 염증매개 물질을 생성하거나 분비하는 작용을 한다.
  ㉱ 표피성장인자(EGF) : 표피와 섬유아세포의 성장을 자극하는 호르몬으로 세포 성장을 촉진한다.

③ 콜라겐과 엘라스틴
  ㉮ 교원섬유(콜라겐)
    ㉠ 진피 성분의 90% 차지한다.
    ㉡ 피부의 수분 창고 역할을 한다.
    ㉢ 근육, 연골, 혈관벽, 치아 등에 존재한다.
    ㉣ 교원섬유와 탄력섬유가 그물모양으로 짜여져 있어 피부에 탄력성과 신축성을 부여한다.
  ㉯ 탄력섬유(엘라스틴)
    ㉠ 신축성이 강한 섬유 형태의 단백질이다.
    ㉡ 피부 탄력을 관장한다.

- ㉰ 지질(무코다당류)
    - ㉠ 결합섬유 사이를 채우고 있는 물질이다.
    - ㉡ 친수성 다당체로 물에 녹아 끈적끈적한 액체 상태로 존재한다.
    - ㉢ 자기 몸무게의 수백 배에 해당하는 다량의 수분을 보유할 수 있는 성질이 있다.
    - ㉣ 히아루론산과 콘드로이친황산 등으로 구성한다.

(2) 피부 부속기관의 구조 및 생리기능

① **피지선**
   - ㉮ 피지선의 개요
       - ㉠ 손바닥, 발바닥을 제외한 신체의 대부분에 분포하며 특히 얼굴, 두피, 가슴 등에 발달되어 있다.
       - ㉡ 모공을 통해 피지가 배출되며, 독립피지선(입술)도 있다.
       - ㉢ 사춘기에 집중적으로 분비되다가 40세 이후 분비가 줄어들기 시작하며 60세 이후 급격하게 감소한다.
       - ㉣ 남성 호르몬(안드로겐)에 의해 분비가 활성, 여성 호르몬(에스트로겐)에 의해 억제된다.
   - ㉯ 피지의 기능
       - ㉠ 피부의 피지막을 형성해 피부를 보호
       - ㉡ 외부의 이물질 침입 방어
       - ㉢ 털의 매끄러운 윤기를 유지
       - ㉣ 체온 저하 방지

② **한선(땀샘)**
   - ㉮ 에크린샘(소한선)
       - ㉠ 자율신경의 지배를 받고 전신에 널리 분포되어 있으며 pH는 3.8~5.6이다.
       - ㉡ 온열성 발한(체온조절 작용)과 정신성 발한(자율신경계(교감 신경)에 영향), 미각성 발한이 있고 체온조절에 관여한다.
       - ㉢ 손바닥, 발바닥, 이마 등의 피부에 밀집되어 있다.
   - ㉯ 아포크린샘(대한선)
       - ㉠ 모공을 통해서 분비되는 것으로 갱년기 이후 기능이 저하된다.
       - ㉡ 땀의 pH는 5.5~6.5로 단백질이 함유되어 개인 특유의 체취가 함유되어 있다.
       - ㉢ 겨드랑이, 성기 주변, 유두 주변 및 두피에 분포되어 있으며, 흑인이 가장 많고 백인, 동양인 순이다.

▪ 땀의 기능
- 체온 조절
- ㅍ지막 형성, 피부 표면의 산도 유지
- 수분이나 노폐물 배설을 통해 신장의 기능을 도움

# Lesson 02 피부 유형 분석

## 1 정상피부

(1) 정상피부의 성상 및 특성
    ① 유분과 수분의 활동이 정상이다.
    ② 피부 보습 상태가 정상적이며, 피부 표면이 고르고 윤기가 난다.
    ③ 피부 표면에 저항을 느낄 수 있는 탄력성이 있다.
    ④ 자외선에 그을린 피부도 곧 회복이 된다.
    ⑤ 세안 후 피부 당김이 별로 없다.
    ⑥ 기미, 주근깨 등의 침착된 피부색소가 없고 잡티도 없다.
    ⑦ 각질층의 수분 함유량이 10~20%이다.
    ⑧ 혈액순환이 원활하고 표피세포의 신진대사가 활발하다.

(2) 관리 요령
    ① 규칙적인 피부 관리를 통해 피부의 유·수분 밸런스를 유지하는데 중점을 둔다.
    ② 계절과 연령에 맞는 적합한 제품을 선택하여 관리한다.
    ③ 내·외적인 환경 변화에 피부 상태가 변할 수 있으므로 꾸준한 관리가 필요하다.

## 2 건성피부

(1) 건성피부의 성상 및 특징
    ① 모공은 매우 작고 눈에 잘 띄지 않으며, 피부 조직은 비교적 곱고 얇다.
    ② 세안 후 건조한 환경에 놓이면 피부가 심하게 당긴다.
    ③ 화장이 잘 안 받고 발라도 들떠버린다.
    ④ 피부의 노화현상이 급속하게 진행되어 잔주름이 많이 나타난다.
    ⑤ 표피의 심한 건조도에 비하여 피부 늘어짐 현상은 의외로 심하지 않다.
    ⑥ 적절한 보습 화장품으로 피부 보습을 지속적으로 해주면 정상상태를 유지 할 수 있다.

(2) 관리 요령
    ① 건성피부의 요인에 따라 수분 또는 유분을 공급한다.
    ② 알코올 성분의 화장품은 건조를 심화시킬 수 있으므로 가급적 적은 양을 사용한다.
    ③ 마사지와 팩 등을 통해 충분한 수분과 유분을 공급한다.

## 3 지성피부

(1) 지성피부의 성상 및 특징
　① 각질층의 두께가 두껍고 피부가 거칠며 모공이 넓다.
　② 피부의 투명감이 보이지 않고 탁해 보인다.
　③ 외부자극에 대한 저항력이 비교적 강하다.
　④ 햇빛에 의한 피부색소 침착 현상이 빨라진다.
　⑤ 화장이 잘 지워지며 시간이 지나면 칙칙하게 보인다.

(2) 관리요령
　① 규칙적인 생활 습관을 유지하며, 충분한 수면을 한다.
　② 지방과 당분이 다량 함유된 식품, 기호식품의 섭취를 피한다.
　③ 적당한 딥클렌징으로 피지와 각질을 제거한다.
　④ 지성용 특수 파운데이션을 사용하거나 파우더만을 사용한다.
　⑤ 염증성 여드름과 같은 심한 피부 증세가 있는 경우 전문가에게 의뢰한다.

## 4 민감성 피부

(1) 민감성 피부의 성상 및 특징
　① 환경 변화에 예민하여 일반피부에 비해 쉽게 반응을 일으킨다.
　② 모세혈관이 피부 표면에 잘 드러나 보이고, 모공이 거의 보이지 않는다.
　③ 추운 곳에서 갑자기 따뜻한 곳으로 들어오면 붉어지고 가려움을 느낀다.
　④ 약품이나 화장품에 민감한 반응을 잘 나타내어 피부 부작용이 생긴다.
　⑤ 피부 건조화가 쉽게 이루어져 피부 당김이 있다.
　⑥ 피부색소 침착 현상이 있다.

(2) 관리요령
　① 자외선, 물리적 자극 등 외부적 자극으로부터 피부를 보호한다.
　② 자극이 적고 순한 클렌징 제품을 선택하여 가볍게 문질러 노폐물을 제거한다.
　③ 알코올이 함유되어 있지 않은 저자극성 제품을 사용한다.
　④ 피부 면역력 강화를 위해 채소나 과일을 충분히 섭취한다.

### 5 복합성 피부

(1) 복합성 피부의 성상 및 특징

① 한 얼굴에 두 가지 이상의 타입이 공존하는 피부 유형이다.
② T-Zone 부위에는 유분기가 많지만, 다른 부분은 건성화되어 세안 후 눈 주위나 뺨 등의 부위가 심하게 당긴다.
③ 피부 톤이나 조직이 전체적으로 일정하지 않다.
④ 볼과 눈 주위는 피지 분비가 적어 잔주름이 생긴다.
⑤ 피부에 맞는 기초 화장품의 선택이 어렵다.

(2) 관리요령

① 피부 부위에 따라 차별화된 관리를 시행한다.
② 세안과 딥클렌징은 T-Zone 위주로 관리하고, U-Zone 부위는 충분한 수분과 영양분을 공급한다.

### 6 노화피부

(1) 노화 피부의 성상 및 특징

① 피부가 건조해지면서 잔주름이 생긴다.
② 콜라겐과 엘라스틴의 조직 약화로 탄력성이 저하되고 모공이 늘어진다.
③ 색소 침착이 일어난다.
④ 표피와 진피의 경계부가 느슨해진다.

(2) 관리요령

① 노화를 지연시키는 것을 목적으로 한다.
② 비타민 C, E 등이 함유된 영양분을 보충한다.
③ 재생 및 탄력증진에 도움이 되는 팩으로 관리한다.

# Lesson 03 피부와 영양

## 1. 3대 영양소

(1) 탄수화물(Carbohydrate, 당질)
① 신체의 중요한 에너지원으로 단백질 절약작용과 혈당을 유지하는데 관여한다.
② 단당류(포도당, 과당, 갈락토스), 이당류(맥아당, 서당, 유당), 다당류로 구분된다.
③ 과잉 시 혈액의 산도를 높이고 피부 저항력을 감소시켜 접촉성 피부염, 부종을 유발한다.
④ 부족(결핍) 시 체중감소, 에너지가 부족하다.

(2) 단백질(Protein)
① 탄수화물과 같이 에너지원으로 효소와 호르몬 합성, 면역세포와 항체 형성, pH의 평형 유지에 관여한다.
② 신체조직의 구성 성분으로 피부조직의 재생작용에 관여한다.
③ 과잉 시 비만, 신경 예민, 혈압상승 및 불면증 등이 초래된다.
④ 부족(결핍) 시 영양실조, 노화촉진, 체중감소, 면역력 저하 등이 발생한다.

(3) 지방(Lipids, 지질)
① 세포막의 주성분으로 체온조절, 신체장기보호 등의 기능을 맡고 있으며 지용성 비타민의 흡수를 촉진한다.
② 동물성 지방인 포화지방산과 어류와 식물성 지방에 함유되어 있는 불포화지방산으로 구분된다.
③ 피지 분비를 조절하여 피부의 윤기와 탄력성에 영향을 준다.
④ 과잉 시 비만, 동맥경화, 심장병 등과 같은 질환이 발생한다.
⑤ 부족(결핍) 시 체중감소, 피지감소로 인한 건조한 피부로 탄력이 저하된다.

## 2. 비타민(Vitamin)

(1) 비타민의 특징
① 3대 영양소의 보조효소 작용을 한다.
② 질병의 예방 및 질병에 대한 저항력을 증강을 한다.
③ 세포의 성장 촉진 및 생리대사 기능을 도와 준다.
④ 비타민은 기름과 유기용매에 잘 녹는 지용성 비타민(A, D, E, K)과 물에 용해되는 수용성 비타민(B, C, P)으로 구분된다.

(2) 비타민의 종류 및 기능

① **비타민 A** : 상피조직인 피부세포의 분화와 증식에 영향을 주어 죽은 각질세포를 떨어지게 하고, 새로운 세포를 생성한다.
② **비타민 D** : 칼슘(Ca)의 체내 흡수를 도와주며 결핍 시 습진, 피부 건조를 유발한다.
③ **비타민 E** : 강력한 항산화 기능으로 활성산소에 의한 과산화지질을 막아 노화를 방지한다.
④ **비타민 K** : 혈액 응고에 관여하는 항출혈성 비타민으로 모세혈관 벽을 강화하며 장에 서식하고 있는 미생물에 의해서 합성된다.
⑤ **비타민 $B_1$(티아민)** : 탄수화물의 대사를 촉진하며, 피부의 면역력을 증진시켜 민감성 피부, 상처의 치유에 도움을 준다.
⑥ **비타민 $B_2$(리보플라빈)** : 피지 분비를 조절하고 피부 보습력을 증가시키며 피부에 탄력을 생성한다.
⑦ **비타민 $B_3$(나이아신)** : 3대 영양소의 산화 과정에 보조효소로 작용하며, 탄력 있는 피부를 유지하는 데 도움을 주고 결핍 시 펠라그라병, 피부염 및 피부건조를 유발한다.
⑧ **비타민 $B_5$(판토텐산)** : 피부의 탄력 유지 및 피부조직의 재생에 관여한다.
⑨ **비타민 $B_6$(피리독신)** : 항피부염성 비타민으로 피지의 과다분비를 억제하여 피부의 염증을 예방하고, 노화를 방지한다.
⑩ **비타민 $B_{12}$(시아노코발라민)** : 신경조직의 유지와 신진대사를 촉진하고, 결핍 시 악성빈혈, 거친 피부 등을 유발한다.
⑪ **비타민 C** : 콜라겐 합성에 필요하고 피부 탄력에 도움을 주며 멜라닌 색소의 형성을 억제, 또한 항산화 기능으로 조기노화 및 피부손상을 방지한다.
⑪ **비타민 P** : 감귤류의 색소인 플라보놀의 배당체를 비타민 P라고 총칭한다. 결합조직인 콜라겐을 만드는 비타민 C의 기능을 보강하여 모세혈관을 튼튼하게 하며 순환을 촉진하고 항균작용을 한다.

## 3 무기질

(1) 무기질의 기능

① 체조직의 구성성분
② 수분과 산·염기의 평형을 조절
③ 보조효소의 작용
④ 신경을 전달
⑤ 근육의 수축에 관여

(2) 무기질의 종류 및 특성

① **칼슘(Ca)** : 인체에 골격과 치아의 구조를 형성하며 근육의 탄성 유지에 관여한다.
② **인(P)** : 세포의 핵산과 세포막을 구성하며, 근육의 수축기능에 관여, 칼슘과 결합하여 비타민의 작용을 원활하게 한다.
③ **마그네슘(Mg)** : 체액의 산·알칼리 평형을 조절하며, 근육 이완 작용과 삼투압의 조절 작용을 한다.

④ **나트륨(Na)** : 나트륨과 칼슘 이온이 결합하면 체액과 조직 사이의 삼투압을 조절하여 혈액과 피부 사이의 수분 균형을 유지하고, 산·알칼리 평형을 조절한다.
⑤ **칼륨(K)** : 단백질 합성의 촉매작용을 하며, 뇌에 산소의 공급을 원활하게 하여 사고력을 증진시키고 체내의 노폐물 배출을 촉진한다.
⑥ **황(S)** : 케라틴 합성에 관여하여 모발, 손톱 및 발톱, 피부를 구성한다.
⑦ **철분(Fe)** : 헤모글로빈의 구성 성분으로 적혈구의 주요 구성 물질이다.
⑧ **아연(Zn)** : 결핍 시 면역약화, 상처 회복 악화, 탈모 등 신체기능 저하로 부작용이 생긴다.
⑨ **요오드(I)** : 갑상선과 부신의 기능을 활발히 해주어 피부, 모발, 모세혈관의 기능을 정상화, 부족하면 피부가 거칠고 얼굴과 손에 부종이 생긴다.

## 4 피부와 영양

(1) **영양소와 피부**

① **탄수화물**
㉮ 과잉분은 글리코겐의 형태로 간이나 근육에 저장되고, 그 나머지는 지방으로 저장된다.
㉯ 피부세포에 활력을 부여하고, 보습효과가 있다.
㉰ 과다 섭취 시 피지 분비가 증가되어 지성피부로 발전된다.

② **지방**
㉮ 과다 섭취하면 지방축적으로 비만으로 연결된다.
㉯ 신체의 체온조절에 관여하며, 피지선의 기능을 조절하여 피부, 모발에 광택을 주고 건조를 방지하여 피부, 모발에 윤기가 부여된다.
㉰ 결핍 시 체중 감소 및 피부 노화를 초래한다.

③ **단백질**
㉮ 결핍 시 잔주름이 형성되고 피부, 모발의 탄력성을 상실하게 되며 피부는 건조해지고 빈혈이 생긴다.
㉯ 과잉 시 색소침착의 원인이 된다.
㉰ 피부, 모발, 손톱, 발톱에 중요한 역할을 한다.

④ **수분**
㉮ 신체를 구성하는 성분 중 약 70%를 차지, 각질층 수분 함량은 10~20%이다.
㉯ 소화, 흡수를 용이하게 하고 노폐물을 땀과 소변 등으로 배설, 체온을 일정하게 유지, 피부는 윤기 부여를 한다.

(2) **체형과 영양**

① **상체비만형**
㉮ 성인병의 위험이 높다.
㉯ 내장지방형으로 장기중심부로 지방이 과다 축적된다.

㉰ 허리둘레에 지방이 축적된다.
② 하체비만형
㉮ 엉덩이 주위에 지방이 몰려 있는 체형이다.
㉯ 복부 아래 중심으로 지방이 몰려 있는 체형이다.
㉰ 허벅지 둘레에 지방이 몰려 있는 체형이다.

# Lesson 04 피부와 광선

## 1 태양광선

(1) 태양광선의 작용
① 태양광선은 에너지의 원천으로, 모든 생명체의 신진대사를 가능하게 하여 생명계를 유지하는데 반드시 필요하나 과도한 노출은 피부에 여러 가지 손상을 입힌다.
② 전자파의 파장은 나노미터(1억분의 1m)로 표시하며 'nm'이라는 약자를 사용, 파장이 짧을수록 에너지가 강하다.

(2) 태양광선과 피부
① 자외선
㉮ 220~400nm의 파장을 가진 태양광선으로 피부에 생물학적 영향을 미치며 반사량이 약 6% 정도 차지한다.
㉯ 자외선에 의한 피부 반응이다.
  ㉠ 만성반응 : 광노화, 피부암
  ㉡ 급성반응 : 홍반반응, 색소침착, 광노화
② 가시광선
㉮ 400~800nm의 중파장으로 눈의 망막을 자극하는 광선으로 눈으로 볼 수 있으며, 반사량은 약 34% 정도이다.
㉯ 파장에 따른 성질의 변화가 각각의 색깔로 나타나며 빨간색으로부터 보라색으로 갈수록 파장이 짧다.
③ 적외선
㉮ 800~1,000,000nm의 장파장으로 태양광선의 약 60% 정도를 차지하며, 피부에 유해한 자극을 주지 않는다.
㉯ 열을 발생하여 피부의 혈액순환 촉진, 근육의 긴장 이완, 신진대사 촉진, 저항력 강화, 영양성분이 깊숙이 침투한다.

(3) 자외선의 종류별 특징

① UV A(장파장, 320~400nm)

㉮ 오존층에 거의 흡수되지 않으며 진피층까지 침투한다.

㉯ 멜라닌 색소 형성, 홍반반응, 광독성, 광알레르기성 반응 유발, 백내장의 발병 원인이다.

㉰ 광노화를 촉진하여 피부 탄력 감소, 주름형성의 원인이다.

② UV B(중파장, 290~320nm)

㉮ 표피의 기저층까지 침투, 비타민 D를 활성화하여 구루병 예방, 칼슘 수치를 향상한다.

㉯ 적당량의 경우 여드름 치유 및 면역력 강화에 도움을 주지만 많은 양의 경우 여드름을 악화한다.

㉰ 피부 홍반 형성, 선번(sunburn) 현상, 일시적 시력 상실, 결막염 발생, 피부암 등을 유발한다.

③ UV C(단파장, 290nm 이하)

㉮ 대기권의 오존층에 모두 흡수한다.

㉯ 자외선 중 가장 에너지가 강하고 살균력이 있어 자외선 소독기에 이용한다.

㉰ 피부암을 유발한다.

## 2 색소침착

(1) 색소침착의 원인과 과정

① **색소침착의 개요**

㉮ 자외선이 피부에 닿게 되면 피부를 보호하기 위해서 멜라닌을 증가시키는데 이 색소가 분해되지 않고 남아서 기미가 되거나 피부가 갈색을 형성한다.

㉯ 멜라닌 색소는 멜라닌 세포의 멜라노좀에서 형성되어 주변의 각질형성 세포로 전달되면서 각질화 과정을 통해 각질층에도 존재한다.

② **멜라닌 형성 과정**

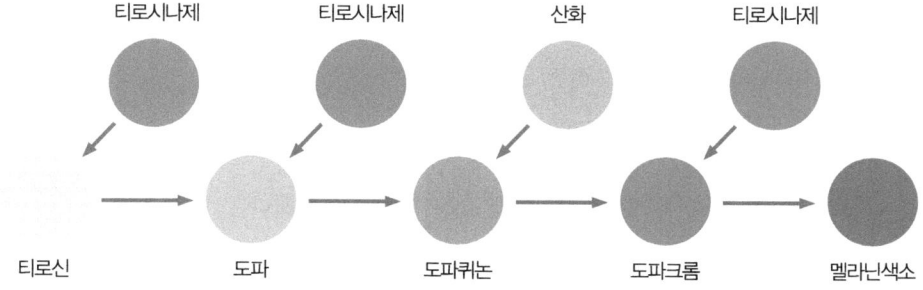

③ **멜라닌 생성 원인**

㉮ 자외선  ㉯ 스트레스

㉰ 임신 등의 호르몬 변화  ㉱ 유전적 요인

㉲ 식품, 의약품 등

(2) 일광에 의한 색소침착의 종류
　① 즉시형
　　㉮ 자외선 A와 가시광선에 의해 발생된다.
　　㉯ 자외선에 노출된 1~2시간 후에 최고조에 달하고 지속 시간도 노출 시간에 비례한다.
　② 지연형
　　㉮ 자외선 B가 주된 작용을 한다.
　　㉯ 자외선에 노출된 후 48~72시간 경과 시부터 발현하기 시작하여 13~21일에 최고조에 도달하여 수개월까지도 지속된다.

(3) 색소침착의 관리 단계

| 멜라닌 제어의 메카니즘 | 미백 활성 물질 |
| --- | --- |
| 피부로 조사되는 자외선 차단 | 중·단파장 자외선 흡수제, 자외선 차단제($TiO_2$, Talc, ZnO) |
| 활성산소의 소거, 생성 저해 | SOD, 비타민 C, 비타민 E, 카로틴 |
| 티로시나아제의 활성 저해 | 비타민 C, 코직산, 알부틴, 글루타치온, 상백피, 감초추출물 |
| 멜라닌 생성 중간체의 차단 | 코직산 |
| 생성된 멜라닌의 환원 | 비타민 C, 비타민 E |
| 멜라닌세포에 대한 독성 | 하이드로 퀴논 |
| 각질 형성 세포를 통한 멜라닌 배출 촉진 | AHA, 비타민 A |

(4) 색소침착의 관리에 사용되는 활성 성분
　① **하이드로퀴논**
　　㉮ 표백크림에 사용, 자극성 및 알레르기 유발한다.
　　㉯ 피부를 영구 탈색시킨다.
　　㉰ 국가에 따라 화장품 원료로 전면 금지 혹은 함량 한정이 된다.
　② **비타민 C 및 유도체**
　　㉮ 미백용 및 항산화제로 사용된다.
　　㉯ 안정성 면이나 피부 투과성 또는 미백 효능 면에서 미흡하다.
　③ **코직산**
　　㉮ 누룩곰팡이 발효액으로부터 얻은 것이다.
　　㉯ 티로시나아제의 활성 억제를 한다.
　④ **알부틴**
　　㉮ 식물(월귤나무, 덩굴월귤잎)에서 추출된다.
　　㉯ 미백작용이 우수하다.

# Lesson 05 피부면역

## 1 면역의 개요

(1) 정의

① **면역**
㉮ 라틴어의 "immunitas"에서 유래하며 세금, 비용 등의 부과를 면제받는다는 의미이다.
㉯ 어떤 질병을 앓고 난 후에 그 질병에 대해 저항성이 생기는 현상이다.
㉰ 외부로부터 침입하는 미생물이나 화학물질을 자기가 아니라고 인식하여 공격하여 제거함으로써 생체를 방어하는 기능을 한다.
㉱ 생체가 자기와 비자기를 식별하는 기구이다.

② **항원과 항체**
㉮ 항원 : 이물질로 면역계를 자극하여 항체 형성을 유도하고 만들어진 항체와 반응하는 물질이다.
㉯ 항체 : 항원에 대하여 형성되며, 항원과 반응하는 물질로 혈액 중에 많은 양이 존재한다.

(2) 면역계

① **면역계의 구성**
㉮ 1차 방어계 : 생체를 방어하는 기능으로 외부 침입자에 대해 체내로 침입하지 못하도록 하는 기계적·화학적 방어이다.
㉯ 2차 방어계 : 1차 방어계를 뚫고 체내로 들어온 침입자들의 생체 내 확산을 막고 제거하는 각종 식세포로 구성된다.
㉰ 3차 방어계 : 체내로 들어온 침입자 각각에 대하여 특이성을 갖는 림프구들로 구성된다.
  ㉠ B 림프구 : 골수에서 생성, 간접적으로 항원을 공격하는 체액성 면역(면역글로불린 항체 생성)이다.
  ㉡ T 림프구 : 흉선에서 유래, 직접적으로 항원을 공격하는 세포성 면역이다.

② **면역계의 구분**

| 구분 | 방어인자 |
| --- | --- |
| 1차 방어(자연 저항, 비특이성 저항) | 피부, 위장관, 위산, 질 내의 정상 세균층 |
| 2차 방어(비특이성 저항) | 식세포로 구성된 면역계(중성구, 대식세포) |
| 3차 방어(특이성 저항, 특이성 면역) | 림프구로 구성된 면역계 |

## 2 면역의 종류와 작용

(1) **선천적 면역**(자연면역)
　① **정의** : 면역체계로 타고난 저항력이나 방어력으로 병의 치유가 이루어지는 면역이다.
　② **종류**
　　㉮ 신체적 방어벽 : 신체를 둘러싸고 있는 피부는 세균의 침입이나 상해로부터 인체 내부를 보호하는 기능을 갖는다.
　　㉯ 화학적 방어벽 : 인체 내로 침투한 세균들을 몸속에서 입, 코, 목구멍, 위의 산성 내부의 점액질 등의 화학적인 장벽을 만난다.
　　㉰ 식균작용과 염증반응
　　　㉠ 식균작용 : 식세포들이 외부물질을 섭취하는 과정이다.
　　　㉡ 염증반응 : 식세포가 몰려서 일어나는 현상, 열, 고름, 부종 동반을 한다.

(2) **후천적 면역**(획득면역)
　① **능동면역** : 예방접종이나 감염에 의하여 한 개체 내에서 형성된 형태이다.
　② **수동면역** : 다른 개체에 성립된 면역기능이 한 개체에 전달되는 형태이다.

(3) **면역기관으로서의 피부**
　① **물리적 방어 인자** : 여러 층으로 쌓여 있는 건조한 각질층을 뚫고 침투하기가 힘들다.
　② **화학적 방어 인자** : 피부는 약산성의 천연피지막으로 둘러싸여 미생물이 생존하기 힘들다.
　③ **피부 면역을 담당하는 세포**
　　㉮ 랑게르한스 세포 : 유극층에 존재하며, 외부의 항원을 면역담당세포인 림프구로 전달하는 항원 인식 기능을 하며, 세포성 면역을 유발한다.
　　㉯ 각질형성세포 : 면역반응을 조절하는 사이토카인을 비롯한 다양한 생물학적 반응조절 물질을 생성·분비하며, 염증반응 및 면역반응을 매개한다.

(4) **과민반응**
　① 특정한 항원에 의해 감작된 후 2차 접촉 시에 그에 대한 면역반응이 과도하게 또는 부적절하게 일어나서 조직손상을 가져온다.
　② 면역반응의 결과가 생체에 있어 유리하게 작용하는 경우를 좁은 의미의 면역이라 하고 해롭게 또는 불리하게 작용하는 경우를 알레르기 혹은 과민반응이라고 한다.

# Lesson 06 피부노화

## 1 피부노화의 이론과 원인

(1) 피부노화의 이론

① **프리라디칼 이론(Free Radical Theory)** : 생체 내에서 산소의 불완전한 환원으로 인하여 자유라디칼이 생성되고 이러한 축적의 결과가 세포를 노화시킨다는 이론이다.

② **피부노화와 활성산소**
  ㉮ 공기 중의 안정한 상태의 산소와는 달리 불완전한 활성산소는 높은 반응성을 가지는데, 인체 내에서 과잉으로 생산되면 정상적인 세포를 손상시켜 유해산소라 부르기도 한다.
  ㉯ 인체에 손상을 입히는 활성산소에는 수퍼옥사이드(Superoxide), 과산화수소(Hydrogen Peroxide), 하이드록시 라디칼(Hydroxy Radical), 싱글렛 옥시젠(Singlet Oxygen)이 있으며, 이를 제거해주는 물질을 항산화제라 하고 대표적인 항산화제로는 비타민 C, 비타민 E, 글루타치온, 코엔자임 $Q_{10}$ 등이 있다.
  ㉰ 수퍼옥사이드 디스뮤타제(SOD, Superoxide Dismutase), 카탈라제(Catalase) 등의 항산화효소도 활성산소의 생성을 막아 피부노화를 억제한다.

(2) 피부노화의 원인

① **내인성 노화**
  ㉮ 내적 노화 또는 생리적 노화이다.
  ㉯ 나이가 들어감에 따라 자연적으로 발생하는 피부의 노화 현상이다.

② **외인성 노화**
  ㉮ 광노화, 외적 노화 또는 환경적 노화라고도 하며 주로 자외선에 만성적으로 노출될 때 나타난다.
  ㉯ 광노화를 일으키는 파장은 자외선 B이지만 자외선 A도 노화를 일으킬 수 있다.

## 2 피부노화의 결과

(1) 자연노화의 결과

① **표피의 변화**
  ㉮ 세포분열의 능력이 저하되어 세포주기가 길어지면서 각질층이 두껍다.
  ㉯ 랑게르한스 세포가 다소 감소한다.
  ㉰ 멜라닌 생성 능력이 저하되어 흰머리가 발생한다.
  ㉱ 멜라닌세포의 수가 감소하여 자외선 방어기능이 떨어진다.
  ㉲ 표피의 두께가 얇아진다.
  ㉳ 신진대사가 위축되어 손상 시 회복이 늦어지며 면역기능이 감소된다.
  ㉴ 물리적인 자극에 대한 저항력 감소 및 피부 감각기능 감소

② 진피의 변화
- ㉮ 콜라겐이 파괴되고 엘라스틴의 가교가 증가되어 탄력이 저하되고 주름이 생긴다.
- ㉯ 무코다당류도 감소되어 수분 보유능력이 감소된다.
- ㉰ 진피의 두께는 감소된다.
- ㉱ 세포의 증식력 감소된다.
- ㉲ 혈관이 약해지고 수축력이 떨어진다.
- ㉳ 피하지방층의 감소와 혈관 분포의 감소로 피부의 온도가 낮아진다.
- ㉴ 한선의 수가 감소하여 열 자극에 대한 방어기능이 저하된다.
- ㉵ 피지 분비량의 감소로 인해 피부건조가 심해진다.

(2) 광노화의 결과

① 표피의 변화
- ㉮ 표피가 거칠고 두꺼워지며 가죽같이 뻣뻣해진다.
- ㉯ 각질층의 두께가 일정치 않고 훨씬 두꺼워진다.
- ㉰ 멜라닌 세포가 이상 항진되고 다양한 형태가 되어 노인성반점, 주근깨 등 불규칙한 색소침착이 생긴다.

② 진피의 변화
- ㉮ 탄력섬유의 이상증식으로 가교가 많이 생겨 탄력이 감소된다.
- ㉯ 진피 내 모세혈관의 확장된다.
- ㉰ 콜라겐이 급속히 감소하여 주름이 발생한다.
- ㉱ 섬유아세포가 증가된다.
- ㉲ 광선에 의한 각화현상이나 피부암이 발생한다.

# Lesson 07 피부장애와 질환

## 1. 원발진과 속발진

(1) 원발진(Primary Lesion)

| 종류 | 객관적 징후 |
|---|---|
| 반 | 여러 형태와 크기의 피부 색조 변화로 피부의 융기나 함몰은 없는 상태이다. |
| 홍반 | 모세혈관의 울혈에 의한 피부 발적상태를 말한다. |
| 자반 | 조직 내 출혈에 의한 자색 또는 적갈색의 착색이 표피를 통하여 보이는 상태를 말한다. |
| 종양 | 직경 2cm 이상의 피부 증식물로 양성과 악성이 있다. |

| 종류 | 객관적 징후 |
| --- | --- |
| 구진 | 경계가 뚜렷한 직경 1cm 미만의 피부의 단단한 융기물로 피지선 주위, 한선 혹은 모낭 개구부에 발생한다. |
| 결절 | 구진보다 크고 종양보다 작은 경계가 명확한 피부의 단단한 융기물로 진피 혹은 피하지방층에 형성되며 치유 후 흉터를 남긴다. |
| 소수포 | 직경 1cm까지의 액체를 포함한 피부의 융기물로 물리적 충격(마찰)이나 온도(열)의 영향으로 생긴다. |
| 수포 | 소수포 보다 크며 1cm 이상의 혈액성 내용물을 가진 물집을 말한다. |
| 농포 | 표피 내 또는 표피 아래의 가시적인 고름의 집합으로 주로 모낭 또는 한선 내에 형성된다. |
| 팽진 (담마진, 두드러기) | 표재성의 일시적 부종으로 붉거나 창백하며 수 시간 내에 없어지는 것으로 알레르기 피부 증상, 피부의 기계적 자극에 의해 야기되며 소양감이 나타난다. |

(2) 속발진(Secondary Lesion)

| 종류 | 객관적 징후 |
| --- | --- |
| 미란, 짓무름 | 수포가 터진 후 표피의 조직 결손으로 치유 후 반흔을 남기지 않는다. |
| 표피박리, 찰상 | 기계적 자극, 특히 긁어서 일어나는 표피의 결손을 말한다. |
| 궤양 | 진피, 피하지방층에 이르는 조직 결손 치유 후 반흔을 남긴다. |
| 인설, 비늘(비듬) | 사멸한 표피세포가 떨어져 나가는 것을 말한다. |
| 딱지, 가피 | 병적기전에 의해 야기된 삼출액이 마른 것으로 혈청, 농, 혈액 및 표피 부스러기 등이 뭉쳐 형성된다. |
| 균열 | 장기간의 염증과 심한 건조로 인해 피부의 탄력성이 없어져 생기는 틈, 피부가 갈라진 것을 말한다. |
| 흉터, 반흔 | 진피 또는 심부까지 도달한 조직 결손이 결체조직으로 대치된 상태로 모공, 한공이 없어지며 광택을 보이고, 피부 재생이 되지 않는다. |
| 위축 | 조기 노화로 인한 많은 주름을 말한다. |
| 태선화 | 만성적인 자극으로 인해 표피와 진피가 건조하고 가죽처럼 두꺼워지는 상태로 윤기나 유연감이 없으며 피부 주름이 뚜렷하다. |

## 2  피부질환

(1) 물리적 인자에 의한 피부질환

① **열에 의한 피부질환**
㉮ 화상
㉠ 1도 화상(홍반성) : 표피에만 화상을 입는 것으로 홍반, 부종, 통증을 동반

ⓒ 2도 화상(수포성) : 수포 발생이 특징이며 통증을 동반한다.
ⓒ 3도 화상(괴사성) : 피부의 증상이 심하여 궤양을 만들며 자연치유 될 수 없어 피부 이식이 필요하다.
㉳ 한진과 열성 홍반
  ㉠ 한진 : 땀띠, 고온 다습한 환경의 영향으로 한관이 폐쇄되어 땀이 배출되지 않아 소수포가 발생
  ㉡ 열성 홍반 : 열에 지속적으로 노출된 후 발생하며 요리사 등 직업적으로 열에 노출 기회가 많은 사람에게 발생한다.
② 한랭에 의한 피부질환
  ㉮ 동창 : 한랭에 의한 국소적 염증반응으로 가벼운 형태이다.
  ㉯ 동상 : 귀, 코, 뺨, 손가락, 발가락 등 연부조직이 얼어서 혈액공급이 없어져 통증을 느끼지 못하는 상태이다.
③ 기계적 손상에 의한 피부질환
  ㉮ 굳은살 : 각질층이 두꺼워지는 현상으로 손바닥, 발바닥, 관절 주위에 잘 발생
  ㉯ 티눈 : 발가락, 발바닥에 많이 발생하며 중심핵이 나타나는데 날카롭게 찌르는 듯한 통증을 유발
  ㉰ 욕창 : 만성적인 질병, 무의식의 환자가 지속적으로 일정하게 압박을 받는 부위에 허혈 상태가 되어 발생하므로 몸의 위치를 자주 바꾸어 준다.

(2) 습진성 피부질환
① 접촉성 피부염
  ㉮ 자극성 접촉피부염 : 주부습진, 기저귀 피부염 등이 있다.
  ㉯ 알레르기성 접촉피부염 : 알레르기를 유발하는 원인물질인 알레르겐이 특정 사람에게서 피부염을 유발한다.
② 아토피 피부염
  ㉮ 천식, 알레르기성 비염이나 특징적인 피부염 증상을 동시 또는 한 가지 이상 동반한다.
  ㉯ 피부가 건조하고 예민하며, 바이러스, 세균감염 등에 잘 걸리므로 2차 감염에 주의해야 한다.
  ㉰ 발생원인은 유전적 인자, 알레르기설, 면역학설, 환경요인설 등이 있다.
③ 지루성 피부염
  ㉮ 피지선이 풍부한 두피, 안면, 목, 가슴 등에 잘 발생하며, 홍반을 동반한 기름기 있는 인설(비듬)이 특징이다.
  ㉯ 유전, 호르몬, 스트레스 등이 원인으로 알려져 있고, 두피의 경우 탈모의 원인이다.
④ 건성습진
  ㉮ 겨울철 소양증, 노인성 습진 등으로 표현한다.
  ㉯ 세정력이 강한 비누로 과다한 세정, 건조한 피부 등의 원인이다.

(3) 감염에 의한 피부질환
　① **세균성 질환**
　　㉮ 감염성 농가진
　　　㉠ 유·소아에서 두피, 안면, 팔, 다리 등에 수포가 생기거나 진물이 나며 노란색을 띠는 가피를 보이는 질환이다.
　　　㉡ 화농성 연쇄상구균이 주 원인균이다.
　　㉯ 절종, 옹종
　　　㉠ 절종 : 모낭과 그 주변 조직에 걸쳐 심재성 괴사를 일으키는 질환이다.
　　　㉡ 옹종(종기) : 수 개의 절종이 뭉쳐서 나타나는 질환이다.
　　㉰ 단독, 봉소염
　　　㉠ 단독 : 세균에 감염되어 피부가 빨갛게 부어오르는 피부질환이다.
　　　㉡ 봉소염 : 피하조직에 세균이 침범하는 화농성 염증 질환이다.
　② **바이러스성 질환**
　　㉮ 전염성 연속증(물사마귀) : 몰루시폭스(molluscipox) 바이러스에 의해 발생하며, 긁어서 번진다.
　　㉯ 수두 : 전염력이 강하여 발진 발생 1일 전부터 6일 후까지 기도를 통해 전염된다.
　　㉰ 대상포진 : 편측성의 띠모양으로 홍반이 발생한 후에 수포성 병변이 나타나며, 심한 통증이 동반한다.
　　㉱ 사마귀 : 피부관리 시 주변 피부나 다른 피부로 전염된다.
　　㉲ 단순포진 : 수포성 질환으로 점막이나 피부를 침범하는 질환이다.
　③ **진균성 질환**
　　㉮ 족부 백선(무좀) : 각화형, 지간형, 소수포형으로 구분한다.
　　㉯ 수부 백선 : 무좀과 동시에 발생하는 경우가 많고 주부습진에 이차적으로 발생한다.
　　㉰ 완선 : 사타구니 습진
　　㉱ 체부 백선 : '도장부스럼'이라 하며 체부에 감염된 형태이다.
　　㉲ 조갑 백선 : 손톱이나 발톱에 피부사상균이 침입하여 발생하는 무좀을 말한다.
　　㉳ 칸디다증 : 백선처럼 가렵고 붉은 반점이 생기며 염증이 더 심한 반면 피부 각질 조각은 작게 생긴다.

(4) 모발의 질환
　① **원형 탈모증** : 원형이나 타원형의 모양으로 탈모가 발생하는 질환으로 스트레스가 원인이다.
　② **휴지기 탈모** : 수술, 열병, 출산 후에 나타나며 자연 치유된다.
　③ **남성형 탈모** : 유전적인 소인과 연령, 남성 호르몬의 영향, 노화로 인해 발생하며 두피의 지루성 피부염이 악화요인으로 작용한다.

(5) 색소성 질환
　① **색소결핍 질환**
　　㉮ 백색증 : 선천적으로 멜라닌이 결핍 증상으로 전신, 눈, 피부의 일부, 모발탈색 등의 다양한

형태로 나타난다.
- ㉯ 백반증 : 후천적으로 나타나는 멜라닌 결핍 증상으로 원인이 불분명하며, 여러 가지 크기와 형태의 백색반이 나타난다.

② **과색소 침착 질환**
- ㉮ 기미 : 연갈색, 암갈색, 검정색의 불규칙한 색소침착이 얼굴에 대칭적으로 나타나는 증상으로 스트레스, 내분비질환, 내복약, 화장품 등에 의해 발생될 수 있으며, 자외선에 의해 악화된다.
- ㉯ 주근깨 : 유전적인 요인으로 얼굴, 목, 어깨 등의 자외선 노출 부위에 발생하며, 여름철에 짙어지고 겨울철에는 옅어지는 경향을 보인다.
- ㉰ 멜라닌세포 모반 : 검은 점이다.
- ㉱ 선천성 멜라닌세포 모반 : 점보다 더 크고 털이 나 있으며, 20cm 이상의 점은 악성 흑색종으로 전환된다.
- ㉲ 지루성 각화증(검버섯) : 사마귀 모양의 울퉁불퉁한 표면을 가진 갈색 또는 흑갈색의 구진형태로 얼굴이나 흉부 등에 발생하며, 나이가 들면서 점차 병변이 증가된다.
- ㉳ 릴 안면흑피증 : 자외선 노출 부위인 이마, 뺨, 귀 뒤, 목의 측면에 갈색이나 암갈색으로 넓게 나타나며, 원인은 화장품이나 향수, 약제 등의 광감각 성분으로 인한 것으로 추정된다.
- ㉴ 베를로크(광독성) 피부염 : 향수나 오데코롱에 함유되어 있는 베르가못 오일로 인한 광과민 현상으로, 자외선을 쬐면 색소침착이 발생한다.
- ㉵ 오타씨 모반 : 진피 내에 멜라닌세포가 존재하여 청갈색 혹은 청회색의 얼룩진 색소반이 얼굴의 한쪽에 나타나며, 사춘기 이후 진해지는 경향이 있다.
- ㉶ 악성흑색종 : 기존의 점이나 악성 흑자에서 발생할 수 있으며 점이 커지거나 진물이 나거나 궤양이 있는 경우 등은 피부과 의사의 진료가 요구된다.

(6) **기타 피부질환**

① **섬유조직의 질환**
- ㉮ 섬유종 : 일명 쥐젖으로 불리며 중년 이후에 목, 겨드랑이 등에 나타난다.
- ㉯ 지방종 : 유전적 원인으로 목과 겨드랑이에 잘 형성이 되며 지방조직에 발생한다.
- ㉰ 켈로이드 : 외상 후 혹처럼 자라며 흉부, 귀, 턱, 어깨, 목 등에 유전이나 결합조직의 증대 및 경직으로 발생한다.

② **조갑감입**
- ㉮ 손톱이나 발톱의 가장자리가 피부에 파고드는 질환이다.
- ㉯ 앞이 좁거나 크기가 맞지 않는 신발을 신는 경우 주로 엄지발톱에 발생한다.

③ **안검 주위의 질환**
- ㉮ 비립종 : 신진대사의 저조가 원인으로 발생하는 표피낭종으로, 동그란 모래알 크기의 백색 구진의 형태로 눈 아랫부분에 발생한다.
- ㉯ 한관종 : 한선관 배출구의 문제로 발생되는 피부색의 작은 구진으로 다발성 발생한다.

# CHAPTER 03 화장품 분류

## Lesson 01 화장품 기초

### 1 화장품의 정의 및 요건

(1) 화장품의 정의

인체를 청결, 미화하여 매력을 더하고 용모를 밝게 변화시키거나 피부, 모발의 건강을 유지 또는 증진하기 위하여 인체에 사용되는 물품으로서 인체에 대한 작용이 경미한 것이다.

(2) 화장품, 의약부외품, 의약품의 구분

| 구분 | 화장품 | 의약부외품 | 의약품 |
| --- | --- | --- | --- |
| 사용대상 | 정상인 | 정상인 | 환자 |
| 사용목적 | 청결, 미화 | 위생, 미화 | 질병 치료 및 진단 |
| 사용기간 | 장기간, 지속적 | 장기간 또는 단속적 | 일정기간 |
| 사용범위 | 전신 | 특정 부위 | 특정 부위 |
| 부작용 | 없어야 함 | 없어야 함 | 어느 정도는 허용 |

(3) 화장품의 4대요건

| 구분 | 내용 |
| --- | --- |
| 안전성 | 피부에 대한 알레르기, 자극, 독성이 없을 것 |
| 안정성 | 보관에 따른 변질, 변색, 변취, 미생물의 오염이 없을 것 |
| 사용성 | 피부에 사용 했을 때 손놀림 쉽고, 피부에 매끄럽게 잘 스며들 것 |
| 유효성 | 피부에 적절한 보습, 노화억제, 자외선차단, 미백, 세정, 색채효과 등을 부여할 것 |

## 2 화장품 성분

(1) 보습제 및 방부제

① **보습제**
　㉮ 화장품에 사용되는 보습제는 피부를 촉촉하게 하는 작용을 한다.
　㉯ 보습제의 종류

| 종류 | 예 |
|---|---|
| 폴리올 | 글리세린, 프로필렌글리콜, 부틸렌글리콜, 폴리에틸렌글리콜, 솔비톨 |
| 천연보습인자 | 아미노산, 요소, 젖산염, 피롤리돈카르본산염 |
| 고분자 보습제 | 히아루론산염, 콘드로이친 황산염, 가수분해콜라겐 |
| 기타 | 베타인 |

② **방부제**
　㉮ 화장품에는 각종 영양분이 함유되어 있으므로 공기에 노출되거나 불순물이 침투하게 되면 미생물의 작용으로 부패하게 된다.
　㉯ 방부제는 미생물의 증가를 억제하는 물질로 배합량이 많으면 피부 트러블을 유발시킨다.
　㉰ 화장품에 사용되는 방부제로는 파라옥시안식향산메칠, 파라옥시안식향산프로필, 이미다졸리디닐우레아 등이 있다.

(2) 색소

① **염료**
　㉮ 물 또는 오일에 녹는 색소로 화장품 자체에 시각적인 색상효과를 부여하기 위해 사용한다.
　㉯ FD&C Yellow No 6(수용성), FD&C Red No 4(유용성)

② **안료** : 물과 오일에 모두 녹지 않는 것이다.
　㉮ 무기안료 : 색상이 화려하지 못하지만 빛과 산·알칼리에 강한다.(산화철, ultramarine)
　㉯ 유기안료 : 색상이 화려한 반면 빛과 산·알칼리에 약하다.(D&C Red No 30, D&C Red No 36)
　㉰ 착색안료 : 메이크업 화장품에 색상을 부여하는데 이용된다.(산화철, 레이크)
　㉱ 백색안료 : 빛을 산란시켜 메이크업 화장품에 커버력을 조절하는데 이용된다.(이산화티탄, 산화아연, 탄산칼슘)
　㉲ 체질안료 : 매끄러운 사용감과 부드러운 감촉을 부여한다.(탈크, 마이카, 카올린)
　㉳ 펄안료 : 제품에 진주 광택을 부여한다.(운모티탄, 비스무스 옥시클로라이드)

③ **레이크(lake)**
　㉮ 수용성 염료에 알루미늄, 마그네슘, 칼슘염을 가해 물과 오일에 녹지 않게 만든 것으로 산, 염기에 약하며, 중성에서도 물에 조금씩 녹는 경우가 있다.
　㉯ 색상의 화려함은 무기안료와 유기안료의 중간 정도이다.(FD&C Yellow No 6 Al lake)

## (3) 미용성분(활성성분)

### ① 식물추출물

| 추출물 | 설명 | 효과 |
|---|---|---|
| AHA(α-hydroxy acid) | 과일산의 총칭으로 죽은 각질을 제거 | 피부보습, 각질제거, 미백 |
| 감초 추출물 | 감초 뿌리에서 추출 | 해독, 소염, 자극완화 |
| 카렌듈라 | 금잔화 꽃에서 추출 | 소염, 진통, 세정 |
| 녹차 추출물 | 녹차잎에서 추출 | 항산화, 냄새제거, 세정 |
| 라벤더 | 라벤더 꽃에서 추출 | 수렴, 살균, 항균 |
| 레몬 | 레몬에서 추출 | 수렴, 미백 |
| 로즈마리 | 로즈마리 잎 또는 꽃에서 추출 | 항산화, 미백, 항균 |
| 루틴(비타민 P) | 모세혈관을 튼튼히 하고 수축시키는 작용 | 민감한 피부에 효과 |
| 멘톨 | 박하에서 추출하여 상쾌한 냄새와 시원한 느낌 | 소염, 방부, 살균 |
| 사포닌 | 대두사포닌, 인삼사포닌이 대표적 | 유화, 가용화, 세정, 항염증 |
| 살구씨 추출물 | 살구씨에서 추출 | 진정, 유연, 보습, 항균작용 |
| 상백피 추출물 | 뽕나무의 껍질에서 추출 | 항균, 미백 |
| 수세미 추출물 | 수세미 잎에서 추출 | 소염, 진정, 보습작용 |
| 아줄렌 | 카모마일에서 추출 | 항염, 진정, 상처치유 |
| 안젤리카 추출물 | 안젤리카의 잎 또는 줄기에서 추출 | 진정, 진통, 미백작용 |
| 알란토인 | 밀의 배아, 담배의 종자에 함유 | 소염, 진정, 항염, 피부유연 |
| 알로에 추출물 | 알로에의 잎에서 추출 | 보습, 미백, 상처치유 촉진 |
| 은행잎 추출물 | 은행잎에서 추출 | 유해산소 제거, 혈액순환 촉진 |
| 유칼립투스 추출물 | 유칼리나무에서 추출 | 살균, 항균, 혈액순환촉진, 수렴 |
| 인삼추출물 | 인삼에서 추출하여 사포닌 성분 함유 | 피부대사 촉진, 말초혈관 확장, 탈모예방, 항균 |
| 주니퍼 추출물 | 노가주나무의 열매에서 추출 | 수렴, 지혈, 셀룰라이트 분해 |
| 카모마일 | 카모마일 꽃에서 추출 | 소염, 살균, 혈행촉진, 진정효과 |
| 카페인 | 커피, 녹차 등에 함유된 알칼로이드 성분 | 피하지방 축적 억제, 수렴효과 |
| 클로로필 | 식물의 엽록소 | 탈취, 산소공급효과 |
| 해조 추출물 | 미역, 다시마와 같은 해조류에서 추출 | 보습효과 |

② 동물추출물

| 추출물 | 설명 | 효과 |
|---|---|---|
| 실크 추출물 | 실크에서 추출 | 보습, 피부유연 |
| 키토산 | 게, 새우의 껍질에서 추출 | 보습, 피막형성, 중금속 제거 |
| 콘드로이친 황산 | 달팽이 피부와 포유류 연골 함유 무코다당류 | 보습 |
| 플라센타 | 소의 태반에서 추출 | 보습, 세포재생, 미백 |
| 히아루론산 | 진피에 존재하는 무코다당류로 닭벼슬에서 추출하였으나 현재는 미생물 발효로 생산 | 보습 |

③ 비타민

| 구분 | 설명 |
|---|---|
| 비타민 A 유도체 | 레티닐 팔미테이트, 레티놀, 레틴산의 총칭으로 세포 분화를 촉진하여 잔주름 개선 효과 |
| 비타민 $B_2$(리보플라빈) | 입 주위의 염증, 지루성 피부염에 좋음 |
| 비타민 $B_6$(피리독신) | 피지분비 억제 작용이 있어 지성 피부에 효과적 |
| 비타민 C 팔미테이트 | 비타민 C 유도체로 콜라겐 합성 촉진, 미백 효과 |
| 비타민 E(토코페놀) | 혈액촉진, 노화억제, 유해산소 제거 등의 효과 |

■ AHA의 종류와 특징

| AHA 종류 | 특징 |
|---|---|
| 글리콜산(Glycolic acid) | 사탕수수에 함유, 분자량이 가장 작아 침투력이 뛰어남 |
| 젖산(Lactic acid) | 쉰우유에 함유, 천연보습인자의 하나로 보습효과 |
| 사과산(Malic acid, 능금산) | 사과, 복숭아 등에 함유 |
| 주석산(Tartaric acid, 포도산) | 신포도에 함유 |
| 구연산(Citric acid) | 오렌지, 레몬에 함유, 화장품의 pH 조절제로 사용 |

# Lesson 02 화장품 제조

## 1 화장품 제조 기술

(1) 가용화

① 계면활성제를 물에 녹일 때 처음에는 물의 표면으로 계면활성제가 배열되다가 포화농도 이상이 되면 작은 집합체를 형성하게 되는데 이를 미셀(Micelle)이라 부른다.
② 미셀은 물에 녹지 않는 물질을 내부에 용해시킬 수 있는 성질을 갖게 된다.
③ 가용화는 소량의 유성성분을 계면활성제의 미셀작용을 이용하여 투명한 상태로 용해시키는 것을 말하며 주로 화장수, 에센스, 향수 등의 제품 제조에 쓰인다.

(2) 유화

① 다량의 유성성분을 일정기간 동안 안정한 상태로 균일하게 혼합하는 기술로, 분산된 부분이 기름인가 물인가에 따라 물에 기름이 분산된 형태의 수중유적(O/W)형 유화와 기름에 물이 분산되어 있는 형태의 유중수적(W/O)형 유화로 구분된다.
② W/O형 에멀젼을 다시 물에 유화시키면 W/O/W 에멀젼과 같은 다상 에멀젼을 얻을 수 있는데, 다상 에멀젼은 보습효과가 뛰어나고 제품을 안정한 상태로 보존시킬 수 있는 장점이 있어 각종 영양크림의 제조에 쓰이고 있다.
③ 유화 후 냉각하는 시간이 짧으면 비교적 점성이 낮은 유화 제품이 얻어지고, 냉각하는 시간이 길면 점성이 높은 유화 제품이 얻어진다.

(3) 분산(dispersion)

① 안료 등의 고체 입자를 액체 속에 균일하게 혼합시키는 것을 분산이라고 한다.
② 기초화장품의 제형 안정화를 위해 사용되는 점증제나 메이크업 화장품에 사용되는 무기, 유기, 펄 안료 등을 여러 종류의 기제에 분산시켜 만들며 파운데이션, 마스카라, 아이라이너, 네일 에나멜 등이 분산 제품에 해당된다.

## 2 화장품의 원료

(1) 수성원료

① 정제수
  ㉮ 물은 피부를 촉촉하게 하는 작용을 하며 화장수, 크림, 로션의 기초 화장품에 사용된다.
  ㉯ 오염된 물과 칼슘, 마그네슘 등의 금속이온이 함유된 물은 피부의 모공을 막거나 모발에 끈끈하게 부착될 수 있으므로 세균과 금속이온이 제거 된 정제수를 사용한다.

② 에탄올(Ethanol)
㉮ 휘발성이 있으며 피부에 시원한 청량감과 가벼운 수렴효과를 부여한다.
㉯ 용매의 역할을 하여 다른 원료와 섞어주면 그 원료를 녹이는 효과가 있으며 배합 향이 높아지면 수렴효과 외에 살균, 소독 작용도 나타낸다.
㉰ 물 다음으로 화장품에 많이 사용되며 화장수, 아스트린젠트, 헤어토닉이나 향수 등에 많이 쓰인다.

(2) 유성원료
① 오일
㉮ 지용성 용매로서의 작용과 함께 피부의 오염물질에 대한 세정작업, 피부나 모발을 유연하게 하는 것 외에도 보습작용을 한다.
㉯ 오일의 종류
㉠ 식물성오일 : 월견초유, 로즈힙오일, 피마자유, 올리브유
㉡ 동물성오일 : 밍크오일, 스쿠알렌
㉢ 광물성오일 : 유동파라핀, 바셀린
㉣ 합성오일 : 실리콘오일, 미리스틴산 이소프로필

② 왁스
㉮ 기초화장품이나 메이크업 화장품에 널리 사용되는 고형의 유성 성분으로 고급지방산에 고급 알코올이 결합된 에스테르이며 화장품의 굳기를 증가시켜준다.
㉯ 왁스의 종류
㉠ 식물성 왁스 : 카르나우바 왁스, 칸델릴라 왁스 등
㉡ 동물성 왁스 : 밀랍(Bees wax), 라놀린(Lanolin) 등

(3) 계면활성제
① 한 분자 내에 물을 좋아하는 친수성기와 기름을 좋아하는 친유성기를 함께 갖는 물질로 묽은 용액 속에서 경계면에 흡착하여 표면장력을 줄이는 성질을 갖고 있다.
② 물과 기름에 대한 친화성 정도를 나타낸 값을 HLB 값이라 한다.
③ HLB 값은 0부터 20까지 있으며, 0에 가까울수록 친유성이 좋고, 반대로 20에 가까우면 친수성이 좋다.
④ **계면활성제의 종류와 특징**

| 종류 | 특징 | 제품 |
| --- | --- | --- |
| 양이온성 | 살균, 소독작용이 크며 정전기 발생을 억제 | 헤어린스, 헤어트리트먼트 |
| 음이온성 | 세정작용과 기포 형성 작용이 우수 | 비누, 샴푸, 클렌징폼 |
| 비이온성 | 피부 자극이 적어 기초화장품에 사용 | 화장수의 가용화제, 크림의 유화제, 클렌징 크림의 세정제 |
| 양쪽성 | 세정작용이 있으며 피부 자극이 적음 | 저자극 샴푸, 베이비 샴푸 |

⑤ 비이온성 계면활성제의 HLB와 용도

| HLB | 용도 | HLB | 용도 |
|---|---|---|---|
| 1.5~3 | 소포제 | 8~18 | O/W 유화제 |
| 4~6 | W/O 유화제 | 13~15 | 세정제 |
| 7~9 | 분산제 | 15~18 | 가용화제 |

## Lesson 03 화장품의 종류와 기능

### 1 기초 화장품

(1) 기초화장품의 사용 목적

① **세안** : 피부 표면의 더러움이나 메이크업 찌꺼기 및 노폐물을 제거하여 피부를 청결하게 한다.
② **피부 정돈** : 세안에 의해 변화된 피부의 pH를 정상적인 상태로 돌아오게 하고 수분과 유분을 공급하여 피부결을 정돈한다.
③ **피부 보호** : 피부 표면의 건조를 방지해 줌과 동시에 피부를 부드럽게 하고 외부 환경으로부터 피부를 보호하거나 세균의 침입을 방지한다.

(2) 세안 화장품

① **세안 화장품의 제형별 분류**

| 제형 | 종류 | 특징 |
|---|---|---|
| 씻어내는 타입<br>(계면활성제형) | 클린징폼 | 피부에 자극이 없어 민감하고 약한 피부에 좋으며, 보습제가 함유되어 건조해지는 것을 방지한다. |
| | 스크럽 | 미세한 알갱이가 함유되어 모공 속 깊숙이 있는 노폐물과 죽은 각질을 제거해주며 세안, 마사지, 각질제거 효과가 있다. 단, 화농성 여드름 피부, 민감한 피부에는 좋지 않다. |
| 닦아내는 타입<br>(용제형) | 클린징 워터 | 화장수 타입으로 가벼운 화장을 지울 때 적합하다. |
| | 클린징 로션 | 클린징 크림에 비해 사용감이 산뜻하고 비교적 옅은 화장을 지울 때 적합하다. |
| | 클린징 크림 | 짙은 화장이나 피지분비가 많을 때 적당하다. |
| | 클린징 젤 | 유성타입은 짙은 화장을 지울 때, 수성타입은 옅은 화장을 지울 때 적합하며, 사용 후 피부가 촉촉해진다. |

② **피부의 완충능**
  ㉮ 피부의 각질층에는 천연보습인자인 아미노산, 젖산염, 무기염 등이 세포간 지질 성분과 혼합되어 피부의 pH가 약 5.5로 유지되도록 해주는 것을 피부의 완충능이라 한다.
  ㉯ 건강한 피부의 경우는 세안 후 약 3시간 이후에는 거의 원래 상태의 pH로 되돌린다.

(3) **화장수(스킨로션)**
  ① **개요**
    화장수는 정제수, 에탄올, 보습제를 기본으로 하고 사용 목적에 따라 유연 성분, 수렴 성분 등의 기타 성분을 배합한다.
  ② **화장수의 종류**
    ㉮ 유연 화장수 : 수분공급과 피부 유연효과를 목적으로 하며 보습제와 유연제가 함유된다.(스킨 소프트너)
    ㉯ 수렴 화장수 : 수분공급과 모공 수축을 목적으로 하며 알코올 배합량이 유연 화장수보다 많으며, 탄닌, 위치하젤과 같은 모공을 수렴하는 성분이나 비타민 $B_6$과 같은 피지 억제 성분을 배합하기도 한다.(스킨 토너, 아스트린젠트 로션)

(4) **로션, 크림, 에센스**
  ① **로션**
    ㉮ 피부에 수분과 유분을 공급한다.
    ㉯ 유분 함량이 30% 이하인 O/W형 유화로 피부에 산뜻하게 퍼지고 사용감이 좋다
  ② **크림**
    ㉮ 세안 후 소실된 천연 보호막을 보충하여 피부에 촉촉함을 주고 외부 자극으로부터 피부를 보호하기 위해 사용한다.
    ㉯ 유분과 보습제가 다량 함유되어 있어 피부의 보습, 유연 기능을 갖게 된다.
    ㉰ 피부를 외부 환경으로부터 보호하고 피부 생리기능을 도와준다.
    ㉱ 제형에 따른 구분

| 제형 | 특징 | 제품 |
| --- | --- | --- |
| O/W형 크림 | 사용감이 가벼우며, 시원함, 보습성, 촉촉함을 느낄 수 있으나 지속성이 낮음 | 모이스쳐크림, 베이비크림 |
| W/O형 크림 | 사용감이 뻑뻑하고 퍼짐성이 낮으나 지속성이 좋음 | 에몰리언트 크림, 마사지 크림, 클린징 크림 |
| W/S형 크림 | 오일 대신 실리콘 오일을 사용한 제품 | - |

  ③ **에센스**
    ㉮ 미용 성분을 고농축으로 함유하여 보습 효과가 우수하고 영양물질을 공급하여 피부를 가볍고 매끄러운 상태로 유지한다.

④ 사용 목적은 보습, 피부 보호, 영양 공급이다.
④ 컨센트레이트 혹은 세럼이라고도 한다.
④ 스킨, 로션, 크림, 젤 타입으로 존재하며, 다량 보습제를 함유할 수 있는 스킨 타입을 가장 많이 사용한다.

(5) 팩

① 개요

팩은 얼굴에 적당한 두께로 발라 일정 시간 방치해 건조시킨 후 제거하여 피부에 긴장감을 주고 외부 공기를 차단하여 피부 온도를 높여 영양성분의 흡수를 용이하게 하고 혈액순환을 촉진시키며 피부를 청결하게 한다.

② 팩의 종류

㉮ 필-오프 타입 : 얼굴에 도포 후 건조된 피막을 떼어내는 타입으로 피막형성제인 폴리비닐알코올이 배합되며, 건조와 피부의 청량감을 부여하기 위해 에탄올을 첨가한다.
㉯ 워시-오프 타입 : 얼굴에 바른 후 20~30분 정도 지난 후 물로 씻어내며, 피지를 흡착하는 진흙과 고령토 등을 배합한다.
㉰ 티슈-오프 타입 : 크림 형태로 되어 있으며, 바른 후 10~15분 지난 후 티슈로 닦아내는 타입으로 민감성 피부에 좋다.
㉱ 시트 타입 : 활성 성분이 든 미용액이나 화장수에 적신 시트를 얼굴에 덮어 사용하는 타입으로 사용이 간편하고 자극이 없다.
㉲ 분말 타입 : 한방 재료, 석고, 효소 등을 화장수나 정제수에 개어서 바르는 타입으로 도포 후 10~15분 후 씻는다.

## 2 메이크업 화장품

(1) 베이스 메이크업

① 메이크업 베이스

㉮ 파운데이션이 피부에 흡수되는 것을 막고 파운데이션의 퍼짐성과 밀착감을 좋게 해 주어 화장의 지속성을 높여 준다.
㉯ 피부색을 한 가지 톤으로 정리한다.
　㉠ 초록색 : 여드름 자국 등 잡티가 있거나 모세혈관이 확장된 피부에 적합한다.
　㉡ 보라색 : 동양인의 노란 피부를 화사하게 표현한다.
　㉢ 분홍색 : 창백한 피부에 혈색을 보강하여 화사하고 생기 있게 표현한다.
　㉣ 푸른색 : 얼굴에 붉은기가 많거나 하얀 피부 표현을 원할 때 효과적이다.
　㉤ 브론즈색 : 피부를 어둡게 표현하고 싶을 때 효과적이다.

② 파운데이션

㉮ 피부의 결점을 감추고 원하는 피부색을 조절한다.

④ 제형별 파운데이션의 특징

| 형태 | 제품 | 특징 |
|---|---|---|
| 유화형 | 리퀴드 파운데이션 | • 안료가 균일하게 분산되어 있는 형태로 O/W형 유화 타입으로 가벼운 사용감이 있음 |
| | 크림 파운데이션 | • 안료가 균일하게 분산되어 있는 형태로 O/W형과 W/O형 유화 타입이 있음<br>• O/W형 유화 타입은 사용감이 가볍고 퍼짐성이 좋으며, W/O형은 사용감이 무겁고 퍼짐성이 낮으나 땀이나 물에 잘 지워지지 않음 |
| 분산형 | 스킨커버 컨실러 | • 안료를 오일과 왁스에 골고루 혼합 분산시킨 것으로 밀착감, 내수성 및 커버력이 우수함<br>• 다량의 안료가 함유되어 있어 커버력이 뛰어남 |
| 파우더형 | 파우더 파운데이션 | • 안료에 오일을 스프레이 하여 흡착시킨 후 압축시켜 고형화 시킨 것<br>• 오일의 양은 10~15% 정도로 얇게 발리고 매트한 느낌 |
| | 트윈케이크<br>(투웨이 케익) | • 안료에 오일을 흡착시킨 후 압축시켜 고형화 시킨 것으로 마른 스폰지, 젖은 스폰지를 사용하여 메이크업 가능<br>• 친유 처리한 안료가 배합되어 뭉침이 없고 땀에 의해 쉽게 지워지지 않음 |

③ **파우더**

㉮ 땀과 피지에 의해 화장이 번지거나 지워지는 것을 막고 빛을 난반사시켜 얼굴을 밝고 화사하게 보이도록 한다.

㉯ 파운데이션의 유분기를 제거하고 파운데이션의 지속성을 높여준다.

㉰ 페이스파우더(가루분)와 가루 날림이 없고 휴대가 간편한 고형으로 만들어진 콤팩트파우더가 있다.

(2) 포인트 메이크업

① **아이 메이크업**(Eye Make-up)

㉮ 눈의 결점을 커버하고 눈을 입체적으로 보이게 하여 생동감 있고 아름답게 표현한다.

㉯ 눈점막에 대해 안전해야 한다.

㉰ 눈물, 땀에 의해 지워지거나 자극을 주지 않아야 한다.

㉱ 사용이 부드럽고 자연스러운 화장의 연출이 가능하다.

㉲ 제품의 종류와 특징

| 제품 | 특징 |
|---|---|
| 아이브라우 펜슬 | • 눈썹의 모양을 그리고 눈썹 색을 조절하기 위해 사용<br>• 안료, 왁스, 오일 성분으로 구성되어 있으며, 발한현상이나 발분현상이 없어야 함 |

| 제품 | 특징 |
|---|---|
| 아이섀도우 | • 눈 부위에 색채와 음영을 주어 입체감을 부여하고 눈의 아름다움을 강조하기 위해 사용<br>• 색채감을 주기 위해 착색안료 배합<br>• 케이크 타입, 크림 타입, 펜슬 타입이 있음 |
| 아이라이너 | • 눈의 윤곽을 또렷하게 하며, 결점을 커버<br>• 건조가 빠르고 그리기가 쉬우며 피막이 유연해야 함<br>• 리퀴드 타입, 펜슬 타입, 케이크 타입, 크림 타입이 있음 |
| 마스카라 | • 속눈썹에 도포하여 속눈썹을 짙고 길게 표현<br>• 적당한 윤기와 건조성이 있어야 하며, 적당한 컬링 효과가 요구됨 |

② **립스틱**
  ㉮ 유성분(오일과 왁스)에 색소를 분산시킨 제품으로 입술 점막에 사용하므로 자극이 없고, 먹어도 인체에 안전하고 불쾌한 냄새와 맛이 없어야 한다.
  ㉯ 발한현상이나 발분현상이 없어야 하며, 보관 중 산화가 되지 않아야 한다.
  ㉰ 적절한 강도를 유지하여 사용 중 부러짐 없이 매끄럽게 발라져야 한다.
  ㉱ 보습성분을 첨가한 글로스 타입과 잘 지워지지 않는 매트 타입이 있다.

③ **블러셔(Blusher)**
  ㉮ 볼 부위에 도포하여 얼굴색을 건강하고 밝게 보이게 하며, 윤곽을 뚜렷하게 하여 얼굴을 입체적으로 만들어준다.
  ㉯ 파운데이션과 친화성이 좋고 적당한 커버력, 광택성, 부착성이 있다.
  ㉰ 케이크 타입과 크림 타입이 있다.

## 3  모발 화장품

(1) 세발용 화장품
  ① **샴푸**
    ㉮ 모발 및 두피를 세정하여 비듬과 가려움을 덜어주며, 건강하게 유지하기 위해 사용한다.
    ㉯ 계면활성제의 침투작용과 유화, 분산작용에 의해 오염물을 제거한다.
    ㉰ 섬세하고 풍부한 기포는 세정액이 흘러내리지 않게 하고 모발의 엉클어짐을 방지하는 쿠션 역할을 담당을 한다.
  ② **헤어린스**
    ㉮ 모발에 유분을 공급하여 유연성과 자연스러운 윤기를 부여한다.
    ㉯ 양이온성 계면활성제가 함유되어 정전기를 방지하고 자연스러운 광택을 부여한다.

(2) 정발제
  ① **개요** : 모발을 원하는 형태로 만드는 스타일링의 기능과 모발의 형태를 고정시켜주는 세팅 기능이 있다.

② 정발제의 종류와 특징

| 타입 | 종류 | 특징 |
|---|---|---|
| 유성 타입 | 헤어오일 | • 모발에 유분을 공급하여 광택과 유연성을 부여함<br>• 점성이 적은 유성성분으로 배합 |
| | 포마드 | • 모발에 광택을 주며 헤어스타일을 단정하게 해주는 제품<br>• 식물성은 피마자유, 올리브유 등이 배합되어 광택이 있고 점착성과 퍼짐성이 좋아 강모에 적당<br>• 광물성은 바셀린, 유동 파라핀이 함유되어 끈적임이 없고 산뜻한 느낌으로 가늘고 부드러운 모발에 좋음 |
| 유화 타입 | 헤어로션/헤어크림 | • 물과 유성성분을 유화시킨 제품으로 모발을 단정히 정돈해주고 보습효과와 광택을 부여함<br>• 헤어로션은 대부분 O/W형으로 수분 함유량이 많아 촉촉하고 자연스러운 느낌을 주고 W/O형은 오일감이 있고, 윤기와 정발효과가 있음 |
| 고분자 피막타입 | 세트로션 | • 고분자 물질을 에탄올 용액에 녹인 것으로 웨이브를 유지하기 위한 목적으로 사용 |
| | 헤어무스 | • 거품 형태의 제품이며 원하는 헤어스타일로 손쉽게 정발 가능<br>• 고분자물질(피막형성제), 계면활성제, 분사제(액화석유가스)가 기본 성분<br>• 세팅 타입, 트리트먼트 타입, 광택 타입이 있음 |
| | 헤어스프레이 | • 세팅한 모발에 분무해 헤어스타일을 고정시킬 목적으로 사용<br>• 주성분으로 피막형성제와 용제로 에탄올이 사용되어 휘발성이 빠르고 건조 후 모발의 세팅효과가 습도에 영향을 받지 않음 |
| | 헤어젤 | • 정제수에 수용성 고분자를 용해시킨 젤 상태의 투명한 정발제<br>• 촉촉하고 자연스러운 정발 효과를 부여 |
| 액체 타입 | 헤어리퀴드 | • 산뜻하고 끈적임 없으며, 부드러운 정발 효과가 있음<br>• 점착성을 지닌 보습제인 합성 폴리에테르유를 에탄올에 용해시킨 제품 |

(3) 헤어트리트먼트

① 개요

㉮ 모발이 손상되는 것을 방지하고 손상된 모발을 복구하는 것을 목적으로 사용한다.

㉯ 모발보호 성분들을 모발 내부에 침투시켜 손상된 모발을 회복시켜주는 제품이다.

㉰ 구성 성분으로 유분, 양이온성 계면활성제, 단백질, 아미노산, 보습제 등을 배합한다.

② 헤어트리트먼트의 형태와 특징

| 형태 | 특징 |
|---|---|
| 헤어트리트먼트크림 | • 손상된 모발에 영양물질을 공급하고 모발의 건강 회복을 목적으로 한 트리트먼트제<br>• 큐티클의 손상된 부분과 큐티클 사이를 영양물질로 채워 손상된 모발을 건강한 모발로 복구시킴 |

| 형태 | 특징 |
|---|---|
| 헤어팩 | • 손상모를 회복시키기 위해 사용하는 제품으로 씻어내는 타입<br>• 다량의 컨디셔닝 성분을 함유 |
| 헤어블로우 | • 펌프식 스프레이로 컨디셔닝 효과와 헤어스타일링 효과<br>• 열이나 브러싱에 의한 마찰로부터 모발을 보호하는 목적 |
| 헤어코트 | • 모발 끝의 갈라진 부위와 손상된 부위를 회복시켜주기 위해 사용하는 제품 |

### (4) 퍼머넌트 웨이브 로션

① 1제(환원제)
  ㉮ 모발의 시스틴(-S-S-)결합을 절단하여 티올(-SH)기로 환원시킨다.
  ㉯ 환원제, 알칼리제, 금속이온봉쇄제(EDTA)로 구성되어 있다.

| 구분 | 성분 | 특징 |
|---|---|---|
| 환원제 | 티오글리콜릭산<br>(Thioglycolic acid) | • 환원력이 강하여 건강모, 발수성모에 적합<br>• pH에 따라서 모발 손상 유발, 냄새 심함 |
| | 시스테인(Cysteine) | • 모발을 분해시켜 원료로 사용하므로 손상모발에 적합하고 냄새가 적음 |
| 알칼리제 | 암모니아(Ammonia) | • 모발 손상이 적으나 냄새가 심함 |
| | 모노에탄올 아민<br>(Monoethanol amine) | • 비휘발성으로 냄새가 적으나 모발 손상 유발 |

② 2제(산화제)
  ㉮ 1제에 의해 만들어진 티올(-SH)기를 산화시켜 시스틴(-S-S-)결합으로 돌아가게 함
  ㉯ 산화제로 브롬산나트륨, 브롬산칼륨 및 과산화수소가 사용된다.

### (5) 염모제

① **영구 염모제** : 색소 형성 물질이 모발 내부의 모피질 또는 모수질층까지 침투하여 화학변화를 일으켜 불용성 색소를 형성하는 것으로 염색의 효과가 장기간에 걸쳐 지속된다.
  ㉮ 식물성 염모제 : 헤나, 카모마일 등을 이용한 것으로 염색효과가 낮고 본래 모발색보다 밝게 염색하기 어려움이 있다.
  ㉯ 금속성 염모제 : 납이 산화될 때 검게 변하는 원리를 이용한 것으로 인체에 유해한 독성이 있다.
  ㉰ 산화형 염모제 : 염색효과가 우수하고 밝은색으로 염색이 가능하며 1제와 2제를 믹스하여 모발에 바른 후 30분 정도 후 염색한다.

| 구분 | | 특징 |
|---|---|---|
| 1제 | 염료 중간체 | • 산화되면 색소로 변하는 물질<br>• 성분 : p-페닐렌디아민, p-아미노페놀, p-톨루엔디아민 |
| | 염료 수정체 | • 염료 중간체와 반응하여 색상을 다양하게 변화시키는 물질<br>• 성분 : m-아미노페놀, m-페닐렌디아민 |

| 구분 | | 특징 |
|---|---|---|
| 1제 | 알칼리제 | • 큐티클을 열고 색소 형성 반응이 빠르게 발생<br>• 성분 : 암모니아, 모노에탄올아민 |
| | 고급지방산 | • 염료 중간체와 염료 수정체의 침투를 촉진시키고 세정을 용이하게 함 |
| | 겔화제 | • 2제와 혼합 시 겔을 형성 |
| | 용제 | • 염료 중간체, 염료 수정체의 용해를 도움 |
| 2제 | 산화제 | • 모발 속의 멜라닌 색소를 파괴하고 염료 중간체와 염료 수정체가 반응을 일으켜 새로운 색소가 만들어짐<br>• 성분 : 6% 과산화수소 |
| | pH조절제 | • 과산화수소를 안정화시키기 위해 pH 4.0 부근으로 조절<br>• 성분 : 인산 |

② 반영구 염모제
  ㉮ 탈색된 모발 염색에 적합하며 시간이 지나면 색이 빠진다.
  ㉯ 산성 염료와 벤질 알코올, 에탄올 등의 침투제가 배합되어 있다.
  ㉰ 정전기적 결합을 통해 염색이 이루어진다.

③ 일시 염모제
  ㉮ 모발의 표면에 안료와 같은 불용성 색소를 일시적으로 부착시켜 모발의 색을 교체한다.
  ㉯ 원하는 부분에만 도포하는 데 효과적이며, 특별한 기술이 필요하지 않다.

(6) 기타 모발 화장품
  ① 헤어토닉
    ㉮ 살균력이 있어 두피나 모발을 청결히 하고 시원한 느낌과 쾌적함을 주며 두피 혈액순환을 좋게 하고 비듬과 가려움을 제거하여 모근을 튼튼하게 해주는 제품이다.
    ㉯ 에탄올이 50~80% 함유되어 살균 및 소독작용이 있다.

  ② 헤어스트레이트
    ㉮ 곱슬머리, 퍼머머리를 곧게 풀고자 할 때 사용한다.
    ㉯ 1제 환원제는 알칼리성의 크림 타입이며, 2제는 산화제로 구성된다.
    ㉰ 1제를 바른 후 20~30분간 빗질을 반복하여 컬을 풀어준 후 2제를 바르고 10~20분 후 씻어준다.

  ③ 제모제
    ㉮ 털을 제거하는 방법으로 물리적 제거와 화학적 제거가 있다.
    ㉯ 화학적 제모제는 pH 11~13 정도의 강알칼리로 수산화칼슘, 수산화나트륨, 수산화칼륨을 사용한다.

  ④ 헤어블리치
    ㉮ 모발의 탈색을 목적으로 하여 멜라닌 색소를 파괴시켜 모발의 색상을 밝게 하기 위해 사용한다.
    ㉯ 1제는 지방산, 겔화제, 용제, 알칼리제로 구성되어 있고 2제는 과산화수소가 들어있으며, 사용 직전에 혼합하여 사용한다.

## 4 전신관리 및 네일 화장품

(1) 전신관리 화장품

① **전신에 사용하는 바디화장품**
  ㉮ 세정제품 : 비누, 바디 샴푸, 버블 바스, 바디 솔트
  ㉯ 트리트먼트제품 : 바디 로션, 바디오일, 바디 크림
  ㉰ 방향제품 : 샤워코롱, 파우더
  ㉱ 선케어제품

② **발, 다리에 사용하는 화장품**
  ㉮ 탈색, 제모 제품 : 탈색, 제모 크림, 제모 왁스
  ㉯ 부종 방지 : 레그후레쉬 제품(토너, 크림)

③ **손에 사용하는 화장품** : 트리트먼트제품(핸드로션, 핸드크림)

④ **팔꿈치 및 무릎 부위에 사용하는 화장품** : 유연 제품(각질 연화 로션, 크림, 오일)

⑤ **땀샘 부위에 사용하는 화장품** : 데오드란트 제품(로션, 스프레이, 파우더, 스틱)

(2) 네일 화장품

① **네일 에나멜**
  ㉮ 손톱에 광택과 색채를 주어 아름답게 할 목적으로 사용한다.
  ㉯ 표면에 딱딱하고 광택이 있는 피막을 형성하며, 피막형성제로 니트로셀룰로오즈를 배합한다.
  ㉰ 손톱에 바르기 적당한 점도가 있어야 하며, 가능한 신속히 건조하고 균일한 막을 형성(3~5분)한다.

② **베이스코트** : 손톱의 주름을 메워서 다음에 칠할 네일 에나멜의 밀착성을 좋게 한다.

③ **탑코트** : 네일 에나멜 피막 위에 덧발라서 광택이나 내구성을 좋으며, 니트로셀룰로오즈의 배합량이 가장 많다.

④ **에나멜 리무버** : 피막 형성제를 녹이는 용제로 초산에칠, 초산부칠, 아세톤 등을 사용한다.

## 5 향수

(1) 향수의 구비요건

① 향에 따른 특징이 있어야 하며 확산성이 좋아야 한다.
② 향이 적당히 강하고 지속력이 좋아야 한다.
③ 향의 조화가 잘 이루어져야 한다.

(2) 향수 사용 시 주의점

① 목욕 후 사용하는 것이 좋다. 체취나 땀 냄새와 혼합되면 불쾌감을 가져다 준다.
② 외출 시에는 20~30분 전에 뿌리는 것이 좋다.

③ 햇빛에 노출되지 않는 부위에 뿌려야 한다.
④ 상의나 스커트 안쪽 등 움직이는 부위에 바르는 것이 좋다.
⑤ 피부가 약할 경우 속옷 위에 바르는 것이 좋다.

(3) 향수의 유형

| 유형 | 부향률 | 지속시간 | 특징 |
|---|---|---|---|
| 퍼퓸 | 15~30% | 6~7시간 | 향이 풍부하고 농후한 분위기를 연출 |
| 오데퍼퓸 | 9~12% | 5~6시간 | 퍼퓸에 가까운 지속성과 향의 깊이가 있음 |
| 오데토일렛 | 6~8% | 3~5시간 | 상쾌하면서도 풍부한 향을 느낄 수 있음 |
| 오데코롱 | 3~5% | 1~2시간 | 향수를 처음 사용하는 사람에게 적합 |
| 샤워코롱 | 1~3% | 약 1시간 | 목욕이나 샤워 후에 사용하기 적합하며, 가볍고 시원한 느낌 |

(4) 향수의 발산 속도에 따른 구분

향수는 여러 가지 향료가 섞여 있어 각각의 휘발성이 달라 시간에 따라 다른 향기를 내는데 향수에서 나오는 후각적인 느낌을 "노트(note)"라고 한다.

| 노트 | 특징 | 예 |
|---|---|---|
| 탑 노트(top note) | 향수를 뿌린 후 처음 느껴지는 첫 느낌으로 휘발성이 강한 향료로 구성 | 시트러스, 그린 |
| 미들 노트(middle note) | 알코올이 날아간 다음 느껴지는 향취 탑 노트와 베이스 노트를 연결해 주는 향 | 플로럴, 프루티 |
| 베이스 노트(base note) | 여러시간이 지난 뒤 자신의 체취와 섞여서 나는 향취로 잔류성이 강한 향으로 구성되며 라스트 노트라고도 함 | 무스크, 우디 |

## 6 아로마 오일 및 캐리어 오일

(1) 아로마테라피

① 아로마테라피의 개요
  ㉮ 향 또는 향기를 의미하는 'Aroma'와 치료를 의미하는 'Therapy'의 합성어이다.
  ㉯ 식물에서 추출한 아로마오일에 함유되어 있는 생리활성 성분을 마사지, 목욕, 증기 호흡 등을 통해 체내에 침투시키거나 흡입시켜 생체 내 호르몬의 분비를 조절하고 생체 리듬을 정상화하여 미용을 증진시키고 질병의 치료와 예방에 사용하는 것으로 방향요법 또는 향기요법이라고 한다.

② 아로마테라피의 효과
  ㉮ 면역기능 향상, 내부 장기·분비선·호르몬의 기능에 영향, 박테리아·바이러스·세균에 대한 저항력이 향상된다.

㉯ 신경 자극, 근육 강화시키거나 이완시켜 마음을 안정시킨다.
㉰ 질병 치유 효과, 중독의 위험이 없다.
㉱ 혈액과 림프액을 통해 체내 순환이 된다.
㉲ 감기 및 호흡기 장애 완화 등의 효과가 있다.

(2) 에센셜 오일
  ① 개요
    ㉮ 에센셜 오일은 식물이 지니고 있는 독특한 향을 증류시키거나 압착 또는 용매를 사용하여 추출한 휘발성 농축액으로 원액을 희석하거나 화장품, 비누, 식품 등에 첨가하여 사용한다.
    ㉯ 식물의 세포와 세포 사이에 존재한다.
    ㉰ 호르몬과 같은 역할(생리적 기능을 조절, 세포 사이의 정보를 전달, 스트레스를 치유하는 작용)을 한다.
    ㉱ 생화학적 반응을 촉매하고, 병이나 해충으로부터 보호한다.
    ㉲ 성장과 번식에 중요한 역할(식물이 외부 환경에 적응할 수 있도록 기능을 발휘하는 물질)을 한다.
  ② 에센셜 오일 추출방법
    ㉮ 수증기 증류법
      ㉠ 식물의 향기 부분을 물에 담가 가온하면 향기 물질이 수증기와 함께 기체로 증발되며, 증발된 기체를 냉각하면 물 위에 향 물질이 뜨는데 이것을 분리하여 순수한 천연향을 얻는다.
      ㉡ 열에 의해 성분이 파괴될 수 있는 향료식물에는 적합하지 않다.
    ㉯ 압착법
      ㉠ 감귤류 등을 압착하여 얻는 방법이다.
      ㉡ 향기 성분이 파괴되는 것을 막기 위해 냉동 압착법을 사용하기도 한다.
    ㉰ 추출법
      ㉠ 휘발성 용매추출법 : 휘발성 용매에 식물을 일정기간 냉암소에서 침적시킨 후 향기성분을 녹여내는 방법으로 왁스, 색소 등도 함께 추출한다.
      ㉡ 비휘발성 용매추출법 : 유리판에 식물유를 얇게 바르고 식물의 꽃을 따 올려두면 발산된 향기성분을 포집할 수 있다.

(3) 캐리어 오일
  ① 개요
    ㉮ 아로마 오일을 피부에 효과적으로 침투시키기 위해 사용하는 식물성 오일이다.
    ㉯ 아로마테라피에 사용되는 캐리어 오일은 매우 다양하고 각각의 오일은 점도, 색상 및 효능이 다르기 때문에 사용 목적에 알맞은 캐리어 오일을 선택하는 것은 아로마 오일을 선택하는 것 못지않게 중요하다.

② 캐리어 오일의 종류
　㉮ 그레이프시드 : 유분이 적고 비타민, 미네랄 풍부, 지성피부에 좋다.
　㉯ 보라지 : 세포재생 효과가 좋음, 냉장 보관한다.
　㉰ 아몬드 : 가려움, 피부건조, 염증성 질환에 효과적이다.
　㉱ 호호바 : 습진개선, 여드름 치료 등에 사용한다.
　㉲ 윗점 : 항산화 효과(캐리어 오일에 10% 사용), 건성 피부나 알레르기성 피부에 효과적이다.
　㉳ 올리브, 아보카도, 카놀라, 캐롯 등이 있다.

(4) 아로마 오일의 사용
① 일반적인 사용
　㉮ 아로마 오일은 식물성 오일(캐리어 오일)로 희석해서 사용하며, 캐리어 오일에 맥아오일을 10% 혼합시키면 오일 변질을 억제할 수 있다.
　㉯ 얼굴은 1~2%, 바디용은 2~3%로 희석하여 사용할 수 있다.
　㉰ 브랜딩한 아로마 오일은 반드시 갈색병에 담아 냉장고에 보관한다.
　㉱ 사용하기 1~2일 전에 브랜딩 해두면 에센셜 오일이 캐리어 오일과 충분히 섞여 더욱 효과적이다.
　㉲ 브랜딩한 오일은 6개월 정도 사용 가능하다.

② 아로마 오일 사용 시 주의점
　㉮ 희석해서 사용해야 하며, 희석되지 않은 상태에서는 두통, 메스꺼움, 불쾌감 등 나타날 수 있다. 단 라벤더와 티트리는 부분적으로 직접 사용할 수 있다.
　㉯ 패치테스트 실시한 후 사용하며, 눈 부위에 닿지 않도록 해야 한다.
　㉰ 공기와 빛에 의해 분해되므로 갈색병에 담아 냉장고에 보관해야 한다.
　㉱ 임산부, 간질, 고혈압 등의 질환이 있는 사람은 주의해서 사용해야 한다.
　㉲ 3개월 미만 유아는 사용을 금하며 7세까지는 어른의 1/4, 16세까지는 1/2로 희석하여 사용해야 한다.
　㉳ 짧게는 3주, 길게는 3개월 이상 같은 오일의 사용을 금지하거나 1주일 이상 휴지기를 가져야 한다.

(5) 주의해야 할 아로마 오일

| 항목 | 아로마 오일 |
| --- | --- |
| 임산부에게 사용을 피해야 하는 것 | 클라리세이지, 펜넬, 쟈스민, 주니퍼, 마죠람, 미르, 페퍼민트, 로즈, 로즈마리, 타임, 멜리사, 시더우드 |
| 고혈압 환자에게 피해야 하는 것 | 타임, 로즈마리 |
| 간질 환자에게 피해야 하는 것 | 로즈마리, 페퍼민트 |
| 자극 또는 알러지를 유발하는 것 | 티트리, 페퍼민트, 펜넬, 멜리사, 타임 |
| 일광 알러지를 유발할 수 있는 것 | 오렌지, 베르가못, 레몬, 그레이프프루트 |

(6) 아로마오일의 사용방법

| 구분 | 사용방법 |
|---|---|
| 목욕법 | 따뜻한 욕조에 아로마 오일을 6~8방울 떨어뜨리고 깨끗이 씻은 몸을 20분 정도 담금 |
| 흡입법 | 초보자에게 적합한 방법으로 손수건, 티슈에 아로마 오일을 1~2방울 떨어뜨리고 심호흡을 한다. 라벤더 등 진정효과가 있는 아로마 오일을 티슈에 묻혀 베개 위에 두고 자면 숙면을 취할 수 있음 |
| 마사지법 | 아로마 오일을 호호바 오일 등에 1~3% 희석해서 전신을 부드럽게 마사지, 이때 심장에서 먼 곳부터 가볍게 마사지하는 것이 좋음 |
| 족욕법 | 차가운 물에 아로마 오일을 넣어 족욕을 하면 심신이 안정되며, 따뜻한 물일 때는 긴장을 완화, 대개 3~10방울의 에센셜 오일을 넣고 15분 정도 발을 담금 |
| 확산법 | 아로마 램프(증발접시), 스프레이 등을 이용하여 향기를 확산시켜 줌 |
| 습포법 | 물 1리터 정도에 아로마 오일 5~10방울을 떨어뜨리고 수건을 담그어 적신 후 피부에 붙임. 더운 습포는 피부염에 좋고, 찬 습포는 통증, 부어오른 피부를 가라 앉히는데 효과적임 |

## 7 기능성 화장품

(1) 기능성 화장품의 구분

효능과 효과가 강조된 전문적인 기능을 갖는 제품으로 화장품과 의약부외품의 중간적인 성격으로 다음 세 가지가 있다.

① 미백 화장품
② 자외선 차단제품
③ 주름개선 및 노화억제 제품

(2) 미백 화장품

① **멜라닌 색소의 생성과정** : 기저층의 멜라닌세포에서 생성 멜라닌 색소가 생성되는 과정으로 아래의 과정을 통해 생성된 멜라닌 색소는 각질 형성세포에 전달되어지고 각화과정을 통해 각질층까지 도달한다.

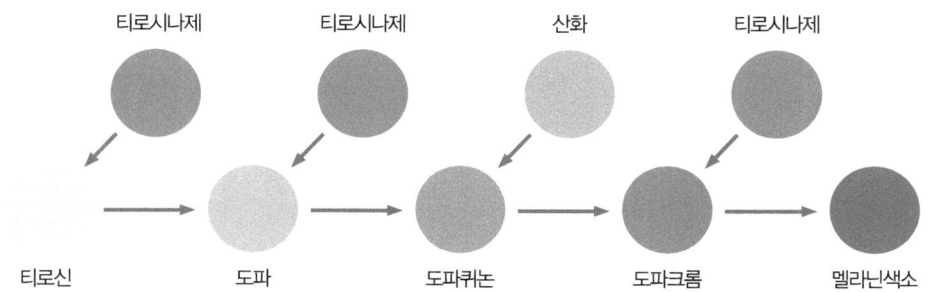

② **미백의 원리 및 성분**
㉮ 티로신의 산화를 촉매하는 티로시나아제의 작용을 억제하는 물질 : 알부틴, 코직산, 상백피 추출물, 닥나무추출물, 감초 추출물
㉯ 도파의 산화를 억제하는 물질 : 비타민 C
㉰ 각질 세포를 벗겨내서 멜라닌 색소를 제거하는 물질 : AHA
㉱ 멜라닌 세포 자체를 사멸시키는 물질 : 하이드로퀴논
㉲ 자외선을 차단하는 물질 : 자외선 차단제

(3) **자외선 차단제품**

유해한 자외선의 침투를 막아 피부를 보호하기 위한 제품으로 자외선 산란제와 자외선 흡수제로 구성되어 있다.

① **자외선 산란제(물리적 차단제)**
㉮ 자외선을 산란, 반사시켜 피부내로 침투하지 못하도록 하는 것이다.
㉯ 이산화티탄, 산화아연, 탈크, 카올린

② **자외선 흡수제(화학적 차단제)**
㉮ 자외선을 흡수하여 화학적인 방법으로 열과 진동으로 변환시켜 피부 침투를 막는다.
㉯ 옥틸디메틸 파바(octyl-dimethyl paba), 옥틸메톡시 신나메이트(Octyl-Methoxy cinnamate), 벤조페논(benzophenone), 캄퍼(campher), 파라아미노벤조산(para-aminobenzoic acid) 등이 있다.

③ **자외선차단지수(SPF ; Sun Protection Factor)**

$$SPF = \frac{\text{자외선 차단제품을 사용했을 때 홍반이 생기는 자외선 최소량}}{\text{자외선 차단제품을 사용하지 않았을 때 홍반이 생기는 자외선 최소량}}$$

$$= \frac{\text{자외선 차단제품을 사용했을 때 홍반이 생기는 시간}}{\text{자외선 차단제품을 사용하지 않았을 때 홍반이 생기는 시간}}$$

(4) **주름 예방 및 노화 방지 제품**

① **주름 완화 성분**
㉮ AHA : 각질제거
㉯ 비타민 A(레티노이드) : 세포 생성을 촉진

② **보습 성분** : NMF(천연보습인자), 세라마이드, 무코다당류(히아루론산, 콘드로이친 황산)

③ **항산화제** : 비타민 C, 비타민 E

■ 팩과 마스크
- 핫 오일 마스크 팩 : 건성피부에 사용
- 머드 팩 : 카올린, 벤토나이트 성분이 있어 피지 제거에 사용
- 에그 팩 : 주름 완화
- 파라핀 팩 : 주름 완화
- 고무마스크 : 여드름 피부, 민감성 피부에 사용
- 콜라겐 벨벳 마스크 : 모든 피부에 사용 가능, 피부 탄력 증진, 주름 완화
- 석고 마스크 : 건성피부, 노화피부에 사용
- 왁스 마스크 : 주름 완화

# 손발의 구조와 기능

## Lesson 01 뼈(골)의 형태와 발생

### 1 뼈의 개요

(1) 뼈와 골격계
   ① 뼈는 우리 인체 중 가장 단단한 부분으로 혈관과 신경이 분포되어 있다.
   ② 우리 인체를 구성하는 뼈는 성인의 경우 총 206개로 구성되어 있으며 이 뼈는 관절을 통하여 서로 연결되어서 하나의 골격을 형성하므로 골격계(Skeletal system)라고 한다.

(2) 뼈의 기능
   ① 인체의 형태를 만들어 주며 지지해주는 기능을 한다.
   ② 인체의 주요 장기, 뇌, 척수 등을 보호해주는 기능을 한다.
   ③ 뼈의 중앙에 있는 골수에서는 적색골수에 의해 혈액이 만들어지는 조혈 기능을 담당한다.
   ④ 신진대사 과정에 필요한 무기질 중 여분의 무기질은 뼈에 저장되어 있어 뼈는 무기질의 저장기능을 담당한다.

■ 뼈의 5가지 기능
지지기능, 보호기능, 운동기능, 조혈기능, 저장기능

### 2 뼈의 구조, 조직 및 분류

(1) 뼈의 구조

뼈의 구조를 보면 맨 외측에는 골막이 있고 그 밑에 매우 견고한 치밀질이 있으며 중앙에는 스펀지처럼 엉성한 해면질로, 여기에는 골소주와 골내막이 있고 중앙에는 골수강으로 골수를 생성하는 곳이다.

   ① 골막(Periosteum) : 뼈의 표면을 구성하는 이중막으로 뼈를 보호하고 뼈의 성장이나 재생을 담당하고 있으며, 뼈의 운동을 조절하는 근육이 부착하는 곳이다.

② **내·외원주층판**(Inner, outer circumferential lamella) : 뼈의 치밀질 조직을 내·외적으로 싸고 있는 막으로, 외원주층판은 골막과 접해 있고 내원주층판은 뼈의 해면질과 치밀질의 경계면을 형성한다.

③ **하버스계**(Haversian system) : '골원(Osteon)'이라고도 하며, 치밀골 조직에 분포되어 있는 신경과 혈관이 지나가는 하버스관을 중심으로 동그랗게 동심원을 만들며 하버스층판으로 구성되어 있다.

④ **골소주**(Trabecula) : 뼈의 내측에 해면질을 구성하고 있는 작은 가지모양으로 불규칙하게 구성되어 있으며 나머지 공간은 비어있는 공간으로 뼈의 무게를 가볍게 할 뿐 아니라 외부의 압력에 잘 견딜 수 있도록 견고하게 구성되어 있다.

⑤ **골수**(Bone marrow)
  ㉮ 뼈의 가장 중앙에 위치하는 공간으로 조혈작용을 통하여 적혈구와 백혈구를 만든다.
  ㉯ 골수가 왕성하게 조혈작용을 할 때는 적색이므로 적골수라고 하나, 노화됨에 따라 그 기능이 점차 떨어져 골수보다는 지방세포가 증가하여 황색골수로 변하게 된다. 그러나 혈액이 많이 필요한 경우에는 황색골수가 다시 적색골수로 바뀌어 활발하게 조혈작용을 하게 된다.

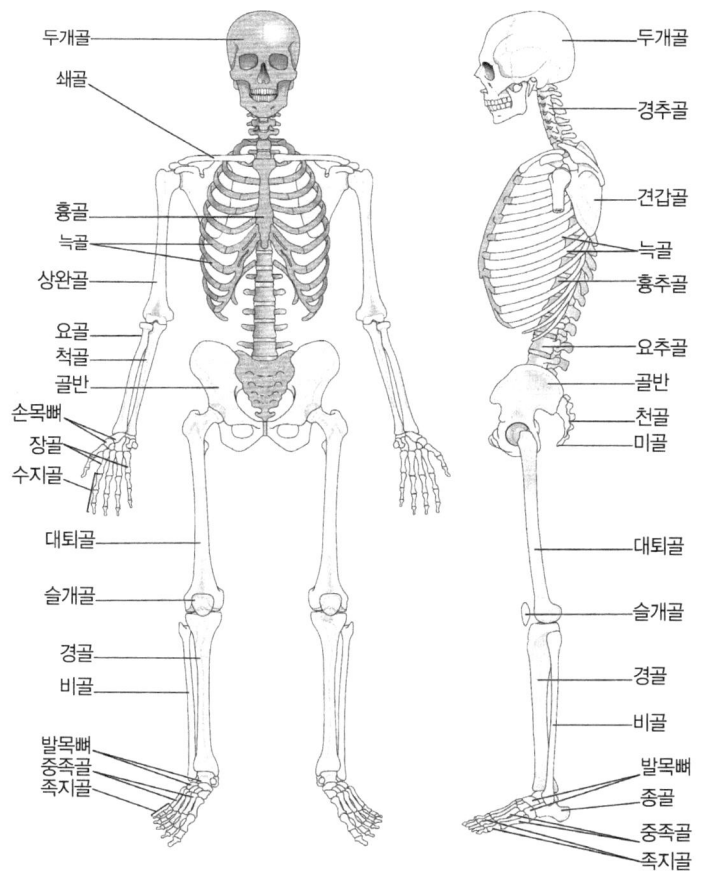

▲ 뼈의 구조

(2) 뼈의 조직

뼈는 몇 개의 세포와 석회화 과정을 거치면서 단단한 뼈가 만들어지며, 이에 관여하는 세포들의 조직학적 구조는 다음과 같다.

① **골모세포(Osteoblast)** : 뼈를 만드는 세포로 뼈를 새롭게 만들어야 할 때 이 세포가 뼈의 표면에 나타난다.

② **골세포(Osteocyte)** : 골조직의 기본세포로 골조직에는 딱딱한 골기질 안에 골소강이라는 틈이 군데군데 있고 그 속에 1개씩의 골세포가 있다. 즉 골세포는 골조직의 제조자인 것이다.

③ **파골세포(Osteoclast)** : 뼈가 성장하거나 새로 만들어지는 과정에서 불필요한 골조직을 파괴하는 일을 담당하며 파괴된 뼈에서 칼슘(Ca), 인(P)을 혈액으로 보내는 역할을 한다.

④ **골기질(Bone matrix)** : 뼈에서 골세포를 제외한 뼈를 형성하는 기질로 칼슘(Ca), 인(P) 등의 무기질이 50~60% 정도이고 무기질로는 콜라겐, 다당류 등이 있다.

(3) 뼈의 분류

① **장골(Long bone)** : 긴 장축을 가진 뼈로서 뼈 속에 골수강(Medullary cavity)이라는 공간이 있기 때문에 관상골(Tubular bone)이라고 하며, 우리 인체에서는 상완골, 요골, 척골, 대퇴골, 경골, 비골 등이 장골에 속한다.

② **단골(Short bone)** : 길이와 폭이 비슷한 입방형태이며 인체에서는 손목뼈(수근골), 발목뼈(족근골) 등이 있다.

③ **편평골(Flat bone)** : 손바닥처럼 넓고 편평하게 생긴 뼈를 말하는 것으로 두개골, 견갑골, 늑골 등이 해당되며 골수강은 없다.

④ **불규칙골(Irregular bone)** : 뼈가 규칙적인 일정함이 없이 불규칙하게 생긴 뼈로 추골과 관골이 대표적이다.

⑤ **종자골(Sesamoid bone)** : 근육의 건(Tendon)이나 관절낭 속에 있는 작고 둥근 뼈로서 식물의 씨앗과 비슷하다고 하여 종자골이라 한다. 슬개골이 대표적이며 이 뼈는 건의 마찰을 적게 하며 동시에 인접하고 있는 뼈와 관절을 이루어 활차 같은 역할을 한다.

⑥ **함기골(Air bone)** : 뼈 속에 빈 공간이 있어 공기를 함유하고 있는 뼈를 지칭하는 것으로 주로 두개골에 해당이 되는데 상악골, 전두골, 접혈골, 사골, 측두골 등이 있다.

### 3 손과 발의 뼈대(골격)

(1) 손의 뼈

손의 골격은 크게 수근골(Carpal bone, 손목뼈), 중수골(Metacarpal bone, 손허리뼈), 수지골(Phalange, 손가락뼈)로 나누어지며, 손뼈는 오른손 27개, 왼손 27개 양손 모두 54개의 뼈로 구성되어 있다.

① **수근골** : 손배뼈, 반달뼈, 세모뼈, 콩알뼈, 큰마름뼈, 작은마름뼈, 알머리뼈, 갈고리뼈의 8개의 작고 불규칙한 뼈들이 인대로 결합되어 있는 관절이다.

② **중수골** : 중수골은 5개의 장골로 구성되어 있고 위쪽은 손목뼈, 아래쪽은 손가락뼈와 관절로 연결되어 있다.

③ **수지골** : 손가락을 이루는 뼈는 각각 3개씩 첫마디 손가락뼈(기절골), 중간 마디 손가락뼈(중절골), 끝마디 손가락뼈(말절골)로 이루어져 있으며, 엄지손가락은 기절골과 말절골로 이루어져 있다.

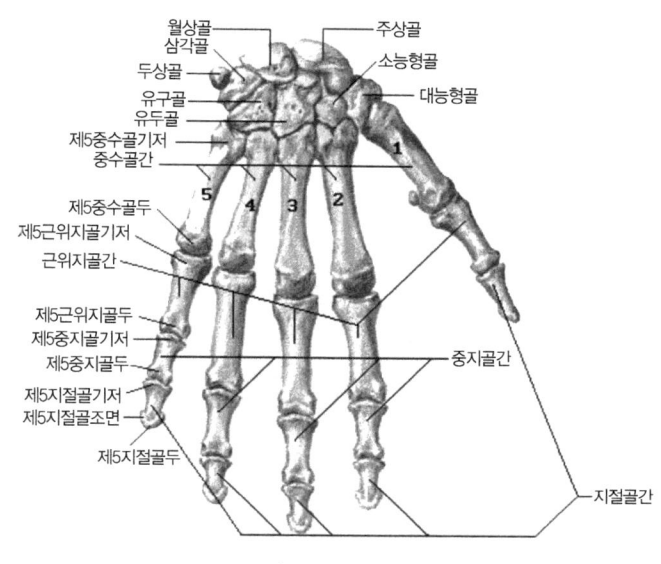

▲ 손 골격의 구조

(2) 발의 뼈

발의 뼈는 한발에 26개이고 양발에 모두 52개의 뼈로 구성되어 있다.

① **족근골(발목뼈, Tarsal bone)** : 발목을 구성하는 짧고 모난 뼈로 거골, 종골, 주상골, 입방골, 외측설상골, 중간설상골, 내측설상골 등 7개의 뼈로 구성되어 몸무게 지탱에 관여한다.

② **종족골(발다닥뼈, Metatarsal bone)** : 발의 아치 형태를 잡아주는 5개의 장골 형태의 뼈로 발의 안팎으로는 세로궁을 발바닥에서는 가로궁을 형성한다.

③ **족지골(발가락뼈, Phalange bone)** : 발가락을 형성하는 14개의 축소된 장골로 엄지발가락에 기절골과 말절골 2개의 지골이 있고, 나머지 발가락에는 기절골, 중절골, 말절골 등의 3개의 뼈가 있다.

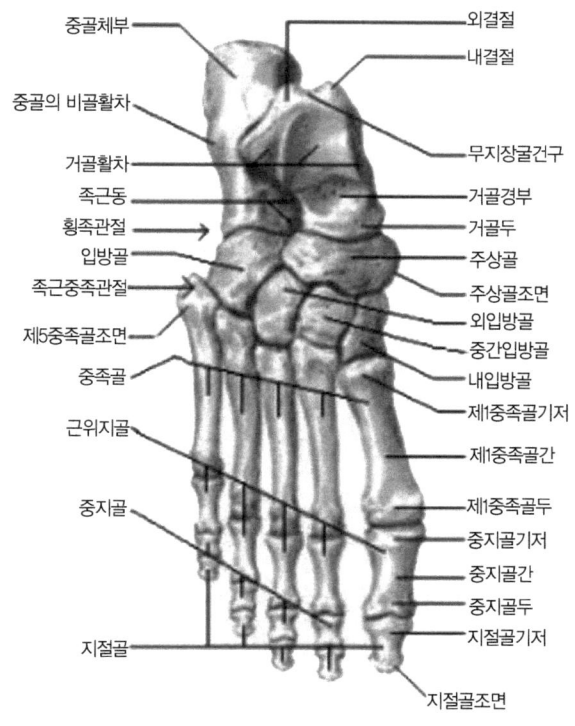

▲ 발 골격의 구조

④ **족궁** : 몸의 중력을 분산시키는 역할의 발바닥 안쪽의 아치 모양의 뼈이다.

## 4 손과 발의 근육

(1) 손의 근육

손에는 관절과 관절 사이에 서로 겹치는 여러 개의 작은 근육이 있다. 손등은 근육이 미약하게 발달되어 있으며, 무지굴근(Thenar muscle), 중수근(Intermediate muscle), 소지굴근(Hypothenar muscle)으로 나누어진다. 이러한 근육들은 손힘의 강도와 유연성에 사용되어 진다.

① **무지굴근** : 크게 4개의 근으로 단무지외전근, 장무지굴근, 무지대립근, 무지내전근이 있다.
② **중수근** : 손바닥을 이루는 작은 근육으로 충양근, 장측골간근, 배측골간근으로 구성되어 있다.
③ **소지굴근** : 소지외전근, 단소지굴근, 소지대립근으로 구성되어 있다.

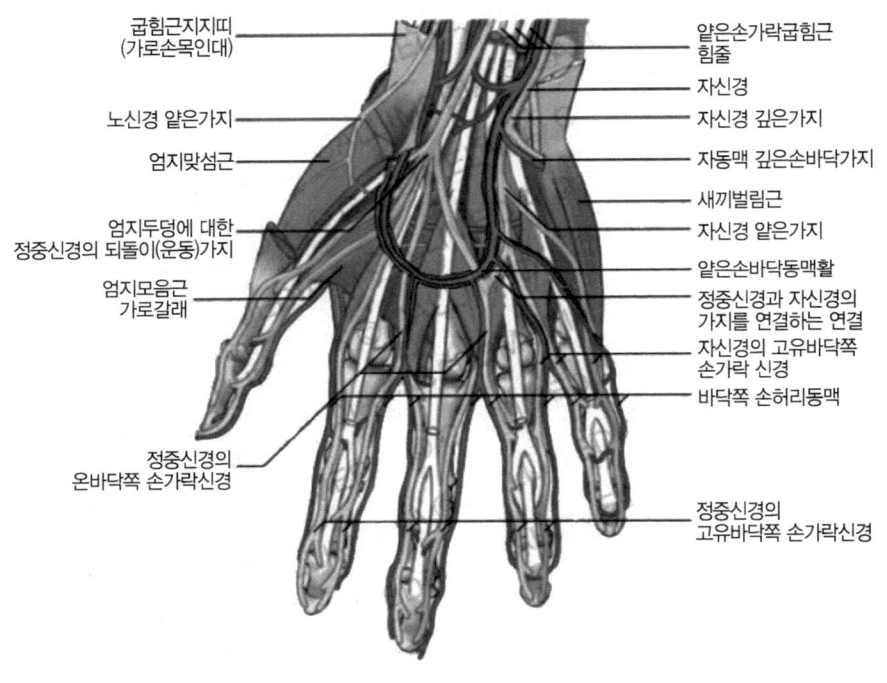

▲ 손 근육의 형태

(2) 다리의 근육

체형을 유지하고 활동하기 적합하도록 발달되어 있고 위치에 따라 장골부의 근, 둔부의 근, 대퇴의 근, 하퇴의 근 및 발의 근으로 구분한다. 주로 발목과 발가락 운동에 관여하는 근들로서 전하퇴근, 외측 하퇴근 및 후하퇴근으로 구분한다.

① **전하퇴근(앞종아리 근육, Anterior crural muscle)** : 전경골근, 장지신근(긴 엄지폄근), 제3비골근, 장무지신근(긴발가락 폄근) 등 4개의 근으로 구성되며 깊은 비골실경의 지배하에 발목의 운동과 발가락의 퍼짐에 관여한다.

② **외측 하퇴근**(Lateral crural muscle) : 발목을 굽히거나 젖히는 작용을 한다.
③ **후하퇴근**(Posterior crural muscle) : 종아리를 만드는 강력한 근육으로 천층근과 심층근으로 분류된다. 얕은 층의 비곡복근, 가자미근, 족척근과 깊은 층의 장지굴근, 장무지굴근, 후경골근, 슬와근으로 구성된다. 하퇴 세갈래근은 발바닥을 굽히고 발의 뒤축을 올리며, 무릎관절을 굽히는 작용을 한다.

(3) 발의 근육

발의 근육은 발등을 이루는 족배근과 발바닥을 이루는 족척근으로 구분되며, 발의 근육은 발등보다도 발바닥이 더 발달 되어 있어 발바닥 운동에 관여한다.

① **족배근(발등 근육,** Dorsal muscle of foot) : 종골에서 지시하여 기절골에 정지하는 단지신근과 단무지신근이 있으며, 이 근은 짧고 작은 2개의 근육으로 형성되어 있으며, 발가락 신전에 관여한다.
② **족척근(발바닥 근육,** Plantar muscle of foot) : 발바닥을 이루는 9개의 근으로 엄지 두덩근, 새끼발가락 두덩근, 발바닥 근육으로 구분된다.

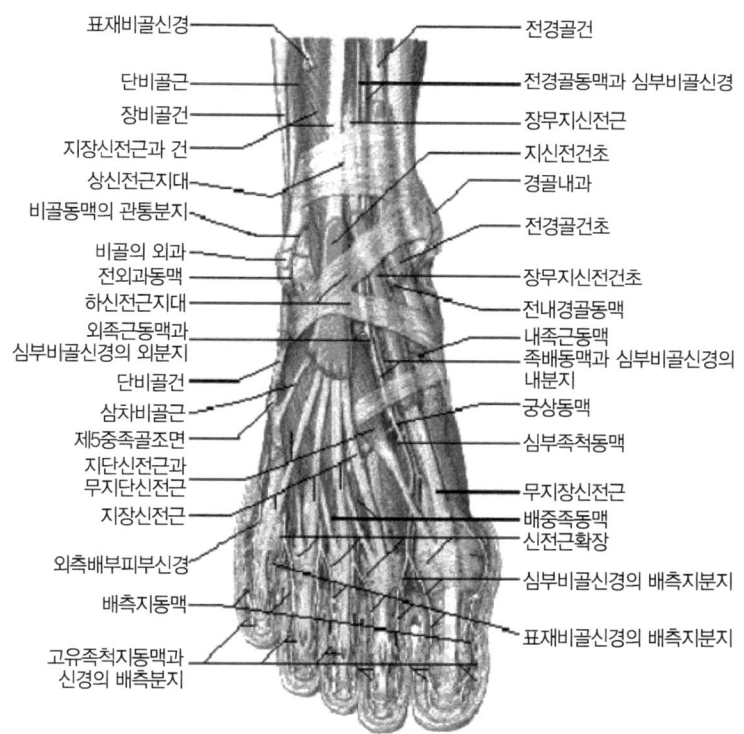

▲ 발 근육의 형태

## 5 손과 발의 신경

### (1) 손의 신경

신경계통은 중추신경계통과 말초신경계통, 자율신경계통으로 구성된다. 척수신경은 척수에서 나가는 말초신경이며 31쌍의 말초신경으로 구성된다. 31개의 척수분절과 이에 일치하는 31쌍의 척수신경이 있으며, 피부에 신경총을 형성하여 몸 전체에 분포된다.

① **액와/겨드랑이신경(Axillary nerve)** : 소원근과 삼각근의 운동 및 삼각근 상부에 있는 피부를 지배하는 신경이다.
② **근피/근육신경(Musculocutaneous nerve)** : 팔의 굴근에 대한 운동을 지배하는 신경이다.
③ **정중신경(Median nerve)** : 팔과 외측의 손바닥에 전체적으로 분포되어 있는 신경이다.
④ **요골신경(Radical nerve)** : 손등의 외측과 요골에 분포되어 있는 신경이다.
⑤ **척골신경(Ulnar nerve)** : 내측의 손바닥과 척골에 분포되어 있는 신경이다.

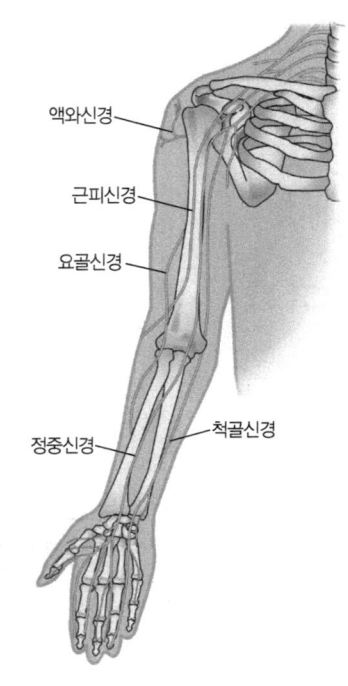

▲ 손의 신경

### (2) 발의 신경

① **대퇴신경(Femoral nerve)** : 대퇴부의 전내측 피부에 분포하며, 일부는 복재 신경이 된다.
② **복재신경(Saphenous nerve)** : 하퇴부의 내측에서부터 무릎아래까지 분포하는 신경이다.
③ **경골신경 및 비골신경(Tibial nerve, Peroneal nerve)** : 무릎 뒤쪽에서 바깥쪽으로 나와 정강이 바깥쪽에서 만져지는 동그란 뼈인 비골두 아래를 지나 발가락까지 뻗어있는 신경이다.

④ **외측비복피신경(Lateral sural cutaneous nerve)** : 종아리 뒷면의 위쪽 2/3 지점의 피부에 분포하는 신경으로 아래 다리 외측 일부의 피부감각을 주관한다.

# Lesson 02 네일과 네일의 병변

## 1 네일의 구조와 이해

(1) 네일의 특성

① 손톱은 표피의 각질층과 투명층의 반투명 각질판이다.

② 손톱은 아미노산과 시스테인이 많이 포함되어 있으며, 수분은 12~18%를 함유하고 있다.

③ 조체(Nail body)는 산소가 필요하지 않으나 조모, 조소피는 산소가 필요로 한다.

④ 조상(Nail bed)의 모세혈관으로부터 산소를 공급받는다.

(2) 손톱의 영양

① 투명한 핑크빛이 띠어야 한다.

② 손톱 표면이 매끄럽고 세균의 감염이 없어야 한다.

③ 균형 잡힌 식사를 통해 균형 잡힌 영양을 공급한다.

(3) 손톱의 성장

① 태생 10주에 손톱 판이 생기고 14주에 만들어지기 시작해서 20주가 되면 완성된다.

② 손톱은 하루에 0.1~0.15mm 자라고, 왼손잡이는 왼손이, 오른손잡이는 오른손의 손톱이 더 빨리 자란다.

③ 손톱이 빠지거나 변형이 생겨 완전히 자라서 대체되는 기간은 5~6개월이 걸린다.

④ 성장 속도가 가장 빠른 계절은 여름이다.

(4) 손톱의 구성 성분

① 손톱은 케라틴이라는 섬유 단백질로 구성되어 있어 비타민과 미네랄이 부족하면 이상 현상이 생긴다.

② 촉각에 해당하는 지각신경이 집중되어 있다.

③ 피부의 부속물이고 신경, 혈관, 털은 없다.

(5) 손톱의 구조

① **조체(Nail body) 또는 조판(Nail plate)** : 신경, 혈관 등이 없으며 네일 베드를 보호해주고, 산소가 필요 없는 곳이다.
② **조근(Nail Root)** : 손톱의 뿌리 부분으로 큐티클 아래 묻혀있는 얇고 부드러운 부분이며 새로운 세포가 만들어져 손톱의 성장을 시작하는 곳이다.
③ **자유연(프리에지, Free edge)** : 네일 베드와 접착되어 있지 않은 끝부분으로 손톱의 길이와 모양을 자유롭게 조절할 수 있다.
④ **옐로우 라인(스마일 라인, Yellow line)** : 프리에지와 네일 베드의 경계선이다.

(6) 손톱 밑의 구조

① **조상(네일 베드, Nail bed)** : 네일 바디를 받치고 있는 밑 부분이며 혈관과 신경이 분포하고 있어 네일의 신진대사와 수분을 공급한다.
② **조모(네일 메트릭스, Nail matrix)** : 조근 밑에 위치하여 각질세포의 생산과 성장을 조절하고 혈관 및 신경이 분포되어 있다.
③ **반원(루눌라, Lunula)** : 반달 모양의 손톱 아랫부분이며 완전히 케라틴화가 되지 않았다.

(7) 손톱 주위의 피부

① **조소피(큐티클, Cuticle)** : 병균 및 미생물로부터 손톱을 보호해주며 신경이 없는 피부이다.
② **네일 폴드(Nail pold)** : 네일 루트가 묻혀있는 네일의 베이스에 피부가 깊게 접혀있는 부분이다.
③ **조구(네일 그루브, Nail grooves)** : 네일 베드의 양쪽 측면에 좁게 패인 부분이다.
④ **조벽(네일 월, Nail wall)** : 네일 그루브 위에 있는 네일의 양쪽 피부이다.
⑤ **상조피(이포니키움, Eponychium)** : 표피의 연장으로 네일의 베이스에 있는 피부의 가는 선으로 루눌라의 일부를 덮고 있다.
⑥ **조상연(페리오키움, Perionychium)** : 네일 전체를 둘러싸고 있는 피부의 가장 바깥 부분이다.
⑦ **하조피(하이포니키움, Hyponychium)** : 프리에지 밑 부분의 피부이며 병원균의 침입으로부터 손톱을 보호한다.

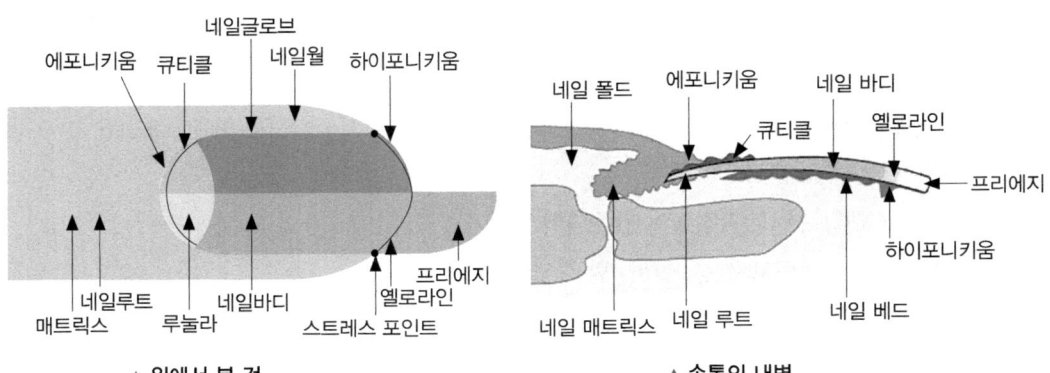

▲ 위에서 본 것    ▲ 손톱의 내벽

## 2 네일의 병변

(1) 네일 시술이 가능한 병변

① **퍼로우(Furrow, Corrugaitons, 골이지고 능선이 생긴 손톱)** : 손톱 표면에 가로, 세로로 골이 파인 현상을 말한다. 아연결핍, 위장장애, 순환계의 이상, 영양결핍, 고열, 임신, 홍역 등 건강 상태가 좋지 않을 때 나타난다. 이런 경우는 불규칙한 손톱을 파일로 부드럽게 갈아서 관리한다.

② **행 네일(Hang Nail, 거스러미 손톱)** : 건조한 손톱 주위의 큐티클에 생기는 현상으로 큐티클 주위가 갈라지고 거스러미가 일어나는 현상으로 핫크림 매니큐어, 파라핀 매니큐어로 큐티클 보습 처리를 해주는 것이 효과적이다.

③ **에그 쉘 네일(Egg Shell Nail, 계란껍질 손톱)** : 부드럽고 가늘고 하얗게 되어 네일 끝이 굴곡이 진 상태를 말한다. 이런 증상은 질병, 다이어트, 신경계통 이상으로 나타나는 현상이다.

④ **조갑 변색(Discolored Nail, 변색된 손톱)** : 손톱의 색깔이 황색, 푸른색, 자색, 적색 등 여러 가지 색으로 변하는 것을 말하며, 베이스 코트 없이 유색 에나멜을 바를 경우나 혈액순환, 빈혈, 심장질환이 좋지 못한 경우 생긴다.

⑤ **멍든 손톱(Bruised Nail, 혈종)** : 상처로 인해 손톱 밑의 혈액이 응고된 상태로 검푸른색이 나타난다. 조모(matrix)가 손상되지 않았다면 약 1개월 후 손톱이 새로 자라 나온다.

⑥ **니버스(Nevus, 모반, 점)** : 손톱 표면에 밤색 또는 검은색으로 멜라닌 색소의 침착 현상이 생긴다.

⑦ **테리지움(Pterygium, 조소피 과잉 성장)** : 손톱에 부착된 큐티클이 과잉 성장하는 것을 말하며 규칙적인 마사지와 오일을 이용하여 재발을 막아야 한다.

⑧ **오니코파지(Onychophagy, 교조증)** : 불안감과 스트레스로 인하여 손톱을 물어뜯는 현상이다.

⑨ **스푼형 손톱(Spoon-shaped Nail)** : 손톱이 약하여 한가운데 부분이 수저, 쟁반 모양으로 움푹 들어간 동시에 얇아지는 경우이다. 빈혈, 강한 알칼리성 세제, 건선, 갑상선 기능장애 등에서 나타난다.

⑩ **오니코크립토시스(Onychocryptosis, 조내생)** : 손톱 또는 발톱이 살집 안으로 파고 들어가는 현상으로 손톱을 잘못 자르거나 꽉 조이는 신발을 신었을 때 발생한다.

⑪ **오니콕시스(Onychauxis, 조갑비대증)** : 유전 또는 질병에 의하여 손톱 끝이 과잉 성장으로 두껍게 자라나는 현상이다.

⑫ **오니코아트로피(Onychatrophia, 조갑위축증)** : 손톱의 윤기가 없고 부서져 나가며, 조모(matrix) 손상, 내과적 질환, 강한 알칼리성 세제를 사용할 경우 나타난다.

⑬ **오니코렉시스(Onychorrhexis, 조박종렬증)** : 손톱이 세로로 갈라지고 부서지며 세로로 골이 파지는 현상으로 강한 알칼리성 세제, 갑상선기능 항진증으로 생긴다.

⑭ **루코니키아(Leuconychia, 조백반증)** : 손톱에 하얀 반점이 생기는 현상이다.

⑮ **무조증(Anonychai)** : 선천성발육부전증, 심한 감염 등에서 볼 수 있다.

(2) 네일 시술이 불가능한 병변

① **몰드(Mold, 사상균증)** : 자연 손톱과 인조 손톱 사이로 습기가 스며들어 사상균이 서식하면서 발생하는 진균염증 상태의 곰팡이다. 손톱이 처음에는 누런색으로 시작하여 황록색, 청록색, 검은색의 순서로 점점 까맣게 되고 네일은 약해지며 냄새가 나서 떨어져 나갈 수 있다.

② **오니키아(Onychia, 조갑염)** : 손톱에 염증이 생기며 손톱의 기저 부분이 붓고 고름이 생기는 현상이다.

③ **오니코그라이포시스(Onychogryphosis, 조갑구만증)** : 손톱과 발톱이 두꺼워지고, 휘어지는 현상이다.

④ **오니코마이코시스(Onychomycosis, 조갑진균증)** : 진균에 의해 감염되어 손톱이 불균형적으로 얇아지고 일부분이 떨어져 나가기도 한다. 변색 되거나 두꺼워지고 울퉁불퉁하게 된다.

⑤ **오니코리시스(Onycholsis, 조갑박리증)** : 손톱과 조체 사이에 틈이 생겨 색이 변하고 점차 벌어진 이곳으로 세균감염이 침투하여 발생하는 현상이다.

⑥ **파로니키아(Paronychia, 조갑주위증)** : 손톱 주위의 조직이 박테리아에 감염되어 붉게 부풀어 오르고 살이 물러지거나 염증과 고름을 동반하는 상태이다.

⑦ **파이로제닉 그래뉴로마(Pygenic granuloma, 화농성 육아종)** : 심한 염증 상태로 손톱 주위에 붉은 살이 자라 나온다.

# 네일미용 기술

## Lesson 01 네일 화장물 제거

### 1 네일 화장물의 유형

(1) 네일 화장물의 개요

네일 화장물이란 이미 시술된 네일 화장 또는 인조 네일 재료가 시술된 상태를 말하며, 크게 인조 네일 화장물과 자연 네일 화장물로 구분할 수 있다.

(2) 퓨어 아세톤을 적용하는 네일 화장물

① **젤 네일 화장물의 유형** : 베이스 젤, 탑 젤, 컬러 젤, 젤 본더, 전 처리제, 클리어 젤, 핑크 젤, 화이트 젤, 젤 폴리시 등

② **아크릴 네일 화장물의 유형** : 젤 네일보다 강하고 두껍게 작업되며, 사용하는 제품에는 아크릴 리퀴드, 아크릴 파우더, 전 처리제(프라이머, 프리프라이머), 실러 또는 아크릴 전용 탑 코트가 기본적이다.

③ **네일 랩 화장물의 유형** : 네일 랩과 인조 팁의 사용 유무에 따라서 제품이 다르게 사용될 수 있으며, 그 외에는 거의 같은 제품을 사용한다. 사용 제품에는 글루, 필러 파우더, 글루 드라이(건조활성제), 젤 글루, 브러시 글루와 그 외 선택에 따라서 네일 랩과 네일 팁을 추가 선택하여 사용할 수 있다.

(3) 네일 폴리시 리무버를 적용하는 네일 화장물

① 자연 네일 화장물 유형인 매니큐어와 페디큐어 네일 작업을 한 경우로 인조 네일 화장물과는 차이가 있다.

② 베이스 코트, 탑 코트, 네일 폴리시가 여기에 해당된다.

### 2 화장물 제거

(1) 일반 네일 폴리시 제거

① **일반 네일 폴리시 성분**

㉮ 가소제(plasticizers) : 구연산, 캠퍼, 아세틸트리부틸시트레이트 : 네일 폴리시에 유연성을 부

여하여 부스러기가 떨어지거나 갈라짐을 방지한다.
- ㉯ 수지(resins) : 포름알데히드, 토실아미드 : 네일 폴리시가 마르면서 손톱에 보호막을 형성하도록 한다.
- ㉰ 용매(solvents) : 여러 성분이 한 용액에 담겨 용액 속에서 고루 퍼지게 하여 네일 폴리시를 액체 상태로 유지하게 한다.
- ㉱ 기타
  - ㉠ 초산에틸 : 네일 폴리시가 잘 마르도록 해준다.
  - ㉡ 산화철(iron oxides) : 바르고 나면 불투명하게 마무리되도록 한다.
  - ㉢ 운모(mica) : 반짝반짝한 느낌이 나게 한다.
- ㉲ 피해야 할 5대 유해 성분 : 포름알데히드, 포름알데히드수지, 톨루엔, 프랄산 디부틸, 캄포

② 일반 네일 폴리시 제거 작업
- ㉮ 리무버를 솜에 묻혀 약 5초간 손톱에 얹었다가 제거한다.
- ㉯ 네일 주변이나 밑의 폴리시는 우드 스틱에 솜을 말아 구석까지 깔끔하게 제거한다.
- ㉰ 닦는 방향 : 왼쪽 5지 → 오른쪽

### (2) 젤 네일 폴리시 제거

① 젤 네일 폴리시 성분
- ㉮ 젤 폴리시는 손톱에 색을 부여해주는 제품으로써 다양한 표현을 가능하게 해주며 여러 가지 재료들로 이루어져 있지만, 그중에서도 가장 중요한 성분은 바로 'PMMA(Poly Methyl Methacrylate)'와 'MMA(Methyl Methacrylate)'라고 불리는 물질이다.
- ㉯ PMMA는 MMA 단량체(monomer)를 주원료로 하는 '아크릴 수지'로 젤 네일의 비비드함과 젤리 같은 질감을 형성하는 역할을 하며, 뛰어난 투과성(93%)과 함께 내후성이 우수하며 뛰어난 착색성 및 아름다운 외관으로 많은 분야에서 널리 사용되고 있다.

② 젤 네일 폴리시 제거 작업
- ㉮ 1~2주에 한 번씩은 보수를 받아야 오래 유지가 된다.
- ㉯ 제거 시에는 쏙 오프를 해주거나 파일링, 드릴 머신을 사용해 준다.
- ㉰ 젤 전용 제거 리무버도 있으며 일반적으로 100% 퓨어 아세톤으로 제거한다.

▲ MMA 단위체와 PMMA

(3) 인조 네일 제거(포일을 이용한 제거)

① 불필요한 인조 팁의 길이를 클리퍼로 자른다.

② 제거하는 시간을 줄이기 위해 파일을 이용해 두께를 제거해 준다.

③ 손톱 주변의 피부 건조를 방지하기 위해 큐티클 오일을 도포한다.

④ 솜에 100% 아세톤을 적셔 인조네일 위에 얹는다.

⑤ 아세톤이 충분히 흡수될 수 있게 포일로 완전하게 감싼다.

⑥ 10~15분 정도 지난 후 포일을 제거한다.

⑦ 푸셔나 오렌지 우드 스틱으로 덜 녹은 인조 네일의 잔여물을 밀어 제거한다.

⑧ 버퍼 등을 이용하여 손톱 표면을 부드럽게 정리한다.

⑨ 더스트 브러시로 손톱 표면과 먼지를 제거하고, 영양제 등을 손톱 표면에 바른다.

■ 용어제
- 퓨어(pure) 아세톤 : 휘발성과 인화성이 강한 무색의 액체로 네일 팁, 아크릴, 젤 등을 녹여 인조 네일을 제거할 때 사용하는 100%의 아세톤 용액을 말한다.
- 논(non) 아세톤 리무버 : 아세톤 프리라고도 하며, 아세톤 성분 없이 다른 성분으로 인조 네일 위의 가벼운 네일 폴리시를 제거할 때 사용하는 용액으로 구성 성분은 메틸아세테이트, 이소프로필미리스테이트, 토코페롤아세테이트이다.
- 네일 폴리시 리무버 : 손톱의 네일 폴리시를 지울 때 사용하는 아세톤이 첨가된 용액으로 구성 성분은 아세톤, 게틸아세테이트, 오일, 글리세롤이다.

## Lesson 02 네일 기본관리

### 1 프리에지 모양 만들기

(1) 네일 파일의 이해

① 네일 파일은 에머리보드(Emery Board)라고도 하며, 자연 네일과 인조 네일의 길이를 조절하거나 표면 정리, 인조 네일을 제거하는 모든 용도로 사용한다.

② 네일 파일 표면의 연마제의 양과 크기에 따라 질감이 다르며 질감에 따라 일반 네일 파일과 샌딩 파일(샌딩 블럭), 광택 파일로 크게 나눈다.

③ 네일 파일의 사용 구분은 표면은 그릿 수(grit)로 기준으로 구분하며, 사용하고 폐기하는 일회용 제품과 재사용 가능한 워셔블 타입도 있다.

## (2) 네일의 형태(Shape)

네일의 모양은 대표적으로 스퀘어 쉐입, 스퀘어 오프 쉐입, 라운드 쉐입, 오발 쉐입, 포인트 쉐입 5가지로 나눌 수 있다.

① **스퀘어 쉐입**(Square Shape, 사각형)
- ㉮ 네일의 양쪽 끝 모서리 부분이 90° 각도인 사각의 형태로 강한 느낌을 준다.
- ㉯ 네일 대회나 작품용으로 많이 활용되는 형태이다.

② **스퀘어 오프 쉐입**(Square Off Shape, 굴린사각형)
- ㉮ 스퀘어형의 모서리를 살짝 굴려 둥글게 만든 형태로 가장 이상적인 네일이라 할 수 있다.
- ㉯ 튼튼한 형태는 유지하고 실생활에 편하도록 변형된 형태로 세련되고 도시적인 느낌으로 젊은 층이 많이 선호한다.

③ **라운드 쉐입**(Round Shape, 둥근형)
- ㉮ 모서리에서 중앙 쪽으로 둥글게 다듬은 모양으로 가장 무난하고 남성들도 가장 선호하는 형태이다.
- ㉯ 손·발톱은 너무 짧게 라운드 모양으로 다듬으면 살에 파고드는 원인이 되므로 주의한다.

④ **오발 쉐입**(Oval Shape, 타원형)
- ㉮ 여성들이 선호하는 모양으로 둥근 네일보다 길게 하여 양쪽 모서리를 더 많이 둥글게 처리한 것이다.
- ㉯ 주로 영업사원, 리셉셔니스트 등과 같이 손의 노출이 많은 직업 여성들이 선호하는 모양이다.

⑤ **포인트 쉐입**(Point Shape, 아몬드형)
- ㉮ 손가락이 가늘고 손톱 자체의 넓이가 좋은 사람에게 어울리는 스타일이다.
- ㉯ 손가락이 가늘고 길게 보여서 좋은 장점도 있지만 너무 뾰족해서 잘 부러지는 단점도 있다.

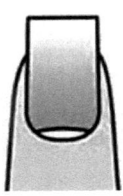 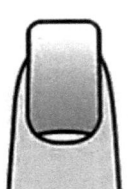 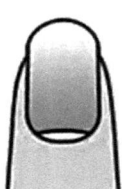 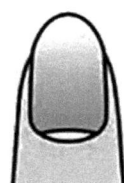 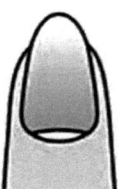

스퀘어 　 세미스퀘어 　 라운드 　 오벌형 　 포인트형

▲ 네일의 형태

## 2 큐티클 부분 정리

### (1) 큐티클 정리 도구

큐티클 정리는 일부 피부 조직을 밀어내거나 잘라내는 과정이므로 외부 세균감염을 막기 위해 사용 도구를 철저히 소독하여야 한다.

- ① **소독 용기** : 작업 도구의 멸균을 위해 사용하며 스크래치로 인한 세균번식이 어려운 유리나 메탈 소재의 소독 용기를 준비한다.

② **큐티클 푸셔** : 큐티클을 밀어 올릴 때 사용하는 도구로 소독이 용이한 메탈 푸셔를 사용하나 네일 바디가 예민한 경우 오렌지 우드 스틱을 선택하여 사용하며 작업 후 폐기한다.

③ **큐티클 니퍼** : 큐티클 정리 시 사용하는 도구로 소독이 용이한 메탈로 되어 있다. 니퍼의 형태에 따라 외발니퍼와 양발니퍼로 구분되며 메탈소재와 니퍼 날의 크기에 따라 나누어 구분된다.

(2) 큐티클 정리(매니큐어 종류)

① **습식 매니큐어** : 습식 매니큐어는 미온수를 담은 핑거볼에 손과 손톱을 불려 큐티클 리무버와 오일을 사용하여 케어하는 방법이다.

② **건식 매니큐어** : 건식 매니큐어는 물을 대신하여 큐티클 리무버의 사용으로 큐티클을 불린 후 네일케어를 시술하는 방법이다.

③ **핫 크림 매니큐어(Hot Cream Manicure)** : 핫 크림 매니큐어는 큐티클의 과잉 성장(표피조막, 테리지움) 등의 관리법으로 크림 워머기에 크림을 넣어 데우고 큐티클을 부드럽게 만들어 주어 정리하는 것을 말한다.

④ **파라핀 매니큐어** : 파라핀 매니큐어는 파라핀 왁스에 식물성 또는 천연오일 등의 성분을 첨가하여 미용 관리에 활용하며, 건성 피부를 가진 고객에게 효과적인 시술이다. 그러나 습진이 있거나 찢어진 피부, 상처가 난 피부에는 시술하면 안 된다.

> **습식 매니큐어 시술 순서**
> 01. 손소독 → 02. 에나멜 제거 → 03. 손톱길이 정리 및 모양잡기 → 04. 손톱표면 및 거스러미 정리 → 05. 큐티클 불리기 → 06. 손 말리기 → 07. 큐티클 오일 바르기 → 08. 큐티클 밀기 → 09. 큐티클 정리하기 → 10. 큐티클 주위 소독하기 → 11. 핸드 마사지하기 → 12. 유분기 제거하기 → 13. 베이스 코트 바르기 → 14. 에나멜 바르기 → 15. 에나멜 수정하기 → 16. 탑 코트 바르기

(3) 큐티클 부분 정리 순서

① 따뜻한 물이 담긴 핑거볼에 약 3분 정도 손을 담근다.

② 큐티클 오일을 바르기
  ㉮ 큐티클의 보습 및 유연성을 위해 큐티클 오일을 바른다.
  ㉯ 큐티클 리무버 사용 시에는 큐티클 오일 바르기 전에 바른다.

③ 푸셔를 연필 잡듯이 45° 각도로 잡아 큐티클을 조심스럽게 밀어 올려준다.

④ 푸셔로 밀어 올린 큐티클을 니퍼로 정리한다.

⑤ 예민해진 큐티클에 안티셉틱을 뿌려 소독하고 물기를 제거한다.

## 3  보습제 도포

**(1) 보습제 도포하기**
① 보습제를 도포하기 전에 작업자의 손에서 로션을 작업자의 손위에 2~3회 펌핑하여 손바닥으로 마주 문질러 예열한 후 고객에게 바른다.
② 보습제는 "손등·발등 종아리 도포하기 → 손가락·발가락 도포하기 → 손가락·발가락 관절 당겨주기 → 손목 돌리기·발목 돌리기 → 손바닥·발바닥 도포하기"의 순서로 한다.

**(2) 보습기능의 화장품**
① **화장수** : 세안 후 지워지지 않는 피부의 잔여물을 제거하여 피부 본래의 정상적인 pH 밸런스를 맞추어 피부를 정돈하며 다음 단계에 사용할 제품의 흡수를 용이하게 한다.
② **로션(에멀전)** : 피부에 유·수분을 공급하고 유분막을 형성하여 외부로부터의 자극을 막아준다.
③ **크림** : 로션보다 유·수분과 보습제를 다량 함유하여 피부에 보습 및 유연 기능을 부여한다.
④ **에센스** : 피부에 좋은 영양성분을 농축해 만든 것으로 피부의 탄력과 영양을 증진시킨다.
⑤ **팩** : 보습과 함께 피부에 영양을 공급하고 청결 효과를 부여한다. 오프타입(패치타입), 워시 오프타입, 티슈 오프타입, 분말타입 등이 있다.

> ■ 각질 제거
> 거친 각질 연화는 "각질 연화제 도포 → 각질 제거 → 표면 정리"의 순서로 진행하며 각질 제거 후 보습제를 도포한다.

---

# Lesson 03  네일 화장물 적용 전 처리

## 1  일반 네일 폴리시 전 처리

**(1) 냉·온 타월의 사용**
① **냉타월의 사용**
  ㉮ 붓기 완화 효과 : 일반적으로 아침에 일어났을 때 효과적이며, 느슨해진 피부에 긴장감을 줄 수 있다.
  ㉯ 피부 진정 효과 : 여름철 등 자외선에 오래 노출되어 달아오른 피부를 진정시키고, 확장된 모공을 축소시키는 효과가 있다.

② 온타월의 사용
  ㉮ 묵은 각질 제거 : 세안 후 온타월을 사용하게 되면 모공을 열어 나오지 못한 묵은 피지 찌꺼기 등이 잘 나오도록 도와주며, 마사지 및 팩의 효과를 더 높여준다.
  ㉯ 흡수 효과 증진 : 마사지 등 관리 후 온타월을 이용하여 피부를 정리하게 되면 보습제 등이 피부에 잘 스며들도록 도와주는 효과가 있다.

(2) 네일 유분기 및 잔여물 제거
① 손 소독 : 항균 소독제나 알코올을 솜에 뿌려 시술자와 고객의 손 소독을 한다.
② 유분기 제거
  ㉮ 손 전체 유분기 제거 : 핫 타올을 이용하여 로션 유분기와 큐티클 잔여물 등을 제거한다.
  ㉯ 손톱 표면 유분기 제거 : 유분기는 컬러링의 밀착과 지속시간에 영향을 주므로 우드 스틱에 솜을 말아 리무버를 묻혀 꼼꼼히 제거한다.

■ 네일 유분기 제거 순서
스팀타월 감싸기 → 피부의 유분기 제거하기 → 오렌지 우드 스틱으로 네일 주변 잔여 유분기 제거

## 2 젤 및 인조 네일 폴리시 전 처리

(1) 전 처리제
① 전 처리제의 개요
  ㉮ 전 처리제는 네일의 유·수분을 조절함으로써 밀착력을 높여주는 제품을 말하며, 피부에 닿지 않게 최소량만을 도포해야 한다.
  ㉯ 전 처리제가 피부에 닿았을 때는 흐르는 물에 씻고 화상 우려가 있는 경우에는 전문의에게 진료를 받아야 한다.
② 전 처리제의 종류
  ㉮ 네일 프리 프라이머
    ㉠ 산성 성분이 포함되지 않아 피부에 닿아도 화상을 초래하지 않고 네일을 부식시키지 않는다.
    ㉡ 네일 폴리시를 도포하기 전과 프라이머의 도포 전 단계에서 사용할 수 있으며, 자연 네일의 유·수분만을 제거하는 작용을 한다.
  ㉯ 네일 프라이머
    ㉠ 산성 성분이 포함되어 피부에 닿으면 화상을 초래하고 네일을 부식시킬 수 있어 최소량만을 사용해야 한다.
    ㉡ 자연 네일의 유·수분을 제거하고 화학 작용으로 단백질을 녹임으로써 인조 네일의 밀착 효과를 높여준다.

㉰ 네일 본더
　　　　　㉠ 젤 네일 작업 시 자연 네일의 유·수분을 제거하고 젤 네일의 밀착력을 높여주는 역할을 한다.
　　　　　㉡ 산성성분을 포함한 제품과 포함하지 않은 제품으로 구분한다.

(2) 젤 네일 폴리시 및 인조 네일 전 처리
　　① **젤 네일 폴리시 전 처리**
　　　㉮ 손 소독, 에나멜 제거, 큐티클 밀기, 손톱 모양 잡기 및 에칭 주기, 팁 붙이기의 순서로 진행한다.
　　　　　㉠ 손 소독 : 항균 소독제나 알코올을 솜에 뿌려 시술자와 고객의 손 소독을 한다.(시술자의 손부터 소독)
　　　　　㉡ 에나멜 제거 : 솜에 에나멜 리무버를 적당히 적신 후 손톱 위에 차례로 올리고 약 4~5초 정도 둥글리듯 문지르고 위에서 아래로 제거하도록 한다.
　　　　　㉢ 큐티클 밀기 : 큐티클 푸셔 또는 오렌지 우드 스틱으로 오일을 바르지 않은 상태에서 큐티클을 밀어 올린다.
　　　　　㉣ 손톱 모양 잡기 및 에칭 주기 : 화이트 버퍼나 파일(그릿 수가 낮은 파일)로 손톱에 에칭을 준다. 지나치게 에칭하면 자연 손톱이 손상되므로 주의한다.
　　　㉯ 피부에 닿지 않게 주의하며 프라이머 또는 본더를 발라 준다.
　　② **인조 네일 전 처리** : 손 소독, 에나멜 제거, 큐티클 밀기, 손톱 모양 잡기 및 에칭 주기, 팁 붙이기의 순서로 진행한다.

## Lesson 04 자연 네일 보강

### 1 네일 랩 화장물 보강

(1) 네일 랩의 정의 및 종류
　　① **정의** : '손톱을 포장한다'라는 뜻으로 오버레이(overlay)라고도 하며, 상하고 찢어진 손톱 위에 천(wrap)을 접착하여 네일의 보수와 강도를 높여주는 것을 말한다.
　　② **네일 랩의 종류**
　　　㉮ 패브릭(천 소재)
　　　　　㉠ 실크(silk) : 명주실 소재의 천으로 가볍고 투명하며 제일 흔히 사용된다.
　　　　　㉡ 린넨(linen) : 굵은 실로 짜여진 천으로 강하고 튼튼하지만 천의 조직이 비치고 투박하다.
　　　　　㉢ 파이버글래스(fiberglass) : 가느다란 인조섬유, 광섬유, 유리섬유 소재의 천으로 되어 있으며 투명하고 강하지만 너무 얇아 다루기가 힘들다
　　　㉯ 페이퍼(종이 소재) : 얇은 종이로 되어 있으며, 투명하고 자연스러우나 아세톤이나 논 아세톤에 용해되기 때문에 1회성 임시 랩으로만 사용한다.

(2) 재료 및 시술 과정

### ① 기본 재료

습식 매니큐어 재료, 네일 랩(실크), 글루, 젤 글루, 필러 파우더, 랩 가위, 글루 드라이

### ② 시술 과정

손 소독 → 에나멜 제거 → 큐티클 밀기 → 손톱 모양 잡기 및 에칭주기 → 글루 바르기 → 랩 붙이기 → 글루 드라이 도포 → 랩턱 갈기·표면 샌딩 → 글루·젤글루 바르기 → 샌딩하기 → 오일 바르기 → 큐티클 밀어 거스러미나 접착제 잔여물 제거

㉮ 손 소독, 에나멜 제거, 큐티클 밀기는 기존 시술과 동일하다.
㉯ 손톱 모양 잡기 및 에칭 주기
　㉠ 손톱 모양 : 라운드
　㉡ 길이 : 프리에지는 0.5~1mm의 길이가 적당하다.
　㉢ 에칭 : 샌딩 블럭을 사용해 자연 손톱 표면의 광택을 제거해 주는 과정으로 팁 접착력을 높이기 위해 수행한다.
㉰ 글루 바르기 : 자연 네일에 글루를 도포하며 이때 피부에 묻지 않게 주의한다.(스티커 형식의 랩은 글루 바르기 생략)
㉱ 랩 붙이기
　㉠ 랩 재단 : 왼쪽 위 코너를 둥글게 재단하면 붙이기 수월하다.
　㉡ 랩 접착하기 : 큐티클 라인에서 1.5mm 정도 떨어지고 양 사이드는 끝에 밀착되도록 접착한다.
　㉢ 글루 바르기 : 네일 중앙에서부터 얇게 랩 전체에 도포해 준다.
㉲ 글루 드라이 도포
　㉠ 빠른 시술을 원할 시 뿌려준다.
　㉡ 가까이 뿌릴 경우 기포와 변색이 생기며, 고객이 뜨거움을 느낄 수 있다.
㉳ 랩 턱 갈고 표면에 샌딩 처리
　㉠ 자연 손톱이 손상되지 않도록 주의한다.
　㉡ 랩 턱과 표면을 갈아주고, 표면을 매끄럽게 샌딩한다.
㉴ 글루와 젤글루 바르기
　㉠ 손톱 전체에 글루를 도포해 주고 그 위에 젤 글루를 발라 준다.
　㉡ 글루 1회와 젤 글루 1회 정도가 적당하다.
㉵ 샌딩하기 : 샌딩 블럭으로 표면을 매끄럽게 다듬어 준다.
㉶ 오일 바르고 마무리하기 : 큐티클 오일을 이용해 네일 전체를 닦아주어 마무리한다.

## 2 아크릴 화장물 보강

(1) 아크릴 네일의 개요

① 정의
㉮ 아크릴 네일 또는 스컬프처 네일이라고도 하며, 아크릴릭 리퀴드와 파우더를 혼합해 인조 손톱의 모양을 만드는 연장 기법을 말한다. 강도와 내수성이 강하고 지속성이 좋다.
㉯ 자연 손톱 위에도 씌울 수 있으며 인조 네일 위나 네일의 보강, 연장, 물어뜯는 손톱의 보수에도 많이 사용된다.

② 아크릴 네일의 화학성분
㉮ 모노머(monomer, 단량체) : 리퀴드, 단분자, 서로 연결되어 있지 않은 작은 구슬 형태의 구형 물질이다.
㉯ 폴리머(polymer, 중합체)
  ㉠ 파우더, 고분자, 긴 체인 모양으로 구슬들이 연결되어 있다.
  ㉡ 매우 단단한 완성체이며, 제작이 완료된 아크릴을 말한다.
㉰ 카탈리스트(catalyst, 촉매제)
  ㉠ 아크릴을 빨리 굳게 하는 작용을 한다.
  ㉡ 카탈리스트의 양을 조절하여 굳는 속도를 조절한다.
  ㉢ 아크릴릭 리퀴드, 파우더는 고온 및 직사광선을 피해 보관한다.

③ 아크릴의 원료
㉮ 아크릴의 원료는 메타아크릴아미드에 메탄올을 첨가한 최종원료인 메칠메타아크릴레이트(MMA)라고 불리는 투명한 액체, 즉 아크릴 모노머(리퀴드)이다.
㉯ MMA에 고형화 촉매를 첨가하면 고분자로 결합하며 고형화가 되는데, 이를 고체 분말로 성형해 가공한 것이 아크릴 파우더(폴리머)가 된다.

(2) 아크릴 네일의 문제점과 원인

① **들뜸(리프팅)** : 아크릴이 자연 손톱에서 분리되거나 뜨는 현상을 말하며 원인은 다음과 같다.
㉮ 자연 손톱의 미흡한 에칭 작업으로 인해 손톱에 유·수분이 남아 있을 때
㉯ 프라이머가 오염 되어 산성이 약화 되었을 경우
㉰ 파우더나 리퀴드가 오염되었을 경우(불순물 혼합)
㉱ 파우더와 리퀴드의 배합이 적절하지 못하게 혼합되었을 경우

② **깨짐** : 아크릴이 깨지거나 갈라지는 경우로 원인은 다음과 같다.
㉮ 얇게 연장했을 때    ㉯ 낮은 온도로 인해    ㉰ 관리의 소홀함으로 인해

③ **곰팡이** : 자연 손톱과 아크릴 사이에 곰팡이가 생기는 현상으로 원인은 다음과 같다.
㉮ 리프팅 시 방치해서 습기가 찼을 경우
㉯ 보수작업을 소홀히 했을 경우
㉰ 아크릴을 제거하지 않고 계속 위에 보수작업 시 자연 손톱에서 수분이 자생했을 경우

(3) 아크릴 네일의 보수와 제거
   ① 1~2주에 한 번씩은 보수를 받아야 오래 유지가 된다.
   ② 리프팅을 방치하게 되면 몰드와 곰팡이 같은 질환이 발생한다.
   ③ 제거 시에는 네일 주변 피부에 큐티클 오일을 바르고 솜에 아세톤을 묻혀 아크릴 위에 얹은 후 포일로 감아 10~15분 뒤에 우드 스틱으로 긁어서 제거해 준다.(포일로 감싸는 이유는 아세톤은 휘발성이며, 피부의 체온으로 열을 발생해서 팁을 녹여주기 때문이다.)

## 3  젤 화장물 보강

(1) 젤 네일의 개요
   ① 젤 네일은 젤 컬러를 이용하여 인조 네일과 자연 네일 위에 바르고 자연건조 또는 건조기를 이용한 네일 화장물과 다르게 LED 램프 혹은 UV 램프를 이용하여 경화시킨다.
   ② 젤은 아크릴 네일과 화학성 성분이 매우 유사하며, 응고를 도와주는 별도의 촉매제가 필요하다.
   ③ 젤은 컬러가 다양하고 광택과 발색이 좋으며 냄새가 없어 시술이 편리하고 작업시간도 단축된다는 장점이 있다.

(2) 젤의 분류
   ① **응고 방법에 따른 젤의 종류**
      ㉮ 라이트 큐어드 젤 : 자외선이나 할로겐 라이트같은 특수한 빛에 의해 젤을 응고시키는 방법
      ㉯ 노 라이트 큐어드 젤 : 젤 활성액을 뿌려 사용하거나 브러시로 바르고 젤을 응고시키는 방법
   ② **젤 제거 방법에 따른 분류**
      ㉮ 소프트 젤
         ㉠ 시술이 쉽고 아세톤에 잘 녹아 제거가 쉽다.
         ㉡ 하드 젤에 비해 접착성(유지력)이 떨어진다.
      ㉯ 하드 젤
         ㉠ 시간이 오래 걸리며, 시술이 쉽지 않다.
         ㉡ 제거 시 파일이나 드릴로 갈아 제거해야 한다.

(3) 젤 네일의 특성
   ① 냄새가 없어 사용이 편리하다.
   ② 투명도와 지속력이 높고 광택이 오래 유지된다.
   ③ 컬러가 다양하여 원하는 작업이 가능하다.
   ④ 작업 시 부작용이 적어 누구나 시술 가능하다.
   ⑤ 자외선을 받기 전에는 굳지 않아 원하는 모양을 연출할 수 있다.

⑥ 잘 들뜨지 않아 편리하다.

(4) 젤 네일의 보수와 제거

① 1~2주에 한 번씩은 보수를 받아야 오래 유지가 된다.

② 제거 시에는 쏙 오프를 해주거나 파일링, 드릴 머신을 사용해 준다.

③ 젤 전용 제거 리무버도 있으며 보통은 100% 퓨어 아세톤으로 제거한다.

# Lesson 05 네일 컬러링

## 1  풀 코트 컬러 도포

(1) 풀 코트 컬러링 방법

① 에나멜은 손톱에 색채와 광택을 주어 손톱을 아름답게 해주며, 피막을 형성하여 손톱을 보호해 준다.

② 베이스 코트 → 에나멜 → 탑 코트 순으로 바른다.
   ㉮ 왼손 소지부터 시작해 발라준다.
   ㉯ 에나멜은 큐티클에 최대한 가깝게 발라준다.
   ㉰ 브러시 각도는 45°가 적당하다.
   ㉱ 에나멜이 얼룩지거나 뭉치지 않도록 얇게 2~3번 발라준다.
   ㉲ 프리에지 부분도 꼭 발라준다.
   ㉳ 베이스 코트는 손톱의 변색과 착색 방지, 보호를 위해 발라준다.
   ㉴ 탑 코트는 에나멜의 광택과 보호, 유지를 위해 발라준다.

(2) 컬러링 바르는 순서

① 네일 중앙 → 왼쪽 → 오른쪽

② 네일 왼쪽 → 오른쪽

## 2  프렌치 컬러 도포

(1) 프렌치 컬러링의 정의

프렌치 컬러링은 프리에지(자유연)에 다른 색상의 에나멜을 발라주고 자연적인 컬러로 풀 코트를 해주는 네일 방법으로 프리에지 너비와 옐로우 라인의 둥근선에 맞추어 스마일라인을 만들어 준다. 깨끗하고 깔끔한 느낌을 준다.

(2) 시술 과정

① 습식 매니큐어 과정과 동일(01~12번 과정)하며 컬러링 방법만 다르다.

> 습식 매니큐어와 동일 → 베이스 코트 바르기 → 자연색 에나멜 컬러링 하기 → 스마일라인 컬러링 하기 → 탑 코트 바르기

② 컬러링 방법
   ㉮ 베이스 코트 : 프리에지까지 풀 코트 한다.
   ㉯ 자연색 에나멜 컬러링 : 비치는 자연색의 에나멜을 얇게 전체적으로 발라준다.(생략해도 무관)
   ㉰ 스마일 라인
      ㉠ 유색 에나멜로 프리에지에 2회 컬러링 해준다.
      ㉡ 밑에 바른 자연색 에나멜을 충분히 건조 시킨 후에 발라주어야 밀리지 않게 발린다.
      ㉢ 에나멜은 얇게 발라 주어야 뭉침과 얼룩, 밀림 현상이 없다.
   ㉱ 탑 코트 : 밑의 컬러가 밀리지 않도록 주의해서 바른다.

## 3 딥 프렌치 컬러 도포

(1) 딥 프렌치 컬러링의 정의

딥 프렌치 매니큐어는 손톱의 반월 부분(루눌라)를 남기고 바르는 컬러링 해주는 네일 방법으로 루눌라 라인에 맞춰 스마일라인으로 컬러링한다. 풀 컬러보다 자연스러운 포인트를 준다.

(2) 시술 과정

① 습식 매니큐어 과정과 동일(01~12번 과정)하며 컬러링 방법만 다르다.

> 습식 매니큐어와 동일 → 베이스 코트 바르기 → 자연색 에나멜 컬러링 하기 → 스마일라인 컬러링 하기 → 탑 코트 바르기

② 컬러링 방법
   ㉮ 베이스 코트 : 프리에지까지 풀 코트 한다.
   ㉯ 자연색 에나멜 컬러링 : 비치는 자연색의 에나멜을 얇게 전체적으로 발라준다.(생략해도 무관)
   ㉰ 딥프렌치 라인
      ㉠ 유색 에나멜로 프리에지에 네일 전체의 $\frac{1}{2}$ 이상 2회 컬러링 해준다.
      ㉡ 밑에 바른 자연색 에나멜을 충분히 건조시킨 후에 발라주어야 밀리지 않게 발린다.
      ㉢ 에나멜은 얇게 발라 주어야 뭉침과 얼룩, 밀림 현상이 없다.
   ㉱ 탑 코트 : 밑의 컬러가 밀리지 않도록 주의해서 바른다.

### 4 그러데이션 컬러 도포

**(1) 그러데이션 컬러링의 정의**

네일 바디에 위쪽이나 아래쪽 혹은 옆으로 갈수록 컬러가 자연스럽게 변화되는 칼라링 방법으로 일반적으로 가로형 그러데이션을 많이 한다. 손톱이 깔끔하고 길어 보이는 느낌을 준다.

**(2) 시술 과정**

① 습식 매니큐어 과정과 동일(01~12번 과정)하며 컬러링 방법만 다르다.

> 습식 매니큐어와 동일 → 베이스 코트 바르기 → 자연색 에나멜 컬러링 하기 → 스마일라인 컬러링 하기 → 탑 코트 바르기

② 컬러링 방법
  ㉮ 베이스 코트 : 프리에지까지 풀 코트 한다.
  ㉯ 자연색 에나멜 컬러링
    ㉠ 스폰지에 바르고자 하는 컬러의 폴리시를 도포한 후 포일에 한번 찍어준다.
    ㉡ 스폰지에 폴리시의 양이 많으면 기포가 생기므로 이 과정을 통해 양을 조절한다.
    ㉢ 자연 네일 위에 스폰지를 가볍게 톡톡 두드려준다.
    ㉣ 그러데이션 범위는 손톱 프리에지에서 시작하며 전체 길이의 1/2 이상으로 한다.
    ㉤ 그러데이션을 스폰지를 이용하여 반월 부분을 침범하지 않도록 한다.
    ㉥ 위 단계를 두 번 반복한다.
    ㉦ 손톱 주변에 묻은 폴리시를 오렌지 우드스틱에 솜을 말아 제거한다.
    ㉧ 탑 코트를 1회 도포 후 마무리한다.

### 5 페디큐어

**(1) 페디큐어의 정의**

발과 발톱을 청결하고 아름답게 가꾸어주는 발의 전반적인 관리이다.

**(2) 페디큐어 준비물**

① **습식 매니큐어 준비물**
② **페디큐어 기구** : 시술자 의자, 고객용 의자, 각탕기, 발 받침대 등
③ **발가락 끼우개(토우 세퍼레이터)** : 컬러링 할 때 편리하다.
④ **항균 비누** : 무좀 방지를 위해 사용한다.
⑤ **페디스톤** : 발바닥 각질 제거용이다.
⑥ **페디큐어 슬리퍼** : 발가락 끼우기를 사용하기 전에 고객에게 신게 한다.

⑦ **발 전용 스크럽** : 페디스톤과 또는 페디파일 함께 사용한다.
⑧ **페디 파일** : 발바닥 각질 제거 후 표면을 매끄럽게 해준다.

(3) 페디큐어 시술 절차
① 시술자 손과 고객의 발을 소독한다.
② 폴리시를 제거한다.
③ 발톱 모양을 만들어 준다.(발톱은 반드시 일(-)자로 만든다.)
④ 표면을 정리한다.
⑤ 발을 족탕기에 담가 불려준다.
⑥ 큐티클 정리 및 굳은살을 제거한다.
⑦ 고객의 발과 다리를 항균 소독제로 세척하고 닦은 후 마사지한다.
⑧ 유분기를 제거해 준다.
⑨ 토우 세퍼레이터를 끼운다.
⑩ 베이스 코트를 바른다.
⑪ 폴리시를 바른다.
⑫ 탑 코트를 바른다.

# Lesson 06 네일 폴리시 아트

## 1 일반 네일 폴리시 아트

(1) 일반 네일 폴리시
① **네일 폴리시(기본, Basic)** : 니트로셀룰로오즈와 부틸 아세톤 등으로 구성되며, 네일 폴리시에 의해 형성된 막은 견고하게 네일을 보호하고, 네일을 아름답게 할 수 있다.
② **베이스 코트** : 네일 폴리시를 바르기 전에 네일을 보호하기 위해 자연 네일 위에 바르는 것으로, 네일 폴리시를 부드럽게 밀착시키는 역할을 한다.
③ **탑 코트** : 네일 폴리시를 바른 후에 그 위에 바르는 폴리시로 네일 폴리시에 광택을 더해주고, 네일 폴리시를 보호하여 오랫동안 지속시켜주는 역할을 한다.

  ■ 네일 폴리시의 정의
  • 네일 폴리시(Polish) : 네일(손·발톱) 위에 발라 색을 내는 유색의 컬러로, 폴리시(Polish)는 광택제라는 의미이다.
  • 네일 폴리시 아트 : 네일 폴리시와 아트를 합한 말로 네일 폴리시와 브러시, 네일 폴리시 아트 라이너 등을 이용하여 네일 플레이트 위에 디자인하는 기법을 말한다.

### (2) 손 피부와 어울리는 네일 컬러의 선택

① **어두운 손 피부에 어울리는 컬러**
  ㉮ 손 피부가 어두운 사람들의 경우 딥 퍼플, 버건디 레드, 초코릿 브라운 또는 블랙같이 강하고 어두운 계열의 컬러가 어울린다.
  ㉯ 펄이 들어간 컬러, 베이지, 옅은 브라운 계열의 컬러는 피부를 더욱 어둡게 보일 수 있으니 피하는 것이 좋다.
  ㉰ 톤 다운된 레드 계열 또는 딥 퍼플 계열의 컬러들은 섹시하고 고혹적인 분위기를 연출할 수 있다.

② **밝은 손 피부에 어울리는 컬러**
  ㉮ 손 피부가 밝은 사람들의 경우 어떠한 계열의 컬러와도 잘 어울리는 편이다.
  ㉯ 핑크, 코랄 또는 베이지 계열의 컬러들은 여성스러운 분위기를 연출 할 수 있다.
  ㉰ 파스텔 계열 또는 화이트 계열의 컬러들은 손가락이 길어 보이는 효과를 준다.

### (3) 손과 손톱에 어울리는 네일 컬러

① **짧고 통통한 손가락에 어울리는 컬러**
  ㉮ 짧고 통통한 손은 손톱 끝에 장식하여 시선을 분산시킨다.
  ㉯ 일자 프렌치를 할 경우는 더욱더 손이 짧아 보일 수 있으므로 주의한다.
  ㉰ 손톱이 많이 짧은 경우 강한 컬러나 비비드한 컬러를 발라 더욱 강렬하게 표현해 준다.

② **울퉁불퉁하고 마디가 굵은 손가락에 어울리는 컬러**
  ㉮ 사선 라인을 그려 넣거나 손톱 끝에 장식을 붙여서 시선을 손톱 끝으로 분산시키는 것이 효과적이다.
  ㉯ 손톱 전체가 화려한 것보다 포인트만 살짝 넣어주어 시선을 분산시킨다.

③ **큰 손톱에 어울리는 컬러**
  ㉮ 짙은 컬러 위주로 발라준다.
  ㉯ 세로 디자인 또는 일자 프렌치, 사선 프렌치 같은 모양을 만들어 포인트를 주는 것이 효과적이다.

④ **작은 손톱에 어울리는 컬러**
  ㉮ 밝은 레드 컬러를 사용해 손톱이 커 보이도록 한다.
  ㉯ 손톱에 디자인을 줄 경우 큰 모양으로 디자인하여 착시효과를 준다.
  ㉰ 한가지 컬러로 풀컬러하여 깔끔하게 바르는 것이 효과적이다.

■ **보색 활용**
- 네일 컬러의 선택에 있어 보색관계의 색상을 선택하는 것이 좋다.
- 예를 들어 노란빛의 피부의 경우 남색 계열의 컬러를 택하면 보다 선명한 인상을 주게 된다.

## 2 젤 네일 폴리시 아트

(1) 젤 네일 폴리시
   ① **젤 네일 폴리시** : 아크릴레이트와 우레탄의 혼합물로 액상 형태의 콜로이드 입자로 젤을 굳게 만드는 방법은 자외선이나 LED 등에 노출시키는 라이트 경화 젤과 노 라이트 경화 젤 등으로 구분된다.
   ② **베이스 젤** : 네일과 젤의 접착력을 증가시켜주는 제품이다.
   ③ **탑 젤** : 고광택을 만들어 주는 경화 재질로 손·발톱 표면에 고광택의 마무리 효과를 준다.

(2) 젤 네일 폴리시의 장·단점
   ① **장점**
      ㉮ 시술 시간이 단축된다.
      ㉯ 접착력이 우수하여 리프팅(들뜸)이 일어나지 않는다.
      ㉰ 탄력성과 지속력이 우수하여 활용도가 높다.
      ㉱ 얼룩이 생기지 않고 경화 전에는 굳지 않으므로 수정이 가능하다.
   ② **단점**
      ㉮ 시술 후 제거하기 어렵다.
      ㉯ 젤 램프기기가 필요하다.

(3) 젤 네일 폴리시 아트의 특징
   ① 젤 네일 폴리시 마블은 경화 작업 전까지 자유롭게 표현이 가능하여 시간적 제한이 없다.
   ② 베이스 젤, 탑 젤, 컬러 젤, 세필 붓 등의 도구를 사용하여 디자인을 표현한다.
   ③ 선을 이용한 마블의 경우 조화와 선이 깔끔하게 마블링 되어야 하므로 브러시를 자주 세척해야 한다.
   ④ 많은 양의 젤 폴리시를 도포 하면 주변 피부로 흐를 수 있고, 양이 적으면 표현이 부족해지기 때문에 양의 조절에 주의한다.

## 3 통 젤 네일 폴리시 아트

(1) 통 젤 네일 폴리시의 특징
   ① 젤 네일 폴리시와 성분은 유사하나 점도가 있어 통에 담아 사용한다.
   ② 탄력이 있는 젤 전용 브러시로 젤을 떠서 사용한다.

(2) 통 젤 네일 폴리시의 종류
   ① **컬러 통 젤**
      ㉮ 점도가 높은 다양한 컬러의 젤 폴리시가 통안에 담겨있다.

㉯ 물감처럼 젤을 여러 가지 혼합하여 사용할 수 있다.

② **글리터 통 젤**
㉮ 투명 젤에 여러 가지의 글리터가 혼합되어 만든 젤이다.
㉯ 글리터의 크기와 색에 따라 다양한 느낌으로 표현한다.

③ **반투명 컬러 통 젤**
㉮ 디자인의 배경색이 비춰 보이는 특징으로 사용한다.
㉯ 시스루 디자인 표현 시 사용하며, 투명한 색감을 표현할 수 있다.

④ **스컬프처 통 젤**
㉮ 점성이 높고 단단하게 완성된다.
㉯ 젤의 퍼짐이 매우 적어 젤을 도포하는 형태가 유지되어 표현된다.

# Lesson 07 팁 위드 파우더

## 1 네일 팁 선택

(1) 네일 팁의 이해

① 네일 팁은 인조 네일을 의미하며, 손톱이 부러졌거나 짧은 손톱을 가진 사람들이 손톱의 길이를 인위적으로 연장할 때 주로 시술한다.
② 팁의 재질은 플라스틱, 나일론, 아세테이트 재질로 되어 있으나 팁 자체만으로는 너무 약하기 때문에 팁 위에 랩(실크, 린넨, 파이버글래스), 아크릴릭, 젤 등을 덮어 강도를 높여준다.
멋을 내고 개성을 주기 위해 컬러 팁이나 디자인 팁을 사용하기도 한다.

(2) 팁의 종류 및 고르는 법

① **팁의 종류**
㉮ 팁은 크기에 따라 호수로 분류한다.
㉯ 0~9 또는 1~10으로 팁 자체에 표기하며, 번호가 작을수록 사이즈가 크다
㉰ 모양과 커브에 따라 종류가 여러 가지로 나뉜다.
　㉠ 풀 팁(Full Tip) : 풀 커버 팁(Full cover Tip)이라고도 하며 손톱 전체를 덮는 팁이다.
　㉡ 반 팁(Half Tip) : 손톱의 길이 연장에 쓰이며, 손톱의 끝부분에 붙인다.
　㉢ 디자인 팁(Design Tip) : 각종 아트 팁과 컬러 팁을 포함한다.

② **팁 고르는 법**
㉮ 자연 손톱과 넓이가 맞거나 한 사이즈 큰 팁을 골라야 한다.
㉯ 손톱과 어울리는 모양과 컬러의 팁을 고른다.
㉰ 웰(Well)의 크기가 크면 갈아서 사이즈를 맞춰준다.
㉱ 손톱의 양쪽 사이드 끝이 부족하지 않고 모두 커버되어야 한다.

(3) 웰(Well)

① 웰은 자연 네일과 접착되는 팁의 부분을 말하며, 네일 접착제를 도포하는 부분이다.
② 웰 부분에 글루를 발라 접착하며, 형태에 따라 하프 웰(Half Well)과 풀 웰(Full Well)로 구분한다.
  ㉮ 하프 웰 : 자연스럽다는 장점이 있지만, 접착제를 도포하는 부분이 적어 풀 웰에 비해 약하다.
  ㉯ 풀 웰 : 비교적 부자연스러우나 접착제를 도포하는 부분이 넓어 하프 웰에 비해 보존력이 강하다.
③ 웰이 없는 팁의 경우도 있으며, 이는 작업 상황에 따라 웰 부분을 임의로 정하여 네일 접착제를 도포하여 사용할 수 있다.

■ 네일 접착제와 건조 활성제
- 네일 접착제 : 네일 팁을 접착하거나 네일 랩 등을 고정할 때 사용하는 것으로 네일 글루(Nail Glue)라고도 한다. 주요 성분은 시아노 아크릴산염이다.
- 건조 활성제 : 네일 접착제를 빠르게 건조하는 역할을 하는 것으로 필요할 때만 사용하며, 사용 시 보호안경과 마스크를 착용해야 한다. 주요 성분은 부탄, 프레온, 에탄올, 아세톤이다.

## 2 풀 커버 팁 작업

(1) 팁 부착

① 팁이 자연 손톱의 1/2 이상을 덮지 않도록 한다.
② 웰(Well) 부분에 접착 글루를 바른 후 45°로 내려 자연 손톱의 끝에서 지그시 눌러서 접착해 준다. 이때 공기가 들어가지 않게 주의하여 접착해 준다. 공기가 들어가면 리프팅과 들뜸의 원인이 된다.

(2) 팁의 관리 및 제거

① 1~2주에 한 번씩은 보수를 받아야 오래 유지가 된다.
② 새로 자란 자연 손톱과 네일 팁과의 턱을 제거하고 글루나 젤 글루, 필러로 보수 해 준다. 마무리는 샌딩으로 표면을 매끈하게 해 준다.
③ 제거 방법
  ㉠ 아세톤에 팁이 부착된 손톱을 10~15분 담구었다가 제거하는 방법
  ㉡ 솜에 아세톤을 묻혀 팁 위에 얹은 후 포일로 감아 5~10분 뒤에 제거해 주는 방법

■ 제거 시 포일로 감싸는 이유
포일로 감싸는 이유는 열이 발생해서 팁을 녹여주기 때문이다.

## 3 프렌치 팁 및 내추럴 팁 작업

(1) 프렌치 팁 작업

① 프리에지가 짧은 경우에 사용하며 칼라가 매우 다양하다.

② 손톱 길이를 연장했을 때 프렌치 컬러를 바른 것과 같은 효과를 준다.

(2) 내추럴 팁 작업

① 일반적인 자연 손톱에 부착하는 웰 부분이 너무 두껍지 않고 투명한 팁을 말한다.

② 팁은 손톱의 사이즈에 맞게 선택할 수 있게 0~9 또는 1~10으로 분류된다.

## Lesson 08 팁 위드 랩

### 1 팁 위드 랩 네일 팁 적용

(1) 팁 위드 랩의 이해

팁 위드 랩(Tip With Wrap)은 네일 팁을 접착하여 길이를 연장한 후 네일 랩(실크)을 붙여 오버레이 함으로써 견고하게 만드는 작업 방법을 말한다.

(2) 네일 팁 턱 제거 및 적용 작업

네일 팁은 사용하는 네일 팁의 컬러에 따라 네일 팁 턱을 제거하거나 제거하지 않을 수 있다. 컬러에 따른 네일 팁의 분류와 팁 턱 제거 여부는 다음과 같다.

| 구분 | 내용 | 용도 | 팁 턱 제거 여부 |
| --- | --- | --- | --- |
| 투명 네일 팁 | 투명하며 탄성이 비교적 약함 | - | 제거 |
| 내추럴 네일 팁 | 자연 네일과 가장 비슷하며 비교적 탄성이 강함 | 자연스러운 네일 연장 | 제거 |
| 컬러 네일 팁 | 다양한 유색 컬러로 비교적 탄성이 약함 | 프렌치 스타일을 할 경우 | 제거하지 않음 |
| 디자인 네일 팁 | 다양한 디자인이 있으며 비교적 탄성이 약함 | 디자인된 스타일을 할 경우 | 제거하지 않음 |

## 2 네일 랩 적용

**(1) 기본 재료**

> 습식 매니큐어 재료, 네일 팁, 네일 랩(실크), 글루, 젤 글루, 필러 파우더, 랩 가위, 팁 커터기, 글루 드라이

**(2) 시술 과정**

> 손 소독 → 에나멜 제거 → 큐티클 밀기 → 손톱 모양 잡기 및 에칭주기 → 팁 붙이기 → 표면정리(샌딩) → 랩 붙이기 → 글루 드라이 도포 → 랩 턱 갈기·표면샌딩 → 글루·젤 글루 바르기 → 샌딩하기 → 오일 바르기 → 큐티클 밀어 거스러미나 접착제 잔여물 제거

① **랩 재단** : 왼쪽 위 코너를 둥글게 재단하면 붙이기 수월하다.
② **랩 접착하기** : 랩은 큐티클 라인에서 1.5mm 정도 떨어지고 양 사이드는 끝에 밀착되도록 접착한다.
③ **글루 바르기** : 네일 중앙에서부터 얇게 도포한다.
④ **글루 드라이 도포** : 빠른 시술을 원할 시 뿌려주며, 가까이 뿌릴 경우 기포와 변색이 생기고 고객이 뜨거움을 느낄 수 있다.
⑤ **랩 턱 갈고 표면 샌딩** : 자연 손톱이 손상되지 않도록 주의하며 랩 턱과 표면을 갈아주고, 표면을 매끄럽게 샌딩한다.
⑥ **글루·젤 글루 바르기** : 손톱 전체에 글루를 도포해 주고 그 위에 젤 글루를 발라 준다. 이때 글루 1회와 젤 글루 1회 정도가 적당하다.

## Lesson 09 랩 네일

## 1 네일 랩 재단

**(1) 네일 랩의 정의 및 종류**

① **네일 랩의 정의** : 네일 랩은 상하고 찢어진 손톱 위에 천(wrap)을 접착하여 보수도 되고 네일의 강도도 높여주는 것을 말한다.
② **네일 랩의 종류**
　㉮ 페브릭(천 소재)
　　㉠ 실크 : 명주실로 짠 직물로 가볍고 투명하며 가장 많이 사용한다.
　　㉡ 린넨 : 굵은 실로 짜여진 천으로 강하고 튼튼하지만 천의 조직이 비치고 투박하다.

ⓒ 파이버글래스 : 가느다란 인조섬유, 광섬유, 유리섬유 소재의 천으로 되어 있으며 투명하고 강하지만 너무 얇아 다루기가 힘들다.
　　㉯ 페이퍼(종이 소재)
　　　㉠ 얇은 종이로 되어 있으며, 투명하고 자연스럽다.
　　　ⓒ 아세톤이나 논 아세톤에 용해되기 때문에 임시 랩으로만 사용된다.

(2) 네일 랩 재단
　① 큐티클 라인 왼쪽 부분의 곡선을 확인한다.
　② 네일 랩을 큐티클 라인 왼쪽 부분의 곡선과 동일하게 재단한다.
　③ 재단한 네일 랩이 큐티클 라인 왼쪽 부분의 곡선과 동일한지 확인한다.
　④ 엄지를 사용하여 네일 랩을 살짝 벗긴다.
　⑤ 뒷면에 붙어 있는 종이를 반으로 접는다.

> 재단 : 재단 시 왼쪽 위 코너를 둥글게 재단하면 붙이기 수월하다.

## 2 네일 랩 접착

① **랩 접착하기** : 랩은 큐티클 라인에서 0.2cm 정도의 간격을 두고 양 사이드는 끝에 밀착되도록 접착한다.
② **글루 바르기** : 네일 중앙에서부터 얇게 도포 해준다.
③ **글루 드라이 도포**
　㉮ 빠른 시술을 원할 때 뿌려준다.
　㉯ 가까이 뿌릴 경우 기포와 변색이 생기며, 고객이 뜨거움을 느낄 수 있으므로 주의한다.

## 3 네일 랩 연장

(1) 기본 재료

> 습식 매니큐어 재료, 네일 랩(실크), 글루, 젤 글루, 필러 파우더, 랩 가위, 글루 드라이

(2) 시술 과정

> 손 소독 → 에나멜 제거 → 큐티클 밀기 → 손톱 모양 잡기 및 에칭주기 → 표면정리(샌딩) → 랩 붙이기 → 글루 → 필러 파우더 → 글루 → 글루 드라이 도포 → 길이 및 파일링 → 표면정리 → 글루·젤 글루 바르기 → 샌딩하기 → 오일 바르기 → 큐티클 밀어 거스러미나 접착제 잔여물 제거

① 손 소독, 에나멜 제거, 큐티클 밀기는 기존 시술과 동일하다.
② **손톱 모양 잡기 및 에칭 주기**
    ㉮ 손톱 모양 : 라운드
    ㉯ 길이 : 0.5~1mm의 길이가 적당
    ㉰ 에칭 : 샌딩 블록을 사용하여 자연 네일의 표면에 광택을 제거해 주는 과정으로 팁 접착력을 높이기 위한 작업
③ **랩 접착 → 글루 바르기**
    ㉮ 랩 재단 : 왼쪽 위 코너를 둥글게 재단하면 붙이기 수월하다.
    ㉯ 랩 접착하기 : 랩은 큐티클 라인에서 0.2cm 정도 간격을 두고 양 사이드는 끝에 밀착되도록 접착한다.(스트레스 포인트는 실크가 피부에 붙지 않도록 손톱 사이즈와 동일하게 접착)
    ㉰ 글루 바르기 : 네일 중앙에서부터 얇게 도포 해준다.
④ **필러 파우더 뿌리기**
    ㉮ 스트레스 포인트를 기준으로 연장하려는 부분에 글루를 바른 후 필러 파우더를 얇고 고르게 살짝 뿌려준다.
    ㉯ 기포와 투명도가 떨어지지 않게 얇게 2~3번 소량 뿌려준다.
⑤ **글루 → 글루 드라이 도포 → 핀칭 주기**
    ㉮ 글루 드라이를 뿌린 후에는 양손 엄지를 이용해 손톱의 양쪽 스트레스 포인트를 눌러 C 커브를 잡아준다.
    ㉯ 글루 드라이는 10~15cm 떨어진 거리에서 소량 뿌려준다.
⑥ **길이 자르기 및 파일링**
    ㉮ 길이 자르기 : 클리퍼를 사용해 불필요한 길이를 잘라준다.
    ㉯ 파일링 : 180그릿(grit)의 파일을 사용해 매끄럽게 다듬어 준다.
⑦ **글루 → 젤 글루 바르기 → 샌딩하기**
    ㉮ 손톱 전체에 글루를 도포 해주고 그 위에 젤 글루를 발라준다.
    ㉯ 실크가 연장된 안쪽 부분도 글루를 발라주면 투명도가 잘 나타난다.
⑧ **마무리**
    ㉮ 큐티클 오일을 앞면과 뒷면을 발라준다.
    ㉯ 광택 파일을 이용해 완성된 네일 표면에 광택을 내준다.

## Lesson 10 젤 네일

### 1 젤 화장물 활용

(1) 젤 네일의 특성

① 상온에서는 형태를 자유자재로 만들 수 있다.

② 부작용 없이 작업을 받을 수 있으며, 냄새가 없어 어디서나 사용이 간편하다.
③ 투명도가 좋고 고광택이 오래 유지되며 착용감이 가볍다.
④ 리프팅이 잘 일어나지 않는다.
⑤ 젤 시스템은 친환경적 제품이다.
⑥ 작업시간이 매우 단축된다.

### (2) 젤 네일 재료와 도구
① **젤** : 클리어 젤, 컬러 젤, 베이스 젤, 탑 젤 등
② **젤 램프** : 손톱에 젤을 바른 후 굳게 하는 기구
③ **젤 브러시** : 젤 전용 브러시
④ **젤 클린저** : 큐어링 후 손톱 표면에 남아 있는 미경화 젤을 닦아내는 액체
⑤ **젤 퍼프** : 미경화 젤을 닦을 때 젤 클린저를 묻혀 사용하는 도구
⑥ **젤 폼** : 젤 스컬프처 작업 시 손톱을 연장할 때 사용하는 도구

### (3) 네일 폼의 적용
#### ① 네일 폼의 개요
㉮ 네일 폼은 자연 네일에서 인조 네일을 만드는 토대가 되는 틀이다.
㉯ 일반적으로 아크릴이나 젤을 사용하여 프리에지를 연장하는 경우 그 틀이 되도록 프리에지와 연장이 되도록 끼워 형태를 만든 후 손톱의 형태를 만들어 주는 틀을 말한다.

#### ② 네일 폼의 종류
㉮ 종이 폼
　㉠ 일반적으로 많이 사용되는 재질로, 아크릴 작업 시 주로 사용된다.
　㉡ 1회용으로 사용 후 폐기한다.
㉯ 비닐 폼
　㉠ 젤을 이용하는 경우에 많이 사용된다.
　㉡ 젤 램프 사용 시 빛이 비닐을 통과하지 못하므로 프리에지 뒷면의 큐어링 되지 않는 단점을 보완하여 사용할 수 있는 폼이다.
㉰ 메탈 폼
　㉠ 얇은 메탈 소재로 폼의 커브를 만들어 주면 메탈이 고정되어 편리하지만, 재단하여 손에 맞추어 사용하기 어렵다.
　㉡ 메탈 소재이므로 반영구적인 사용이 가능하다.

> ■ 네일 폼의 적용 및 제거 과정
> • 적용 : 종이 폼 준비 → 뒷면 스티커 붙이기 → 재단하기 → 커브 만들기 → 네일에 적용
> • 제거 : 표면경화 확인 → 스트레스 포인트 경화 확인 → 미경화 젤 제거 → 네일 폼 제거

## 2  젤 원톤 스컬프처

(1) 젤 원톤 스컬프처 개요
    ① 젤 원톤 스컬프처는 클리어 젤 또는 핑크 젤, 네일 폼과 젤 램프기기를 사용하여 투명하고 자연스러운 인조 네일을 만들어 주는 기법이다.
    ② **젤 원톤 스컬프처의 특징**
        ㉮ 자연 손톱의 보강과 길이 연장이 동시에 가능하다.
        ㉯ 젤의 높은 광택으로 인하여 투명도가 좋다.

(2) 기본 재료

습식 매니큐어 재료, 폼, 프라이머, 본더, 라이트 큐어드 젤, 큐어링 라이트기, 젤 브러시, 젤 클리너, 퍼프

(3) 시술 과정

손 소독 → 에나멜 제거 → 큐티클 밀기 → 손톱 모양 잡기 및 에칭주기 → 네일 폼 끼우기 → 프라이머 또는 본더 바르기 → 베이스 젤 올리기 → 큐어링 → 클리어 젤 올리기 → 큐어링 → 클린저로 닦기 → 폼 떼기 → 파일링 및 모양 만들기 → 샌딩하기 → 탑 젤 바르고 큐어링 → 클린저로 닦기 → 마무리

① 손 소독, 에나멜 제거, 큐티클 밀기, 손톱 모양 잡기 및 에칭주기는 앞서의 시술과 동일하다.
② **네일 폼 끼우기** : 자연 손톱과 폼 사이가 뜨지 않도록 네일 폼을 끼워주며, 네일 밑의 하이포니키움 쪽으로 아크릴 화장물이 스미지 않도록 주의한다.
③ 프라이머 또는 본더 바르기, 베이스 젤 바르기, 큐어링, 클리어 젤 올리기, 큐어링, 클린저로 닦기(중간에 C커브 나올 수 있도록 핀칭 주기)
④ **폼 떼기** : 클린저로 닦지 않고 폼을 뗄 경우 젤 연장 부분이 잘 떨어지지 않는다.
⑤ 파일링(150~180그릿 파일 사용) 및 모양 만들기, 샌딩하기, 클린저로 닦기, 탑 젤 바르고 큐어링, 클린저로 닦는다.


## 3  젤 프렌치 스컬프처

(1) 젤 프렌치 스컬프처의 개요
    ① 화이트와 클리어 젤(또는 핑크 젤)을 사용해 손톱의 길이를 연장해 주는 것을 말하며, 프리에지 부분에 화이트 젤을 사용해 선명하고 대칭되는 스마일 라인을 만들어 내는 기법이다.

② 젤 프렌치 스컬프처의 특징
　㉮ 베드 부분에 핑크 젤을 도포하여 건강한 자연 네일을 표현한다.
　㉯ 화이트 젤을 사용하여 프리에지를 형성한다.
　㉰ 클리어 젤로 전체를 커버하여 인조 네일의 형태를 갖추도록 한다.

(2) 기본 재료

> 습식 매니큐어 재료, 폼, 프라이머, 본더, 라이트 큐어드 젤(클리어, 핑크, 화이트), 큐어링 라이트기, 젤 브러시, 젤 클리너, 퍼프

(3) 시술 과정

> 손 소독 → 에나멜 제거 → 큐티클 밀기 → 손톱 모양 잡기 및 에칭주기 → 네일 폼 끼우기 → 프라이머 또는 본더 바르기 → 베이스 젤 올리기 → 큐어링 → 핑크 젤 올리기(생략 가능) → 큐어링 → 화이트 젤 올리기 → 큐어링 → 클리어 젤 전체 도포 → 큐어링 → 클린저로 닦기 → 폼 떼기 → 파일링 및 모양 만들기 → 샌딩하기 → 탑 젤 바르고 큐어링 → 클린저로 닦기 → 마무리

① 손 소독, 에나멜 제거, 큐티클 밀기, 손톱 모양 잡기 및 에칭 주기, 네일 폼을 끼운다.
② 프라이머 또는 본더 바르기, 베이스 젤 바르기, 큐어링까지는 젤 원톤 스컬프처와 동일하다.
③ 화이트 젤 올리기
　㉮ 프리에지 부분에 화이트 젤로 스마일 라인을 만들어 준다.
　㉯ 전체적으로 라인을 잡아주고 양 끝으로 스마일 꼬리까지 만들어 준다.
　㉰ 좌우 대칭이 맞고 깊이가 일정한 스마일 라인을 만들어 주어야 한다.
④ 큐어링
⑤ 클리어 젤 전체 도포, 큐어링, 클린저로 닦기, 폼떼기, 파일링 및 모양 만들기, 샌딩하기, 탑 젤 바르고 큐어링, 클린저로 닦는다.

■ 화이트 젤
화이트 젤은 빛의 반사로 큐어링 시간이 많이 걸린다.

# Lesson 11 아크릴 네일

## 1 아크릴 화장물 활용

(1) 아크릴 네일 개요

① **자연 네일 오버레이** : 약한 손톱의 보강을 위한 방법으로 길이를 연장하지 않고 아크릴을 자연 네일 위에 덮어 상온으로 건조시킨다.

② **아크릴 원톤 스컬프처** : 폴리머인 클리어 파우더, 내추럴 파우더, 투명 핑크 파우더 중 한 가지 색만을 사용하여 인조 네일을 만들어 주는 조형 작업을 말한다.

③ **아크릴 프렌치 스컬프처** : 아크릴 파우더 중 화이트 색상을 이용하여 네일 프리에지 부분의 길이를 만든 뒤 네일 베드 부분을 클리어 또는 핑크 파우더를 이용하여 연결하는 투톤 아크릴 스컬프처 시술 방법이다.

(2) 아크릴 전용 브러시

① **재질** : 아크릴 전용 브러시는 일반적으로 담비(족제비과)의 꼬리털을 사용하며, 세이블과 합성모를 섞어서 사용하기도 한다.

② **구조와 명칭**

㉮ 팁(Tip, 플래그) : 아크릴 브러시의 끝 부분으로 세밀한 미세 작업 시 사용된다.

㉯ 벨리(Belly) : 중간 부분으로 믹스된 아크릴 볼을 고르게 펴거나 프렌치 스컬프처 시 프리에지 부분을 편평하게 조형하는데 사용한다.

㉰ 백(Back, 베이스) : 브러시의 시작 부분으로 길이를 정리하거나 아크릴 볼을 눌러 흐름을 멈추게 할 때 사용한다.

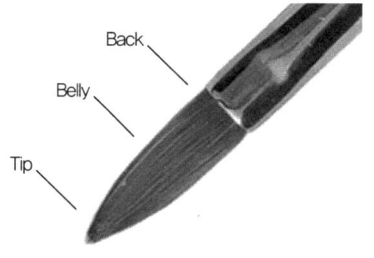

▲ 아크릴 브러시의 구조

## 2 아크릴 원톤 스컬프처

(1) 기본 재료

소독제, 네일 폼, 폴리머(아크릴 파우더 중 클리어 파우더, 내추럴 파우더, 투명 핑크 파우더 선택), 모노머(아크릴 리쿼드), 아크릴 브러시, 디펜디시, 더스트 브러시, 핀칭 핀셋(핀칭 텅), 핀칭 봉(C-커브 스틱)

(2) 시술 과정

손 소독 → 에나멜 제거 → 큐티클 밀기 → 손톱 모양 잡기 및 에칭 주기 → 네일 폼 끼우기 → 프라이머 바르기 → 클리어 파우더로 볼 올리기 → 핀칭 주기 → 폼 떼기 → 파일링 및 모양만들기 → 샌딩하기 → 마무리

① 손 소독, 에나멜 제거, 큐티클 밀기, 손톱 모양 잡기 및 에칭 주기, 네일 폼 끼우기, 프라이머 바르기는 기존 시술과 동일하다.
② 클리어 파우더로 네일 베드 부분을 채워주며 하이포인트도 만들어 준 후 전체적으로 쓸어내려 준다.
③ 아크릴이 완전히 굳기 전에 사이드 부분을 양쪽 엄지손가락으로 프리에지 부분에 핀칭한다.
④ 전체적인 모양과 C-커브가 잘 나오도록 한다.
  ㉮ 아크릴릭이 완전히 건조 후 핀칭을 주면 균열과 부러짐, 통증을 유발한다.
  ㉯ 아크릴릭이 덜 건조 된 상태에서 핀칭을 주면 스마일 라인이 밀리고 변형된다.
  ㉰ C-커브는 대략 30% 정도가 적당하다.
⑤ 폼 떼기
  ㉮ 아크릴이 완전히 건조됐다면 폼을 조심스럽게 떼어내 준다.
  ㉯ 브러시대로 두들겨 봤을 때 맑은소리가 나면 굳은 것이다.
  ㉰ 폼을 밑으로 내리듯이 떼줘야 연장한 아크릴이 손상되지 않는다.
⑥ 파일링 및 모양 만들기, 샌딩하기, 큐티클 오일을 바르고 광택 파일로 마무리한다.

■ 디펜디시
아크릴릭 리퀴드나 브러시 클리너 등을 덜어 쓸 때 사용하는 용기이다.

## 3 아크릴 프렌치 스컬프처

### (1) 기본 재료

> 소독제, 네일 폼, 폴리머(내추럴 파우더, 클리어 파우더, 투명 핑크 파우더), 모노머(아크릴 리퀴드), 아크릴 브러시, 디펜디시, 더스트 브러시, 핀칭 핀셋(핀칭 텅), 핀칭 봉(C-커브 스틱)

### (2) 시술 과정

> 손 소독 → 에나멜 제거 → 큐티클 밀기 → 손톱 모양 잡기 및 에칭 주기 → 네일 폼 끼우기 → 프라이머 바르기 → 화이트 아크릴 볼 올리기 → 클리어(또는 핑크) 파우더로 볼 올리기 → 핀칭 주기 → 폼 떼기 → 파일링 및 모양 만들기 → 샌딩하기 → 마무리

① 손 소독, 에나멜 제거, 큐티클 밀기, 손톱 모양 잡기 및 에칭 주기, 네일 폼 끼우기, 프라이머 바르기는 기존 시술과 동일하다.
② **화이트 아크릴 볼 올리기**
  ㉮ 화이트 프리에지를 만들 때 브러시 중간 부분으로 화이트 볼을 가볍게 두드리면서 고르게 펴준다.

㉰ 전체적으로 라인을 만들어 주고 양 사이드 선과 평행이 되도록 스마일 라인을 형성한다.
㉱ 마지막으로 브러시 끝부분으로 선명한 라인을 완성한다.
③ **클리어(또는 핑크) 파우더로 볼 올리기** : 클리어(또는 핑크) 파우더로 네일 베드 부분을 채워주며 하이 포인트를 만들어 준 후 전체적으로 쓸어 내려준다.
④ **핀칭 주기** : 아크릴이 완전히 굳기 전에 사이드 부분을 양쪽 엄지손가락으로 프리에지 부분에 핀칭한다.(아크릴 원톤 스컬프처와 동일)
⑤ **폼 떼기**
㉮ 아크릴이 완전히 건조됐다면 폼을 조심스럽게 떼어내 준다.
㉯ 브러시대로 두들겨 봤을 때 맑은소리가 나면 굳은 것이다.
⑥ 파일링 및 모양 만들기, 샌딩하기, 큐티클 오일을 바르고 광택 파일로 마무리한다.

# Lesson 12 인조 네일 보수

## 1 팁 네일 보수

(1) 팁 네일 보수 개요
① 잦은 손의 사용과 손톱의 성장으로 인해 1~2주에 한 번씩은 보수를 받아야 오래 유지가 된다.
② 새로 자란 자연 손톱과 네일 팁과의 턱을 제거하고 글루나 젤글루, 필러로 보수 해준다. 마무리는 샌딩 으로 표면을 매끈하게 해준다.

(2) 제거 방법
① 인조 네일 제거 방법에는 제거 전용 니퍼로 팁을 뜯어내거나 아세톤 등으로 녹이는 방법이 있다.
② 주로 아세톤으로 녹인 후 남은 여분을 제거 전용 니퍼로 자연 손톱에 손상이 되지 않도록 주의하면서 뜯어낸 후 파일과 샌딩으로 표면을 매끈하게 해준다.

## 2 랩 네일 보수

(1) 랩 네일 보수 개요
① 랩 네일을 시술받고 2주가 지나면 손톱의 성장과 손의 잦은 사용으로 랩이 손상된다.
② 이때 알맞은 보수 작업을 해주어 처음과 같은 깨끗한 손톱을 유지하여 주고 손톱이 부서지거나 깨지는 것을 방지하여야 한다.

(2) 랩 네일 상태에 따른 화장물 제거 및 보수작업
① **랩 턱 갈고 → 표면 샌딩** : 자연 손톱이 손상되지 않도록 주의하며 랩 턱과 표면을 갈아주고, 표면을

매끄럽게 샌딩해 준다.

② 글루 → 젤 글루 바르기
　㉮ 손톱 전체에 글루를 도포하고 그 위에 젤 글루를 발라 준다.
　㉯ 글루 1회와 젤 글루 1회 정도가 적당하다.

③ **샌딩하기** : 샌딩 블럭으로 표면을 매끄럽게 다듬어 준다.

### 3 아크릴 및 젤 네일 보수

(1) 아크릴 네일의 보수와 제거

① 1~2주에 한 번씩은 보수를 받아야 오래 유지가 된다.

② 리프팅을 방치하게 되면 몰드와 곰팡이 같은 질환이 발생한다.

③ 제거 시에는 솜에 아세톤을 묻혀 아크릴 위에 얹은 후 포일로 감아 10~15분 뒤에 우드스틱으로 긁어서 제거해 준다.(포일로 감싸는 이유는 아세톤은 휘발성이고 피부의 체온으로 열을 발생해서 팁을 녹여주기 때문이다.)

(2) 젤 네일의 보수와 제거

① 1~2주에 한 번씩은 보수를 받아야 오래 유지가 된다.

② 제거 시에는 속 오프를 해주거나 파일링, 드릴 머신을 사용해 준다.

③ 젤 전용 제거 리무버도 있으며 보통은 100% 퓨어 아세톤으로 제거한다.

## Lesson 13 네일 화장물 적용 마무리

### 1 일반 네일 및 인조 네일 폴리시 마무리

(1) 일반 네일 폴리시 잔여물 정리 및 건조

자연건조, 네일 드라이기 또는 에나멜 건조 스프레이 등을 사용하여 건조한다.

(2) 인조 네일 잔여물 정리 및 광택

① 인조 네일이 완전히 건조되면 큐티클 오일을 인조 네일 앞뒤로 발라준다.

② 샤이너나 3-way 파일을 이용해 표면에 광택을 낸다.

③ 탑 젤을 적용해 광택과 볼륨감을 준다.

④ 시술이 끝난 후 사용한 도구는 반드시 소독하고, 기구는 알코올로 닦는다.

## 2 젤 네일 폴리시 마무리

(1) 젤 네일의 마무리 방법

① **탑 젤 사용하기**
   ㉮ 탑 젤은 젤 네일의 마지막 과정에 광택을 더해주고 볼륨감을 주기 위해 도포하는 네일 화장물이다.
   ㉯ 탑 젤을 도포한 후 큐어링을 통하여 완벽하게 경화하도록 하며, 탑 젤 사용 후 젤 클린저를 사용하여 도포된 미경화 젤을 제거할 수 있다.

② **광택 내기**
   ㉮ 샌딩 파일 또는 샌딩 블럭을 사용하며, 일반적으로 광택을 내는 경우에는 사용하는 광택용 파일은 연마제가 없으며, 400그릿 이상의 파일이다.
   ㉯ 젤 네일의 경우에는 탑 젤 사용으로 광택 파일을 사용하지 않기도 하지만 광택 파일을 사용하는 경우 그 효과를 더할 수 있다.

③ **오일 사용하기**
   ㉮ 오일은 라놀린 식물성 오일, 비타민 A, 비타민 E 등으로 구성되어 있다.
   ㉯ 네일 미용에서 오일은 코팅 효과로 큐티클과 주변 피부의 건조 방지나 리무버에 의한 건조를 방지할 수 있다.

④ **네일 화장물 도포하기**
   ㉮ 고객의 요구에 따라 네일 화장물을 도포할 수 있다.
   ㉯ 네일 폴리시, 젤 폴리시, 아트 등으로 마무리할 수 있다.

(2) 큐어링

① **큐어링 시간** : 30초~1분
② 램프별로 또는 램프 제조사 별로 큐어링 시간이 조금씩 차이가 있다. 확인 후 정해진 시간만큼 큐어링 해준다.
③ 시술이 끝난 후 사용한 도구는 반드시 소독하고, 기구는 알코올로 닦는다.

> ■ 큐어링 시간
> • 큐어링 시간이 **짧은** 경우 : 덜 굳는다.
> • 큐어링 시간이 긴 경우 : 젤 네일이 깨지거나 손상된다.

# 공중보건

CHAPTER 06

## Lesson 01 공중보건학 기초

### 1 공중보건학의 개념

(1) 공중보건학의 개요

① 공중보건학의 정의 및 목표
　㉮ 윈슬로우(Winslow)에 따르면 공중보건학은 체계적인 지역사회의 노력을 통하여 질병을 예방하고 수명을 연장하며, 신체적·정신적 효율을 증진시키는 기술 과학으로 정의된다.
　㉯ 특히 체계적인 지역사회의 노력으로 환경위생, 감염병 관리, 개인위생에 관한 보건교육, 예방적 치료, 의료 및 간호서비스의 조직화, 생활수준의 적합화를 위한 사회적 기반의 개발을 포함해야 한다고 강조한 바 있다.

② 공중보건의 범위
　㉮ 환경관리 분야 : 환경위생, 식품위생, 환경오염, 산업보건
　㉯ 질병관리 분야 : 감염병관리, 역학, 기생충 관리, 성인병 관리
　㉰ 보건관리 분야 : 보건행정, 보건교육, 의료보장제도, 영유아 보건, 가족계획 등

(2) 공중보건의 목적과 대상

① 공중보건의 목적
　㉮ 질병예방
　㉯ 수명(생명)연장
　㉰ 신체적, 정신적 건강 및 효율의 증진

② 공중보건학의 대상
　개인이 아닌 지역사회의 인간집단, 더 나아가 국민전체를 대상으로 한다.

### 2 건강과 질병

(1) 건강의 정의와 수준

① 세계보건기구(WHO)의 건강의 정의
　건강이란 '단지 질병이 없거나 허약의 부재상태만을 뜻하는 것이 아니라 신체적, 정신적 및 사회

적으로 완전히 안녕한 상태'라고 정의하였다.
② **건강의 수준**
㉮ 종합건강지표 : 비례사망지수, 평균수명, 보통 사망률이 사용된다.
㉯ 특수건강지표 : 영아 사망률, 감염병 사망률이 사용된다.
㉰ 보건봉사활동지표 : 의료봉사자수 및 병상수 등의 평가지표가 이용된다.

(2) 질병의 개념과 예방
① **질병의 개념**
㉮ 인체의 조직 또는 기관에 이상이 생겨 정상적인 생리기능을 하지 못하는 상태를 질병이라고 한다.
㉯ 질병은 인간의 연령, 병에 대한 저항력, 영양상태, 생활습관 등과 같은 병원체의 균형이 깨어짐으로 생기는 것으로, 인체의 저항력이 높고 영양상태가 좋을 때는 병원균이 침범하더라도 병이 발생하지 않는다.
② **질병 예방 단계**
㉮ 1차 예방(질병 발생 전 단계) : 환경개선, 건강관리, 예방접종 등
㉯ 2차 예방(질병 감염 단계) : 조기검진, 건강검진, 악화방지 및 치료 등
㉰ 3차 예방(불구 예방 단계) : 재활 및 사회복귀, 적응 등

## 3 인구보건 및 보건지표

(1) 인구보건
① **양적문제 및 질적문제**
㉮ 양적문제
  ㉠ 3P : 인구(Population), 공해(Pollution), 빈곤(Poverty)
  ㉡ 3M : 기아(Malnutrition), 질병(Morbidity), 사망(Mortality)
㉯ 질적문제 : 열성 유전인자의 전파와 역도태 작용, 연령별, 성별, 계층별간의 인구구성 등의 문제를 일으킨다.
② **인구 연령별 구성형태**
㉮ 피라미드형(증가형) : 유소년층이 큰 비중을 차지하는 형으로 출생률과 사망률이 모두 높은 다산다사의 저개발국가나 출생률이 높고 사망률이 낮은 다산소사의 개발도상국에서 나타나는 구성형태
㉯ 종형(정체형) : 출생률과 사망률이 모두 낮은 형으로 노령화 현상에 따른 노인복지 문제가 대두된다.
㉰ 방추형(감소형) : 사망률은 낮고 평균수명이 길어지지만 출생률이 낮아 인구가 줄어드는 감소형으로 항아리형이라고도 하며, 현재 우리나라의 경우가 해당된다.
㉱ 도시형(유입형) : 출생 및 사망 이외에 지역간 인구이동에 의해 나타나는 형태이며, 생산연령 인구가 유입되는 형태로 별형이라고도 한다.

㉰ 농촌형(유출형) : 도시형과 반대로 생산연령 인구가 유출되는 형태로 호로형 또는 표주박형이라고도 한다.

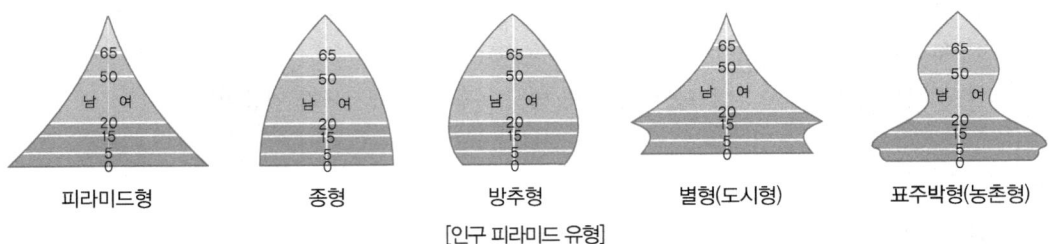

[인구 피라미드 유형]

피라미드형 　 종형 　 방추형 　 별형(도시형) 　 표주박형(농촌형)

(2) 보건지표

① 보건 및 건강지표의 개념적 차이
　㉮ 보건지표의 정의 : 여러 단위 인구집단의 건강상태 뿐만 아니라 이에 관련되는 보건정책, 의료제도, 의료자원 등 여러 내용의 수준이나 구조 또는 특성을 설명할 수 있는 광의의 수량적 개념이다.
　㉯ 건강지표의 정의 : 개인이나 인구집단의 건강수준이나 특성을 설명하는 수량적 내용으로 협의의 개념이다.

② 보건 수준 평가의 지표
　㉮ 비례사망지수 : 전체 사망자수에 대한 50세 이상의 사망자수의 구성 비율로 수치가 높을수록 사망자 중 고령자수가 많다는 것을 의미한다.
　㉯ 평균수명 : 생명표상에서 생후 1년 미만(0세) 아이의 기대여명을 말한다.
　㉰ 조사망률 : 인구 1,000명당 1년간의 발생 사망자수 비율로 보통사망률 또는 일반사망률이라고도 한다.
　㉱ 영아사망률 : 출생아 1,000명당 1년간 생후 1년 미만 영아의 사망자수 비율로 한 국가의 건강수준을 나타내는 가장 대표적인 지표로 사용된다.

$$\text{영아사망률} = \frac{\text{연간 생후 1년 미만 사망자 수}}{\text{연간출생아 수}} \times 1{,}000$$

# Lesson 02 질병관리

## 1 역학

(1) 역학의 정의 및 범위

① 역학이란 특정 인구집단이나 특정 지역에서 환경유해인자로 인한 건강피해가 발생하였거나 발생할 우려가 있는 경우에 질환과 사망 등 건강피해의 발생 규모를 파악하고 환경유해인자와 질환 사이의 상관관계를 확인하여 그 원인을 규명하기 위한 활동을 말한다.(환경보건법)

② 역학은 감염성질환 및 비감염성질환 모두를 포함하여 연구한다.

(2) 감염병의 유행양식 및 역학 현상

### ① 감염병의 유행양식
- ㉮ 지역의 유행양식 : 범세계적 유행, 전국적 유행, 지방적 유행
- ㉯ 질병의 유행형태 : 다발적 유행, 산발적 유행, 현성 유행, 불현성 유행

### ② 역학의 4대 현상
- ㉮ 순환 변화 : 3~4년을 주기로 발생하는 감염병(홍역, 백일해, 유행성뇌염)
- ㉯ 추세 변화 : 10~15년을 주기로 발생하는 감염병(장티푸스, 디프테리아 등)
- ㉰ 계절적 변화 : 1년을 주기로 발생하는 감염병(여름 : 소화기계, 겨울 : 호흡기계)
- ㉱ 불규칙 변화 : 외래 전파에 의한 감염병(인플루엔자, 콜레라, 페스트, 황열 등)

## 2 감염병 관리

(1) 감염병 발생원인과 발생단계

### ① 감염병 발생의 3대 요인
- ㉮ 병인(Agent) : 질병을 일으키는 데 필요한 요소로 세균, 바이러스, 곰팡이, 기생충 등의 생물학적 인자와 대기, 수질오염, 화학물질, 냉·과열 등의 물리화학적 인자 그리고 정서적 및 정신적 긴장과 관습 등의 사회적 인자가 있다.
- ㉯ 숙주(Host) : 감염병은 숙주 개인이 병인에 대한 저항성 혹은 면역성을 갖고 있다면 발생되지 않는다. 즉, 숙주란 병원체의 기생으로 영양물질의 탈취 및 조직손상 등을 당하는 생물을 말한다.
- ㉰ 환경(Environment) : 질병 발생에 영향을 미치는 외적 요인이다. 물리적 요인, 사회경제적 요인, 생물학적 요인에 의해 질병의 발생이 결정된다.

### ② 감염병 발생단계(생성 과정)
감염병이 발생되는 과정에는 일반적으로 다음과 같은 6개 요인이 반드시 연쇄적으로 상호관계가 유지됨으로써 생성(병원체 → 병원소 → 병원소로부터 병원체의 탈출 → 병원체의 전파 → 신숙주에의 침입 → 숙주의 감수성 및 면역성)되며, 이 중 어느 한 가지라도 성립되지 못하면 감염병의 전파가 발생되지 않는다.

### ③ 병원체

| 병원체 | 소화기계 | 호흡기계 | 피부점막계 |
|---|---|---|---|
| 세균<br>(Bacteria) | 장티푸스, 파라티푸스, 콜레라, 파상열, 세균성 이질 | 결핵, 나병, 디프테리아, 성홍열, 백일해, 수막구균성, 수막염, 폐렴 등 | 매독, 임질, 연성하감, 파상풍, 야토병, 페스트 등 |
| 바이러스<br>(Vrus) | 소아마비, 간염 등 | 두창, 인플루엔자, 홍역, 유행성이하선염 등 | AIDS, 트라코마, 일본뇌염, 광견병, 황열 등 |
| 리케차 | Q열 | Q열 | 발진티푸스, 발진열, 양충병<br>(쯔쯔가무시병) |
| 원충류 | 아메바성 이질 | – | 말라리아 |

④ 병원소
  ㉮ 인간병원소
    ㉠ 회복기 보균자(발병 후 보균자) : 병에 걸린 후 치료가 되었으나 병원균이 몸 안에 남아있는 보균자를 말한다.
    ㉡ 잠복기 보균자(발병 전 보균자) : 병원체에 감염되었으나 병의 증상이 없는 보균자를 말한다.
    ㉢ 건강 보균자 : 병원체에 감염된 증상이 없이 몸안에 병원균을 가지고 있어 병원체를 배출하는 사람으로 감염병 관리에 있어 가장 관리가 어렵다.
  ㉯ 동물병원소
    ㉠ 동물이 감염된 질병 중에서 2차적으로 인간 숙주에게 감염되어 질병을 일으킬 수 있는 감염원으로 작용하는 경우를 말한다.
    ㉡ 소(살모넬라), 돼지(일본뇌염), 개(공수병), 쥐(쯔쯔가무시병)
  ㉰ 토양 : 파상풍이 대표적인 질병이다.

⑤ 감수성 지수(접촉감염지수)
  ㉮ 감수성이 있다는 것은 숙주에 침입한 병원체에 대항하여 감염 또는 발병을 막을 수 있는 능력이 안 되는 상태를 말한다.
  ㉯ 질병별 감수성 지수 : 두창·홍역(95%) 〉 백일해(60~80%) 〉 성홍열(40%) 〉 디프테리아(10%) 〉 폴리오(유행성소아마비, 0.1%)

⑥ 병원소로부터 병원체의 탈출
  ㉮ 호흡기 계통으로 탈출 : 대화, 기침, 재채기를 통해 전파(폐결핵, 폐렴, 백일해, 홍역, 수두, 천연두 등)
  ㉯ 소화기 계통으로 탈출 : 위 장관을 통한 탈출로 분변이나 토사물에 의해 탈출(이질, 콜레라, 장티푸스, 소아마비 등)
  ㉰ 비뇨·생식기 계통으로 탈출 : 소변이나 분비물을 통해 탈출
  ㉱ 개방병소로 탈출 : 상처 또는 발병부위에서 병원체가 직접 탈출(농양, 피부병 등)
  ㉲ 기계적 탈출 : 모기, 이, 벼룩 등의 흡혈성 곤충에 의한 탈출 또는 주사기 등을 통한 탈출(발진티푸스, 발진열, 말라리아 등)

> ■ 발생률과 유병률
> 만성 감염병은 발생률이 낮고 유병률이 높으나, 급성 감염병은 발생률이 높고 유병률이 낮다.

(2) 감염병의 종류 및 전파
  ① 감염병의 종류
    ㉮ 소화기계 감염병 : 장티푸스, 콜레라, 세균성이질, 폴리오(유행성소아마비), 유행성간염, 파라티푸스 등
    ㉯ 호흡기계 감염병 : 디프테리아, 홍역, 백일해, 천연두(두창), 풍진, 성홍열, 결핵, 수두, 유행성이하선염 등

- ㉲ 동물매개 감염병 : 공수병(광견병), 탄저병, 페스트(흑사병), 파상열(브루셀라), 발진티푸스, 말라리아, 유행성일본뇌염 등
- ㉳ 만성 감염병 : 결핵, 나병(한센병, 문둥병), 성병(매독), AIDS(후천성면역결핍증), B형간염, 임질 등

② **직접전파와 간접전파**
- ㉮ 직접전파
  - ㉠ 병원체가 전파체 없이 숙주에서 다른 숙주로 접촉이나 기침, 재채기 등에 의해 전파되는 것을 말한다.
  - ㉡ 성병, 결핵, 홍역, 파상풍, 탄저, 렙토스피라증, 사상균증, 구충증 등
- ㉯ 간접전파
  - ㉠ 병원체와 숙주간에 밀접한 관계없이 중간매체를 통해 숙주에게 전파되는 경우이며, 대부분이 세균감염이다.
  - ㉡ 간접전파가 일어나기 위해서는 병원체가 병원소 밖에서 어느 기간 동안 생활할 수 있는 능력이 있어야 하며, 병원체를 운반하는데 필요한 매개체가 있어야 한다.

(3) **면역과 질병**
① **면역의 분류**
- ㉮ 선천성 면역 : 종족, 인종, 풍토, 개인 등에 따른 차이
- ㉯ 후천성 면역(능동면역)
  - ㉠ 자연능동면역 : 감염병에 감염된 후 성립되는 면역
  - ㉡ 인공능동면역 : 예방접종 후 생성된 면역
- ㉰ 수동면역(피동면역)
  - ㉠ 자연수동면역 : 모체 면역, 태반 면역
  - ㉡ 인공수동면역 : 혈청제제(백신 등) 접종 후 얻게되는 면역

② **백신의 종류와 질병**
- ㉮ 생균 백신 : 홍역, 결핵, 황열, 폴리오(소아마비), 탄저, 두창, 공수병(광견병) 등
- ㉯ 사균 백신 : 콜레라, 백일해, 장티푸스, 파라티푸스, 일본뇌염 등
- ㉰ 순화독소(toxoid) : 디프테리아, 파상풍 등

③ **감염 경로에 따른 감염병의 분류**
- ㉮ 직접 접촉 : 매독, 임질
- ㉯ 간접 접촉
  - ㉠ 비말 감염 : 기침이나 재채기에 의해 감염되는 것(디프테리아, 인플루엔자, 성홍열)
  - ㉡ 진애 감염 : 먼지에 의해 감염되는 것(결핵, 천연두, 디프테리아)
- ㉰ 개달물 감염 : 의복, 수건에 의해 감염(결핵, 트라코마, 천연두)
- ㉱ 수인성 감염 : 이질, 콜레라, 파라티푸스, 장티푸스
- ㉲ 음식물 감염 : 이질, 콜레라, 파라티푸스, 장티푸스, 소아마비, 유행성간염

ⓑ 절족동물(해충) 감염
  ㉠ 이 : 발진티푸스, 재귀열
  ㉡ 모기 : 일본뇌염, 황열(말레이), 말라리아, 사상충증, 뎅구열
  ㉢ 벼룩 : 페스트, 재귀열, 발진열
  ㉣ 바퀴 : 콜레라, 장티푸스, 이질, 소아마비
  ㉤ 파리 : 파라티푸스, 이질, 콜레라, 결핵, 장티푸스, 디프테리아
  ㉥ 쥐 : 재귀열, 발진열, 페스트, 서교증, 와일씨병, 유행성출혈열
ⓐ 토양감염 : 파상풍

④ **잠복기를 갖는 감염병**
  ㉮ 1주일 이내 : 콜레라(호열자), 이질, 성홍열, 뇌염(유행성일본뇌염), 파라티푸스, 황열, 디프테리아, 인플루엔자(겨울독감)
  ㉯ 1~2주일 : 발진티푸스, 백일해, 홍역, 두창(천연두), 풍진, 유행성이하선염(볼거리), 장티푸스, 수두, 폴리오(소아마비, 급성회백수염)등
  ㉰ 잠복기가 긴 감염병 : 나병(한센병, 문둥병), 결핵, 공수병(광견병) 등은 잠복기가 특히 길다.

> **감염병의 잠복기**
> 잠복기가 가장 긴 감염병은 결핵이며, 가장 짧은 감염병은 콜레라이다.

(4) 법정감염병과 인수공통감염병
  ① **법정감염병의 종류**
    ㉮ 제1급 감염병
      ㉠ 정의 : 생물테러감염병 또는 치명률이 높거나 집단 발생의 우려가 커서 발생 또는 유행 즉시 신고하여야 하고, 음압격리와 같은 높은 수준의 격리가 필요한 감염병
      ㉡ 종류 : 에볼라바이러스병, 마버그열, 라싸열, 크리미안콩고출혈열, 남아메리카출혈열, 리프트밸리열, 두창, 페스트, 탄저, 보툴리눔독소증, 야토병, 신종감염병증후군, 중증 급성호흡기증후군(SARS), 중동호흡기증후군(MERS), 동물인플루엔자 인체감염증, 신종인플루엔자, 디프테리아
    ㉯ 제2급 감염병
      ㉠ 정의 : 전파가능성을 고려하여 발생 또는 유행 시 24시간 이내에 신고하여야 하고, 격리가 필요한 감염병
      ㉡ 종류 : 결핵, 수두, 홍역, 콜레라, 장티푸스, 파라티푸스, 세균성이질, 장출혈성대장균 감염증, A형간염, 백일해, 유행성이하선염, 풍진, 폴리오, 수막구균 감염증, b형헤모필루스인플루엔자, 폐렴구균 감염증, 한센병, 성홍열, 반코마이신내성황색포도알균(VRSA) 감염증, 카바페넴내성장내세균속균종(CRE) 감염증, E형간염

㉓ 제3급 감염병
  ㉠ 정의 : 그 발생을 계속 감시할 필요가 있어 발생 또는 유행 시 24시간 이내에 신고하여야 하는 감염병
  ㉡ 종류 : 파상풍, B형간염, 일본뇌염, C형간염, 말라리아, 레지오넬라증, 비브리오패혈증, 발진티푸스, 발진열, 쯔쯔가무시증, 렙토스피라증, 브루셀라증, 공수병, 신증후군출혈열, 후천성면역결핍증(AIDS), 크로이츠펠트-야콥병(CJD) 및 변종크로이츠펠트-야콥병(vCJD), 황열, 뎅기열, 큐열(Q열), 웨스트나일열, 라임병, 진드기매개뇌염, 유비저, 치쿤구니야열, 중증열성혈소판감소증후군(SFTS), 지카바이러스 감염증, 매독
㉔ 제4급 감염병
  ㉠ 정의 : 제1급 감염병부터 제3급 감염병까지의 감염병 외에 유행 여부를 조사하기 위하여 표본감시 활동이 필요한 감염병
  ㉡ 종류 : 인플루엔자, 회충증, 편충증, 요충증, 간흡충증, 폐흡충증, 장흡충증, 수족구병, 임질, 클라미디아감염증, 연성하감, 성기단순포진, 첨규콘딜롬, 반코마이신내성장알균(VRE) 감염증, 메티실린내성황색포도알균(MRSA) 감염증, 다제내성녹농균(MRPA) 감염증, 다제내성아시네토박터바우마니균(MRAB) 감염증, 장관감염증, 급성호흡기감염증, 해외유입기생충감염증, 엔테로바이러스감염증, 사람유두종바이러스 감염증

② **인수공통감염병**
  ㉮ 정의 : 인수공통감염병이란 감염병 가운데 사람과 사람 이외의 동물 사이에서 동일한 병원체에 의해서 발생하는 질병이나 감염상태를 말한다.
  ㉯ 인수공통감염병의 종류
    ㉠ 결핵 : 소
    ㉡ 공수병(광견병) : 개
    ㉢ 페스트 : 쥐
    ㉣ 탄저 : 양, 소, 말, 돼지
    ㉤ 살모넬라 : 고양이, 돼지, 쥐
    ㉥ 돈단독, 선모충, 일본뇌염, 유구조충 : 돼지
    ㉦ 페스트, 발진열, 와일씨병, 양충병, 서교증 : 쥐
    ㉧ 야토병 : 산토끼
    ㉨ 파상열(브루셀라) : 돼지, 양, 개, 사람(열병), 동물(유산)
    ㉩ 황열 : 원숭이

■ 검역감염병의 검사기간
다음의 검역감염병 검사기간은 다음의 시간을 초과할 수 없다.
• 콜레라 : 120시간
• 페스트, 황열 : 144시간

### 3 기생충 질환관리

(1) 기생충 관리

① 기생충의 종류
  ㉮ 선충류 : 회충, 요충, 편충, 구충, 동양모양선충, 사상충, 아니사키스충 등
  ㉯ 흡충류 : 간흡충, 폐흡충, 요꼬가와흡충(횡천흡충), 이형흡충 등
  ㉰ 조충류 : 유구조충, 무구조충, 광절열두조충, 만손열두조충 등
  ㉱ 원충류 : 이질아메바원충, 말라리아원충 등

② 기생충 질환의 예방대책
  ㉮ 위생상태의 개선 : 파리, 모기 등을 구제하고 위생관리를 철저히 하도록 한다.
  ㉯ 식생활 개선 : 수육, 어육의 생식을 금하도록 해야 하며, 요리한 기구를 위생적으로 청결하게 보관하도록 해야 한다.
  ㉰ 소독 실시 : 음식물의 가열소독 및 냉동처리 등으로 기생충 질환을 예방할 수 있으며, 야채를 씻을 때 염소 소독된 상수를 사용하는 것이 기생충 질환을 예방하는 데 바람직하다.

(2) 숙주와 기생충

① 채소류 매개 기생충 및 질환
  ㉮ 회충 : 분변으로 탈출한 회충 수정란이 감염형이 되어 오염된 야채, 불결한 손, 파리의 매개로 오염된 음식물을 통해 경구침입을 한다.
  ㉯ 구충 : 인체의 소장에 기생하면서 감염 4~7주 후 산란을 해서 분변으로 배출되며 자연환경에서 부화한다.
  ㉰ 요충 : 성숙한 충란이 불결한 손이나 음식물을 통해 경구침입하여 소장 상부에서 맹장에 이르러 성충이 된다.
  ㉱ 말레이 사상충 : 매개체인 모기가 감염자의 혈류에서 사상충의 자충을 흡혈하고 2~3주 후 말라리아형으로 되어 건강인을 흡혈할 때 감염시킨다.

② 어패류 매개 기생충(중간숙주가 2개인 기생충)

| 기생충 | 제1중간숙주 | 제2중간숙주 |
| --- | --- | --- |
| 간흡충(간디스토마) | 다슬기류 | 민물고기 |
| 폐흡충(폐디스토마) | 두창, 인플루엔자, 홍역, 유행성 이하 선염 등 | 가재, 게 |
| 요꼬가와흡충(횡천흡충) | 다슬기류 | 민물고기 |
| 유극악구충 | 물벼룩 | 민물고기 |
| 긴촌충(광절열두조충) | 물벼룩 | 반 민물고기 |
| 아니사키스 | 크릴새우 등 바다갑각류 | 해산어류 |

③ **육류 매개 기생충(중간숙주가 1개인 기생충)**
  ㉮ 무구조충(민촌충) : 소 → 사람
  ㉯ 유구조충(갈고리촌충) : 돼지 → 사람
  ㉰ 선모충 : 돼지, 개 → 사람
  ㉱ 톡소플라스마 : 돼지, 개, 고양이, 생달걀 → 사람
  ㉲ 만소니열두조충 : 닭 → 사람

■ 중간숙주와 기생충
• 중간숙주가 없는 기생충 : 회충, 구충, 요충, 편충 등(매개식품은 주로 채소)
• 사람이 중간숙주 구실을 하는 기생충 : 말라리아병원충

## 4 성인병 관리와 정신보건

(1) 성인병 관리

① **동맥경화와 심장병**
  ㉮ 동맥경화 : 혈관에 지방, 콜레스테롤, 중성지방 등이 침착되어서 혈관의 내경이 좁아져 탄력성을 잃어 혈액의 운반이 원활하게 일어나지 못하게 되는 병명을 말한다.
  ㉯ 위험인자 : 연령, 성, 유전, 체질, 비만증, 내분비이상, 경구용 피임제 복용, 스트레스, 운동부족 등이 있다. 그 중 고지혈증, 고혈압, 흡연은 동맥경화를 유발시키는 3대 요인 이다.
  ㉰ 예방 : 과도한 스트레스, 과로, 자극을 피하고 규칙적인 생활습관을 가지며 채소, 과일을 많이 섭취하고 동물성 지방은 제한하며, 적절한 운동을 통하여 적절한 체중을 유지한다.

② **고혈압**
  ㉮ 고혈압 : 성인의 경우 최고혈압 150~160mmHg 이상, 최저혈압 90~95mmHg 이상을 고혈압으로 보고 있다.
  ㉯ 원인 : 신장질환, 대혈관의 변화, 호르몬 이상에 의한 질환이나 극도의 정신불안이나 긴장상태에서 유래한다고 볼 수 있다. 그밖에 과도한 지방섭취, 운동부족 등 잘못된 생활습관으로 인하여 고혈압이 생기기도 한다.
  ㉰ 예방 : 채식 위주의 식사와 소식, 동물성 지방을 제한하고, 콜레스테롤은 고혈압을 진행시키는 원인이므로 콜레스테롤을 많이 함유한 식품을 제한하며, 식염을 1일 1g 이상은 섭취하지 않도록 제한하는 것이 중요하다.

③ **뇌졸중**
  ㉮ 뇌졸중 : 머리 속의 뇌동맥이상으로 혈관이 파괴되어 발생한다. 파괴부위에 따라 말을 못하거나 손발을 못쓰게 된다.
  ㉯ 원인 : 고혈압, 동맥경화, 협심증, 술, 짠 음식, 과로와 스트레스, 흡연 등이다.
  ㉰ 예방 : 뇌졸중의 원인이 되는 고혈압, 당뇨병, 심장병의 예방이 중요하다. 콜레스테롤이 많은 음식, 단 음식, 식염이 많은 음식의 섭취 제한, 규칙적인 운동 등도 매우 중요하다.

④ 당뇨병
  ㉮ 당뇨병 : 췌장에서 분비되는 인슐린의 부족에 의해 생기는 대사장애로 당뇨병은 혈액 중의 포도당 수치가 지나치게 높은 것이다.
  ㉯ 원인 : 인체의 혈당을 조절하는 인슐린의 분비가 감소되거나 조직에서 인슐린의 작용이 저하되어 고혈당과 요당을 나타낸다.
  ㉰ 예방 : 정상 체중 유지를 위해 식생활 및 운동 등의 관리를 생활화하고 조기 발견, 조기 치료가 중요하다.

⑤ 암
  ㉮ 암 : 정상세포와 달리 비정상적인 세포가 성장·증식하여 조직을 파괴하고, 원발부위에서 다른 부위로 이전하여 그 조직을 파괴시키는 질환을 말한다.
  ㉯ 원인 : 흡연, 음주, 자외선, 잘못된 식생활습관, 오염된 공기 등을 원인으로 본다.
  ㉰ 예방 : 비타민 C, 비타민 E 등을 비롯한 항산화제 섭취, 동물성 지방은 피하고 채소와 과일을 많이 섭취, 규칙적인 적절한 운동과 더불어 과음, 과식, 흡연, 과도한 자외선 노출과 과도한 스트레스를 피하도록 한다.

(2) 정신보건
  ① 정신보건의 개념
    ㉮ 심리적 안녕과 정신질환의 개념을 모두 포함하는 광의의 개념이다.
    ㉯ 정신보건은 개인의 정신적 장애를 예방하고 치료하여 개인은 물론 사회를 정신적으로 건강하게 유지·증진시키는 데 목적이 있다.
  ② 정신보건사업의 목표
    ㉮ 정신장애를 예방한다.
    ㉯ 건전한 정신 기능의 유지를 증진시킨다.
    ㉰ 정신병을 조기에 발견한다.
    ㉱ 치료자의 사회복귀를 돕는 일을 실현한다.
  ③ 정신질환의 종류
    ㉮ 정신분열증 : 청소년기에 많이 발생하는 정신병의 일종으로 환청, 망상 등의 증세를 주로 보인다.
    ㉯ 조울병 : 우울, 희열과 같은 인간의 내적 기분상태에 지속적으로 장애가 일어나는 병을 말한다.
    ㉰ 진성간질 : 경련발작, 정신발작, 불쾌증을 수반하는 정신질환이다. 원인은 알코올 중독증, 뇌막염, 매독감염 등에 의한 외적 요인에 의한 경우가 많다.
    ㉱ 인격장애 : 유전적, 체험, 기질적, 심리적, 사회문화적 요인 등이 모두 관여하는 것으로 편집성 인격장애는 모든 것을 의심하며, 어떤 상황에서도 사람과 환경에 대하여 경계하고 의심한다.
    ㉲ 신경증 : 노이로제라고 더 알려진 것으로, 정신적 원인에 의해 일어나는 정신적 또는 신체적 이상 증상을 일으키는 질병이다.
    ㉳ 정신박약 : 선천적 또는 생후 비교적 조기에 중추신경계에 장애를 받아 그로 인해 지능발달이 항구적으로 저지되어 있는 상태를 말한다.

④ 정신보건 관리
  ㉮ 지역사회 정신보건
    ⊙ 일정 지역 내의 인구집단을 대상으로 정신장애의 예방과 정기 건강증진을 위하여 정신건강 전문가들에 의해 행해지는 활동을 말한다.
    ⊙ 지역사회보건의 방향은 예방과 조기발전, 조기치료 및 사회복귀이다.
  ㉯ 예방정신보건
    ⊙ 1차 예방 : 새로운 환자의 발생을 감소시키는 예방활동이다.
    ⊙ 2차 예방 : 효과적인 조기조정을 통하여 장애의 기간을 단축시키는 활동이다.
    ⊙ 3차 예방 : 장기적인 합병증을 예방하고 만성 정신질환의 합병증을 감소시키는데 주된 목표를 둔다.

# Lesson 03 가족 및 노인보건

## 1 가족보건

(1) 모자보건과 가족계획

① **모자보건의 목적과 대상**
  ㉮ 모자보건의 목적과 분류 : 모성의 생명과 건강을 보호하고 건전한 자녀의 출산과 양육을 도모함으로써 국민보건향상에 기여함을 목적으로 하며, 분만보호, 산전보호, 산욕보호 모성보건과 영유아보건으로 나뉜다.
  ㉯ 모자보건의 대상 : 임신, 출산, 육아를 담당하는 모성집단과 출생, 성장, 발달이라는 일련의 성숙과정을 거치는 어린이 집단을 대상으로 한다.

② **가족계획의 의의와 필요성**
  ㉮ 가족계획의 의의 : 가족계획은 원치 않는 아이의 출산을 방지하는 것이다.
  ㉯ 가족계획의 필요성 : 모체의 건강상태, 경제력, 자녀 터울 등을 고려하여 임신의 시기를 조절하여 우수하고 튼튼한 자녀를 갖도록 해야 한다.
  ㉰ 모자보건의 3대 사업 : 분만보호, 산전보호, 산욕보호

(2) 모성의 주요 질병과 이상

① **임신중독증**
  ㉮ 임신 8개월 이후에 주로 발생하고, 임산부 사망의 최대 원인이 되며, 유산, 조산, 사산 등의 주요 원인이며, 또한, 임신중독증에 따른 미숙아 출생률이 높다.
  ㉯ 부종, 고혈압, 단백뇨의 3가지가 임신중독증의 3대 증상이 되고 경련, 태반조기박리, 폐수종 등을 수반하는 증후군을 말한다.

② **자궁외 임신**
　㉮ 자궁외 임신의 대부분은 난관 임신이며, 난소 및 복강 임신이 있을 수도 있다.
　㉯ 임신의 원인은 임균성 및 결핵성 난관염이나 인공유산 후의 염증 등이 원인이 되는 경우가 다수이며, 난관 및 자궁파열 등에 의해 출혈과 극심한 하복통을 수반하는 것이 특징이다.

■ **영유아와 신생아**
- 영유아 : 출생 후 6년 미만인 사람
- 신생아 : 출생 후 28일 이내의 영유아

## 2　노인보건

### (1) 노인보건의 목적과 중요성

① **노인보건의 목적**
　㉮ 65세 이상 노인에게 적합한 각종 운동프로그램을 통하여 신체적 기능상태를 제고시킨다.
　㉯ 노인에게 적합한 건강검진사업을 통하여 신체적 및 정신적 기능상태의 하락, 위험요소를 조기에 발견, 제거시킴으로써 전반적인 건강수준을 제고시킨다.

② **노인보건의 중요성**
　㉮ 고령화 사회로의 진입
　㉯ 노인인구의 증가에 따라 노화의 기전이나 유전적 조절 등에 관한 관심 고조
　㉰ 노인인구의 급증에 따라 만성, 비감염성 질환의 비중이 점차 증가
　㉱ 국민 총 의료비의 관점이나 개인의 관점에서 볼 때 의료비가 현저하게 증가

### (2) 노화와 질병예방

① **노화의 정의화 특성**
　㉮ 노화의 정의 : 연령이 증가함에 따라 발생하는 점진적인 구조적 변화로서 궁극적으로는 사망을 초래하는 것
　㉯ 노화의 특성 : 보편성, 내인성, 점진성, 쇠퇴성

② **노인의 질병예방**
　㉮ 1차 예방 : 상담, 예방접종 및 화학적 예방이 있으며, 흡연, 신체적 비 활동, 영양, 음주 및 사고예방, 구강검진, 우울증 등에 대하여 실시한다.
　㉯ 2차 예방 : 선별과 치료가 주요 요소이다. 선별은 문진에 의한 확인, 이학적 검사에 의한 확인 및 선별검사에 의한 확인이 있다.
　㉰ 3차 예방 : 노인재활의 가장 중요한 목적은 일상생활 활동에 있어 잃었던 독립성을 다시 획득하는 것이다.

# Lesson 04 환경보건

## 1 환경보건의 개요

(1) 환경보건의 정의와 개념

① **환경보건의 정의**

환경보건이란 환경오염과 유해화학물질 등(환경유해인자)이 사람의 건강과 생태계에 미치는 영향을 조사·평가하고 이를 예방·관리하는 것을 말한다.

② **환경오염과 유해화학물질**

㉮ 환경오염 : 사람의 활동에 따라 발생되는 대기오염, 수질오염, 토양오염, 해양오염, 방사능오염, 소음·진동, 악취, 일조방해 등으로서 사람의 건강이나 환경에 피해를 주는 상태를 말한다.

㉯ 유해화학물질 : 유독물, 관찰물질, 취급제한물질 또는 취급금지물질, 사고대비물질, 그밖에 유해성 또는 위해성이 있거나 그러할 우려가 있는 화학물질을 말한다.

(2) 환경위생의 정의와 분류

① **환경위생의 정의(WHO)**

인간의 신체발육, 건강 및 생존에 유해한 영향을 미치거나 미칠 가능성이 있는 인간의 물리적 생활환경에 있어서의 모든 요소를 통제하는 것이다.

② **환경위생의 분류**

㉮ 자연적 환경 : 공기, 토지, 광선, 물, 음향 등
㉯ 생물학적 환경(생리적 환경) : 설치류, 모기, 파리 등의 위생해충 등
㉰ 사회적 환경
　㉠ 인위적 환경 : 의복, 식생활, 주거위생 등
　㉡ 사회적 환경 : 정치, 경제, 종교, 교육, 문화예술 등

## 2 대기환경

(1) 공기의 조성과 유해성분

① **공기의 조성**(0℃, 1기압 하에서)

| 성분 | 질소($N_2$) | 산소($O_2$) | 아르곤(Ar) | 이산화탄소($CO_2$) | 기타 |
|---|---|---|---|---|---|
| 함유비율 | 78% | 21% | 0.93% | 0.03% | 0.04% |

② **구성 성분**

㉮ 산소($O_2$)
　㉠ 호흡에 가장 중요하며 성인 1일 산소 소비량은 500~700ℓ 정도이다.

ⓒ 산소의 양이 10% 이하가 되면 호흡곤란, 7% 이하가 되면 질식사한다.
ⓓ 산소가 결핍된 상태에서는 저산소증이, 고농도 상태에서는 산소중독증이 발생한다.
㉯ 질소($N_2$)
ⓐ 공기 중 가장 많은 양을 차지(78%)하고 있다.
ⓑ 정상기압 하에서 인체에 피해는 없지만, 고압환경에서 감압시 잠함병(잠수병)을 유발하게 된다.
㉰ 이산화탄소($CO_2$)
ⓐ 실내공기 오염의 지표로 위생학적 허용한계는 0.1%(=1,000ppm) 정도이다.
ⓑ 실내에 사람의 밀집도가 높아질수록 $CO_2$는 증가한다.
ⓒ $CO_2$가 7% 이상이면 호흡곤란을 유발하며, 10% 이상이면 질식사하게 된다.

③ 공기의 유해성분
㉮ 군집독
ⓐ 실내에 다수인이 밀집해 있을 때 공기의 물리적·화학적 변화($CO_2$의 증가)에 의해 초래된다.
ⓑ 주요 증상으로 불쾌감, 권태감, 현기증 등의 생리적 이상현상 등이 있다.
㉯ 일산화탄소(CO)
ⓐ 물체의 불완전 연소 시 발생하는 무색, 무취, 무미, 무자극성 가스이다.
ⓑ 헤모글로빈(Hb)과의 친화성이 산소에 비하여 높아 조직 내 산소결핍증을 초래한다.
ⓒ 일산화탄소의 최고 허용한도는 8시간을 기준으로 0.01%(100ppm)이며, 0.1% (1,000ppm) 이상이면 생명이 위험해진다.
㉰ 아황산가스($SO_2$)
ⓐ 중유의 연소 시 다량 발생하며 도시 공해의 주범(자동차 배기가스)이다.
ⓑ 실외 공기오염(대기오염)의 지표로 사용된다.
ⓒ 식물의 고사(농작물 피해), 호흡기계 점막의 염증, 호흡곤란 등을 유발시키고 금속을 부식시킨다.

(2) 일광
① 자외선(태양광선의 약 5%)
㉮ 파장 범위 200~400nm(2,000~4,000Å)
㉯ 260nm(2,600Å) 부근의 파장인 경우 살균작용이 가장 강함
㉰ 비타민 D 형성을 촉진시켜 구루병을 예방
㉱ 피부의 홍반, 색소침착 및 피부암 유발
㉲ 신진대사 촉진, 적혈구생성 촉진, 혈압강하 작용
② 가시광선(태양광선의 약 34%)
㉮ 망막을 자극하여 인간에게 색채와 명암을 부여
㉯ 파장 범위 400~700nm(4,000~7,000Å)

③ 적외선(열선, 태양광선의 약 52%)
　㉮ 지상에 복사열을 주어 온실효과와 백내장, 일사병 등을 유발
　㉯ 3부분 중 파장이 가장 길며, 파장 범위는 780nm(7,800Å) 이상

> **기온역전현상**
> - 대기층의 온도는 100m 상승 때마다 1℃ 정도 낮아지나, 상부기온이 하부기온보다 높을 때 발생한다.
> - 기온역전일 때 대기오염이 크게 나타나며, 예로 LA스모그, 런던스모그 등이 있다.

(3) 기후
　① 기온(온도)
　　㉮ 100m 상승시 약 1℃씩 낮아지며, 지상 1.5m에서의 건구온도를 측정
　　㉯ 쾌감온도 : 18±2℃
　　㉰ 일교차 : 내륙 > 해안 > 산림지대
　　㉱ 연교차 : 한대 > 온대 > 열대
　② 기습(습도)
　　㉮ 인체에 쾌적한 습도는 40~70%이며, 습도가 높으면 피부질환, 낮을 때는 호흡기질환에 잘 걸림
　　㉯ 상대습도(비교습도, 일반적인 습도) = $\dfrac{\text{절대습도(현 공기중에 함유된 수증기량)}}{\text{포화습도(현 기온하에서 함유된 수증기량)}} \times 100$
　③ 기류(공기의 흐름)
　　㉮ 무풍 : 0.1m/sec
　　㉯ 불감기류 : 0.2~0.5m/sec로 실내나 의복 내에 항상 존재하며 인체 신진대사 촉진
　　㉰ 쾌감기류 : 1m/sec
　④ 복사열
　　㉮ 대류를 통해서 열이 전달되지 않고, 열이 직접 이동하는 것
　　㉯ 거리의 제곱에 비례해서 온도가 감소
　　㉰ 측정은 흑구온도계로 15~20분간 측정

> **기후의 3요소와 4대 온열인자**
> - 기후의 3요소 : 기온, 기습, 기류
> - 4대 온열인자 : 기온, 기습, 기류, 복사열

(4) 불쾌지수와 체온 조절
   ① 불쾌지수(D.I)
      ㉮ 정의 : 습도와 온도의 영향에 의해서 인체가 느끼는 불쾌감을 숫자로 표시
      ㉯ 불쾌지수 정도
         ㉠ 불쾌지수 70 이하 : 10%의 사람이 불쾌감 느낌
         ㉡ 불쾌지수 75 이하 : 50%의 사람이 불쾌감 느낌
         ㉢ 불쾌지수 80 이하 : 거의 모든 사람이 불쾌감 느낌
         ㉣ 불쾌지수 85 이하 : 견딜 수 없는 상태
   ② 체온조절
      ㉮ 체온의 정상범위 : 36.1~37.2℃
      ㉯ 지적온도
         ㉠ 주관적 지적온도 : 감각적으로 가장 쾌적하게 느끼는 온도
         ㉡ 생산적 지적온도 : 생산 능률을 가장 많이 올릴 수 있는 온도
         ㉢ 생리적 지적온도 : 최소의 에너지 소모로 최대의 생리적 기능을 발휘할 수 있는 온도

## 3 수질환경

(1) 수질환경의 개요
   ① 인체와 물(수분)
      ㉮ 물은 인체의 주요 구성성분으로 체중의 약 2/3(60~70%)가 물로 구성되어 있다.
      ㉯ 성인 1일 필요량은 2.0~2.5ℓ이다.
      ㉰ 체내 수분을 10% 상실하면 생리적으로 이상이 발생하며, 20% 이상 상실하면 생명이 위험해진다.
   ② 물의 경도
      ㉮ 경수(센물) : 칼슘, 마그네슘 등이 다량 함유된 물로 비누거품이 잘 일어나지 않는다.
      ㉯ 연수(단물) : 칼슘, 마그네슘 등의 함량이 적은 물로 비누거품이 잘 일어난다.

(2) 물의 보건적 문제
   ① 수인성 감염병
      ㉮ 물을 통해 감염되는 질병을 말한다.
      ㉯ 장티푸스, 파라티푸스, 세균성이질, 아메바성이질, 콜레라, 유행성간염 등이 해당된다.
   ② 수인성 감염병의 특징
      ㉮ 환자의 발생이 폭발적이다.
      ㉯ 감염병 유행지역과 음료수 사용지역이 일치한다.
      ㉰ 계절, 성별, 나이에 관계없이 발생한다.

㉻ 시간이 지나면 영양원의 부족, 잡균과의 생존경쟁, 일광의 살균작용, 온도의 부적당 등의 원인으로 수중에서 병원체의 수가 감소한다.
㉼ 2차 감염에 의한 환자발생률이 낮다.

(3) 상·하수도
① 상수도
㉮ 상수 처리과정 : 취수 → 침사 → 침전 → 여과 → 소독 → 급수
㉯ 물의 정수작용 : 희석작용, 침전작용, 살균작용, 자정작용
㉰ 소독 : 염소($Cl_2$), 오존($O_3$), 자외선, 브롬($Br_2$), $I_2$, Ag, 표백분 등을 사용
  ㉠ 염소 소독의 장점 : 소독력이 강함, 방법이 간편, 가격 저렴, 잔류성이 큼
  ㉡ 염소 소독의 단점 : 냄새가 남, 독성물질(THM)을 생성
② 하수도
㉮ 하수 처리방법 : 예비처리 → 본처리 → 오니처리
  ㉠ 예비처리 : 침사법, 침전법
  ㉡ 본처리 : 혐기성 분해처리, 호기성 분해처리
  ㉢ 오니처리 : 육상투기, 소각처리, 사상건조법, 소화법
㉯ 하수 처리방식
  ㉠ 합류식 : 생활하수와 천수(눈 또는 비)를 같이 처리
  ㉡ 분류식 : 생활하수와 천수를 따로 처리
  ㉢ 혼합식 : 생활하수와 천수의 일부를 같이 처리

(4) 수질 오염 지표 및 오물처리
① 수질 오염 지표
㉮ 생물학적 산소요구량(BOD) : 호기성 상태에서 세균이 유기물질을 20℃에서 5일간 안정화시키는 데 소비한 산소량
㉯ 용존 산소(DO) : 물에 녹아있는 유리산소
㉰ 화학적 산소요구량(COD) : 수중에 함유된 유기물질을 강력한 산화제로 화학적으로 산화시킬 때 소모되는 산소의 양
㉱ 부유물질(SS) : 유기와 무기의 물질을 함유한 고형물
② 오물처리
㉮ 분뇨의 처리 : 완전 부숙 기간은 여름 1개월, 겨울은 3개월
㉯ 진개(쓰레기)의 처리
  ㉠ 2분법 : 주개와 잡개를 나누어 처리하는 방법으로 가정에서 처리하는 방법이다.
  ㉡ 매립법 : 땅에 묻는 방법으로 진개의 두께가 2m을 초과하지 않고, 복토의 두께는 60cm~1m가 적당하다.
  ㉢ 소각법 : 가장 위생적이나 대기 오염의 원인, 비용이 비싸다.

ⓔ 비료화법(고속 퇴비화) : 음식물 처리에 가장 효과적인 방법으로 화학 분해하여 퇴비로 다시 사용하는 방법이다.

> **BOD와 DO**
> - BOD가 높고 DO가 낮을 경우 : 오염된 물
> - BOD가 낮고 DO가 높을 경우 : 깨끗한 물
> - BOD 측정온도와 기간 : 20℃에서 5일간

## 4 주거 및 의복환경

### (1) 주거환경

① 냉방 및 난방
　㉮ 실내온도 18±2℃(16~20℃), 습도 40~70% 정도를 유지할 수 있도록 냉·난방한다.
　㉯ 냉방과 난방
　　㉠ 냉방 : 실내온도가 26℃ 이상일 때 필요하며, 외부와의 온도차는 5~7℃ 이내가 적당
　　㉡ 난방 : 목표 온도는 18~22℃, 환기와 습도조절(40~70%)이 필요

② 채광 및 조명
　㉮ 채광을 위한 창의 조건
　　㉠ 남향이 가장 밝고 채광시간이 길다.
　　㉡ 일반적으로 거실 바닥면적의 1/5~1/7 이상(15~20%), 벽면적의 70%가 적당하다.
　　㉢ 거실 안쪽의 길이는 바닥면에서 창틀 상단까지 길이의 1.5배 이하로 한다.
　　㉣ 입사각은 28° 이상, 개각은 4~5° 이상이 되도록 한다.
　㉯ 인공조명
　　㉠ 직접조명 : 광원이 직접비치는 것으로 조명효율이 크고 경제적이나 현휘를 일으키며 강한 음영으로 불쾌감을 준다.
　　㉡ 간접조명 : 광원을 다른 곳에 반사시키는 것으로 조명효율이 낮고, 설비의 유지비가 많이 든다.
　　㉢ 반간접조명 : 직접조명과 간접조명의 절충식이다.

> **중성대(neutral zone)**
> - 들어오는 공기는 하부로, 나가는 공기는 상부로 이루어지는데, 그 중간에 압력이 0인 지대를 말한다.
> - 중성대가 높은 위치에 형성될수록 환기량이 크며, 중성대는 방의 천장 가까이에 있는 것이 좋다.

(2) 의복환경

① **의복의 일반적 조건**
㉮ 기후(온도, 습도, 기류 등) 조절력이 양호할 것
㉯ 감촉이 좋고 활동에 적합할 것
㉰ 쉽게 더럽혀지지 않을 것
㉱ 세탁이 용이할 것
㉲ 가볍고 외력에 대한 방어력이 있을 것

② **의복의 위생적 조건**
㉮ 함기성 : 함기량이 많으면 많을수록 열전도율이 적어져서 보온력이 커진다.
㉯ 보온성 : 열전도율이 적은 것이 보온성이 크며, 함기량이 많고 통기량이 적은 것이 보온성이 크다.
㉰ 통기성 : 기공의 다소와 대소에 따라 좌우되며, 함기량, 직물의 조직, 두께, 풀먹임, 건습상태 등에 의해서도 달라진다.
㉱ 흡수성 : 내의나 양말과 같이 직접 피부에 닿는 의복재료는 적당한 흡수성이 있어야 한다.
㉲ 압축성 : 의복의 단위면적에 일정한 힘을 가했을 때 그 부피를 축소할 수 있는 성능을 말한다.
㉳ 흡습성 : 공기중에 수증기를 흡수하는 성질로 화학섬유, 목면, 마직, 견직, 모직의 순으로 크다.
㉴ 내열성 : 열에 대하여 가장 약한 것은 화학섬유이고 목면, 마직, 모직의 순으로 강해져 견직물이 가장 강하다.
㉵ 오염성 : 목면이 오염되기 쉽고, 모직이나 견직물은 잘 오염되지 않는다.

# Lesson 05 식품위생과 영양

## 1 식품위생의 개념

(1) 식품위생의 개요

① **식품위생의 정의와 목적**
㉮ 식품위생의 정의
㉠ 세계보건기구(WHO)의 정의 : 식품위생이란 식품원료의 재배, 생산, 제조로부터 유통과정을 거쳐 최종적으로 사람에게 섭취되기까지의 모든 수단에 대한 위생을 말한다.
㉡ 우리나라 식품위생법상의 정의 : 식품위생이란 식품, 식품첨가물, 기구 또는 용기·포장을 대상으로 하는 음식에 관한 위생을 말한다.
㉯ 식품위생의 목적
㉠ 식품으로 인한 위생상의 위해를 방지
㉡ 식품 영양의 질적 향상 도모
㉢ 식품에 관한 올바른 정보를 제공함으로써 국민보건의 향상과 증진에 기여

② 식품의 변질

| 종류 | 설명 |
|---|---|
| 부패 | 주로 식품 중의 단백질 성분이 미생물에 의하여 분해되어 악취가 나고 인체에 유해한 물질이 생성되는 현상 |
| 변패 | 단백질 이외의 성분, 즉 탄수화물이나 지방이 미생물에 의하여 분해되는 현상으로 이 경우 유해물질이 생기는 일이 비교적 적다. 발효도 일종의 변패에 해당함 |
| 발효 | 탄수화물이 미생물의 분해 작용을 받아서 유기산, 알코올 등이 생기는 현상으로 이는 식생활에 유용함 |
| 산패 | 유지가 산화되어 불쾌한 냄새가 나고 빛깔이 변하는 현상 |

(2) 식중독

① **식중독의 개요**

㉮ 식중독의 정의
  ㉠ 식중독이란 일반적으로 세균 및 유독, 유해물질이 첨가 또는 오염된 식품섭취로 인하여 얻은 질병들에 대한 총칭으로서, 급성 위장염을 주 증상으로 하는 건강장애를 말한다.
  ㉡ 증상은 일반적으로 두통, 복통, 설사, 구토 등을 주된 증상으로 하지만 때로는 호흡마비, 극도의 탈수 증상을 일으키는 경우도 있다.

㉯ 식중독의 분류

| 대분류 | 중분류 | 소분류 | 원인균 및 물질 |
|---|---|---|---|
| 미생물 | 세균성 | 감염형 | 살모넬라, 장염비브리오균, 병원성대장균, 캠필로박터, 여시니아, 리스테리아 모노사이토제네스, 바실러스 세레우스 |
| | | 독소형 | 황색포도상구균, 클로스트리디움 보툴리눔, 클로스트리디움 퍼프린젠스(웰치균) 등 |
| | 바이러스성 | 공기·접촉·물 등의 경로로 감염 | 노로바이러스, 로타바이러스, 아스트로바이러스, 장관아데 노바이러스, 간염 A 바이러스, 간염 E 바이러스 등 |
| 화학물질 | 자연독 | 동물성 자연독 | 어, 섭조개, 대합, 모시조개, 굴, 바지락 |
| | | 식물성 자연독 | 감자(눈), 독버섯, 독미나리, 청매 |
| | | 곰팡이 독소 | 황변미독, 맥각, 아플라톡신 등 |
| | 화학적 | 유해물질 중독 | 식품첨가물, 잔류농약, 유해성 금속화합물, 지질의 산화생성물, 니트로소아민 |
| | | 조리기구·포장에 의한 중독 | 녹청(구리), 납, 비소 등 |
| | | 기타 물질 | 메탄올 등 |

④ 식중독의 특징
  ㉠ 급격히 집단적으로 발병한다.
  ㉡ 발생지역이 국한되어 있다.
  ㉢ 여자보다 활동성이 강한 남자에게 많이 발생한다.
  ㉣ 주로 여름철에 많이 발생한다.
⑤ 세균성 식중독과 소화기계 감염병의 차이

| 구분 | 세균성 식중독 | 소화기계(경구) 감염병 |
|---|---|---|
| 발생 원인 | • 오염된 음식물의 섭취로 발생<br>• 다량의 균이나 독소에 의해 발생 | • 오염된 음식물 및 음용수에 의해 경구감염<br>• 적은 양의 균으로 발생 |
| 특징 | • 잠복기가 짧고, 2차 감염이 없음 | • 잠복기가 비교적 길고, 2차 감염이 있음 |
| 면역성 | • 면역성 없음 | • 면역성 있음 |

② **주요 세균성 식중독**
  ㉮ 살모넬라 식중독
    ㉠ 병원소 및 감염원 : 쥐, 파리, 바퀴, 가축, 닭, 오리
    ㉡ 원인식품 : 식육류나 그 가공품, 어패류, 달걀, 우유 및 유제품
    ㉢ 잠복기 : 8~48시간(균종에 때라 다양)이며, 발병률은 75% 이상이나 사망률은 낮음
    ㉣ 증상 : 구역질, 구토, 복통, 설사, 두통, 급격한 발열(38~40℃), 3~4주 관절염증상
    ㉤ 예방 : 도축장의 위생검사 철저, 환자의 식품 취급 금지, 식육류의 안전보관과 저온보존(균의 증식 방지), 식품의 저장 장소, 조리장 등에 방충방서시설 설치(파리 및 서족 구제 철저), 식품은 먹기 전에 반드시 가열 처리한다. 보균자의 색출 등이 중요
  ㉯ 장염비브리오 식중독
    ㉠ 원인세균 : 해수세균으로 3%의 식염농도에서 잘 자람
    ㉡ 원인식품 : 어패류(70%)와 그 가공품, 2차로 오염된 도시락, 야채 샐러드 등
    ㉢ 잠복기 : 평균 12시간
    ㉣ 증상 : 오한, 두통, 급성위장증세, 구토, 복통, 설사, 발열(37.5~38.5℃)
    ㉤ 예방 : 장염비브리오는 열에 약하고 담수에 의하여 사멸하므로 식품의 가열 및 깨끗한 수돗물에 의한 세정, 7~9월(3개월간) 어패류의 생식을 피함, 조리기구와 행주 등의 위생적 처리
  ㉰ 클로스트리디움 퍼프린젠스(웰치균) 식중독
    ㉠ 원인세균 : 주로 A형과 C형이 식중독 유발
    ㉡ 원인식품 : 육류, 어패류
    ㉢ 잠복기 : 8~12시간
    ㉣ 증상 : 심한 설사, 복통
    ㉤ 예방 : 100℃에서 1~4시간 가열해도 견디기 때문에, 식품저장 시 급속냉동하여 저온에서 보관하거나 60℃ 이상에서 보존

- ㉣ 병원성 대장균 식중독
  - ㉠ 원인세균 : 병원성 대장균, 장관침습성 대장균, 독소원성 대장균, O-157($H_7$인 장관출혈성 대장균 등)
  - ㉡ 잠복기 : 12~72시간(균종에 따라 다양)
  - ㉢ 감염경로 : 영유아에 대하여 병원성이 강하며, 이질과 같이 사람에게서 사람으로 감염되므로 영아원이나 병원(산부인과)에서는 극히 위험
  - ㉣ 증상 : 급성위장증세로 설사, 복통, 두통, 발열
  - ㉤ 예방 : 음식물의 가열섭취, 생육과 조리된 음식의 구분 보관, 조리기구 구분 사용으로 2차 오염 방지
- ③ 주요 독소형 식중독
  - ㉮ 포도상구균 식중독
    - ㉠ 원인세균 : 동물, 사람, 환경 등 주위에 널리 분포하고 있으며, 건강한 피부에도 존재. 균이 생성하는 장독소는 엔테로톡신(enterotoxion)에 의한 식중독이며, 균은 열에 약하나 독소인 엔테로톡신은 120℃에서 20분간 처리해도 파괴되지 않음
    - ㉡ 원인식품 : 우유, 유제품, 어육, 곡류 및 가공품, 김밥, 도시락
    - ㉢ 잠복기 : 1~5시간(평균 3시간)으로 가장 짧음
    - ㉣ 증상 : 급성위장염으로 구토, 복통, 설사
    - ㉤ 예방 : 식품의 오염방지와 깨끗한 조리법 실시, 저온에서 보존, 화농성 질환자의 식품취급 및 조리금지 등
  - ㉯ 보툴리누스 식중독
    - ㉠ 원인균 : A, B, E, F 형이 있으며 그 중 A형이 가장 치명적으로 독소는 뉴로톡신(80℃에서 30분 안에 파괴, 신경독소)
    - ㉡ 원인식품 : 통조림 식품, 진공포장된 식품(소시지, 햄 등)
    - ㉢ 잠복기 : 8~36시간
    - ㉣ 증상 : 현기증, 두통, 신경장애 등이며 심한 경우 호흡곤란으로 사망(치사율 30~70%)
    - ㉤ 예방 : 통조림 등은 가열 조리하여 섭취하고 4℃ 이하에서 저온보관
- ④ 자연독 식중독
  - ㉮ 동물성 식중독의 종류와 독소
    - ㉠ 복어 중독 독소 : 테트로도톡신
    - ㉡ 굴, 바지락, 모시조개 중독 : 베네루핀
    - ㉢ 마비성조개 중독(검은조개, 섭조개) : 삭시톡신
  - ㉯ 식물성 식중독의 종류와 독소
    - ㉠ 독버섯 중독 : 무스카리딘, 팔린, 아마니타톡신, 무스카린, 필지오린
    - ㉡ 감자 : 독소 : 솔라닌
    - ㉢ 청매 : 아미그달린
    - ㉣ 독미나리 : 시큐톡신
    - ㉤ 맥각 : 에르고톡신

⑤ **화학적 식중독**
　㉮ 유해성 중금속에 의한 식중독
　　㉠ 납(Pb) : 용기, 기구, 조리기구에 의한 중독이 많으며 만성중독과 급성중독이 있다.
　　㉡ 비소(As) : 비소계 살충제의 오용, 비소계 농약의 잔류, 불량한 기구·용기 등에 함유되어 있는 비소화합물의 용출 등에 의해 식품에 혼입된다.
　　㉢ 구리(Cu) : 식기, 냄비, 주전자에서 용출되거나 과수원에서 살포하는 수산화동의 부착, 황산동과 같은 착색제의 과다 사용에 의해 식품에 혼입된다.
　　㉣ 카드뮴(Cd) : 식기, 용기, 기구 등의 도금에 이용되며, 산성 식품을 오래 취급하면 용출되어 식품을 오염시킨다.
　　㉤ 수은(Hg) : 체내에 장기간 축적되어 만성중독을 일으킬 우려가 있다.
　㉯ 유기화합물에 의한 중독
　　㉠ 메틸알코올(methanol) : 두통, 현기증, 심한 복통, 설사를 하고 시신경의 위축과 실명을 일으킨다.
　　㉡ 유기살충제 : 유기염소제, 유기인제제 등이 야채, 곡류, 과실 등에 잔류·침투하여 인체에 유해한 작용을 한다. 유기염소제는 잔류성이 강하고, 유기인제제는 침투성이 강하다.
　　㉢ 용기기구포장 등에 의한 중독 : 합성수지제 식기 및 기타 기구, 용기 등의 사용으로 인해서 발생되는 중독이다. 포름알데히드, 페놀 등의 용출이 문제가 된다.

## 2 영양소

(1) **영양소의 개념**

① **영양과 영양소**
　㉮ 영양 : 사람이 생명을 유지하고 생활하기 위한 물리적인 현상을 말한다.
　㉯ 영양소 : 영양을 유지하기 위하여 외부로부터 섭취하여야 되는 물질을 말한다.

② **영양소의 종류**
　㉮ 3대 영양소 : 단백질, 탄수화물(당질), 지방(지질)
　㉯ 5대 영양소 : 단백질, 탄수화물, 지방, 무기질, 비타민
　㉰ 6대 영양소 : 단백질, 탄수화물, 지방, 무기질, 비타민, 물(수분)

■ 필수아미노산
- 성인에게 필요한 필수아미노산 : 8가지(이소루신, 루신, 라이신, 트레오닌, 발린, 트립토판, 페닐알라닌, 메티오닌)
- 성장기 어린이, 노인에게 필요한 필수아미노산 : 10가지(성인 필수 아미노산 8가지 + 알기닌, 히스티딘)

(2) 3대 영양소

① **단백질**
  ㉮ 단백질은 약 20종의 아미노산이 결합되어 있는 고분자 화합물로 발생열량은 1g당 4kcal이다.
  ㉯ 단백질이 부족하면 발육부진, 빈혈, 지방간 초래, 부종, 신체소모, 감염병에 대한 면역력 저하 등이 발생된다. 단백질 결핍이 심각한 경우 마라스무스증이 발생한다.
  ㉰ 단백질이 풍부한 식품으로는 두부, 계란, 된장, 콩과류, 육류, 생선 등이 있다.

② **탄수화물**
  ㉮ 탄수화물은 탄소(C), 수소(H), 산소(O)의 3원소로 구성되어 있는 중요한 열량원으로 이용률이 96%로 가장 높다.
  ㉯ 발생열량은 1g당 4kcal이며, 탄수화물이 부족하거나 소모가 끝나면 단백질이 분해되어 열량원이 되기 때문에 탄수화물은 단백질을 절약하는 작용을 한다.
  ㉰ 탄수화물이 풍부한 식품으로는 각종 곡류와 곡류 제품, 빵, 과자류, 고구마 등이 있다.

③ **지방**
  ㉮ 지방 1g당 열량은 9kcal로서 탄수화물과 단백질의 2배 이상이 된다.
  ㉯ 지방이 부족하면 빈혈, 허약, 거친 피부, 피부질병에 대한 면역력이 저하될 수도 있다.
  ㉰ 지방이 풍부한 식품으로는 버터, 식물성 오일, 육류 등이다.
  ㉱ 지방질의 작용
    ㉠ 열량원으로 체온을 유지하고, 인체를 따뜻하게 한다.
    ㉡ 피루를 부드럽게 하고 탄력성 있게 한다
    ㉢ 체내 단백질을 유지시킨다.
    ㉣ 지용성 비타민(A, D, E, K 등)을 함유, 운반한다.

(3) 비타민과 무기질

① **비타민**

| 구분 | 종류 | 결핍증 | 특징 |
|---|---|---|---|
| 지용성 | 비타민 A(레티놀) | 야맹증, 안구건조등 | • 상피 세포보호, 눈의 작용 개선<br>• 식물성 식품체는 프로비타민으로 존재 |
| | 비타민 D(칼시페롤) | 구루병 | • 칼슘과 인의 흡수 촉진<br>• 자외선에 의해 인체 내에서 합성 |
| | 비타민 E(토코페롤) | 노화촉진, 불임증 | • 항산화상, 항불임성 비타민<br>• 활성이 가장 큰 것은 α-토코페롤 |
| | 비타민 K(필로퀴논) | 혈액응고지연 | • 혈액응고에 관여(지혈작용)<br>• 장내세균에 의해 인체 내에서 합성 |
| 수용성 | 비타민 $B_1$(티아민) | 각기병 | • 탄수화물 대사작용에 필수적인 보조효소<br>• 마늘의 알리신에 의해 흡수율 증가 |
| | 비타민 $B_2$(리보플라빈) | 구순염, 구각염 | • 성장촉진과 피부점막 보호작용 |

| 구분 | 종류 | 결핍증 | 특징 |
|---|---|---|---|
| 수용성 | 비타민 B$_6$(피리독신) | 피부염 | • 항피부염 인자<br>• 단백질 대사작용과 지방 합성에 관여 |
| | 비타민 B$_{12}$(시아노코발라민) | 악성빈혈 | • 성장 촉진과 조혈작용에 관여<br>• 코발트(Co) 함유 |
| | 비타민 C(아르코르빈산) | 괴혈병 | • 체내 산화, 환원작용에 관여<br>• 조리시 가장 많이 손상됨 |
| | 나이아신(니코틴산) | 펠라그라(설사, 피부병, 우울증) | • 탄수화물의 대사작용 증진<br>• 트립토판 60mg로 1mg 합성됨 |

② **무기질**
  ㉮ 식염(NaCl) : 성인의 경우 필요량은 1일 15g 정도이지만, 발한과 탈수 시에는 그 이상으로 보충할 필요가 있다.
  ㉯ 철분(Fe)
    ㉠ 혈액의 구성성분으로서 체내 저장이 안 되므로 반드시 음식물을 통해 보충되어야 한다.
    ㉡ 간, 고기, 노른자에 특히 많이 함유되어 있으며, 1일 필요량은 성인남자 10~12mg, 10~50세 여자는 18~20mg이고, 결핍되면 빈혈증상이 나타난다.
    ㉢ 특히 임산부, 영유아, 신생아, 수유부에게 많은 양의 철분이 필요하다.
  ㉰ 인(P) : 뼈, 치아, 뇌신경의 주성분이며, 지방과 탄수화물의 에너지 대사에 관여한다.
  ㉱ 요오드(I) : 갑상선 기능을 유지시키는 작용을 한다.

## 3  영양상태 판정 및 영양장애

(1) 영양상태 판정

① **직접적 판정**
  ㉮ 주관적 판정법 : 의사의 시진이나 촉진 등의 진단에 의해 판정하는 방법으로 빈혈, 구각염, 각화증, 부종, 건반사소실, 갑상선의 변화 등 임상증상으로 판정하는 방법이다.
  ㉯ 객관적 판정법
    ㉠ 신체계측에 의한 판정법
      ⓐ Kaup 지수
        • 영·유아기로부터 학령 전반까지 적용하며 22 이상은 비만, 15 이하는 마른 아이로 판정
        • Kaup 지수 = (체중/신장$^2$) × $10^4$
      ⓑ Rohrer 지수
        • 학령기 이후의 소아에게 적용하며 160 이상은 비만, 110 이하는 마른 아이로 판정
        • Rohrer 지수 = (체중/신장$^3$) × $10^7$
      ⓒ Broca 지수
        • 성인의 비만증 판정에 사용
        • Broca 지수 = (체중/신장−100) × $10^2$

- ⓓ 비만도(obesity index, %) = (실측체중−표준체중)/표준체중 × $10^2$
- ⓔ Vervaek 지수 = (체중+흉위)/신장 × $10^2$
- ⓒ 이화학적 검사에 의한 판정
  - ⓐ 최근에는 질병상태나 영양상태의 판정을 위해서 생화학적 검사 방법이 많이 쓰여진다.
  - ⓑ 혈액 비중의 측정, 헤모글라빈 미량 정량 등으로 단백질 및 철분의 영양상태를 판정하는 등 혈액검사, 소변검사 등 미량 정량검사와 간이 정량법이 발전됨에 따라서 임상 또는 집단검사에 응용되고 있다.

② 간접적 판정
- ㉮ 기존에 있는 통계들을 수집·재분석하여 한 지역사회의 영양상태를 간접으로 판정하는 방법이다.
- ㉯ 영아 또는 1~4세 특정 연령의 사망률, 특정 감염병의 이환율, 식품의 섭취 종류 또는 양을 알아보는 식이섭취 평가 등을 판정한다.

### (2) 영양장애

#### ① 영양장애와 결핍증
- ㉮ 영양장애란 영양소의 과량섭취나 부족으로 발생되는 비만증이나 결핍증 등의 건강장애 혹은 질병 상태를 말한다.
- ㉯ 결핍증은 필요영양소의 결핍으로 발생되는 병적 상태이고, 저영양은 열량섭취 부족상태이며, 영양실조증은 영양소의 공급의 질적·양적 부족으로 나타난 불건강상태이다. 또한 기아상태는 저영양과 영양실조증이 함께 발생된 상태를 말한다.
- ㉰ 1차적 영양결핍증은 열량단백질 실조증, 골연화증, 기아상태, 식욕부진증, 구루병, 펠라그라, 괴혈병, 안구건조증, 갑상선종 등 매우 다양하다.

#### ② 열량단백질 실조증
- ㉮ 콰시오커(Kwashiorker)증 : 단백질과 무기질이 부족한 음식물을 장기적으로 섭취함으로써 발생되는 단백질 결핍현상으로, 주로 이유기 이후 어린이에게 잘 발생한다.
- ㉯ 마라스무스(Marasmus)증 : 출생 직후부터 영유아기에 모유나 인공영양의 공급이 부족하거나 비위생적인 수유로 인해서 설사가 계속되는 경우에 발생되는 현상이다.

#### ③ 비만증
- ㉮ 실측체중이 평균체중의 20%를 초과하는 경우를 비만이라 하는데, 체지방이 체중의 25% 이상이면 비만증이라 할 수 있다.
- ㉯ 비만증의 원인과 예방대책
  - ㉠ 비만증의 발생원인 : 유전적인 요인, 운동부족, 지나친 초과열량의 섭취, 내분비계의 장애, 생리적·심리적 요인 등으로 나타난다.
  - ㉡ 비만증 예방대책 : 동물성 지방을 제한하고, 식물성 지방을 충분히 그리고, 주기적으로 섭취하고 정기적인 적절한 운동과 식생활습관의 개선, 지방질과 당질의 식품을 제한하고 열량가가 적은 단백질 식품의 섭취 등이 필요하다.

# Lesson 06 보건행정

## 1. 보건행정의 정의 및 체계

(1) 보건행정의 개념과 정의, 분류

① **보건행정의 개념**
  ㉮ 지역사회 주민의 건강을 유지, 증진시키고 정신적 안녕 및 사회적 효율을 도모할 수 있도록 하기 위한 공적인 행정 활동을 말한다.
  ㉯ 즉, 국가나 지방자치단체가 주도적으로 수행하는 국민의 건강을 위한 제반활동을 말하는 것이다.

② **보건행정의 정의**
  ㉮ 행정학적 정의 : 보건 분야에 행정일반원리를 적용하여 국가 혹은 지방자치단체 등이 국민의 보건을 위한 정책을 형성, 집행, 통제 기능을 발휘하는 것이다.
  ㉯ 보건학적 정의 : 국가의 보건의료체계가 국민보건향상을 위해 효과적이고 효율적으로 인적, 물적, 제도적 제반 조건들이 작용되도록 관리하고 집행하는 기능이다.

③ **보건행정의 분류**

| 구분 | 주관 | 대상 | 담당 업무 |
|---|---|---|---|
| 일반보건행정 | 보건복지부 | 일반 주민 | 기생충질환, 각종 감염병 등에 대한 예방 대책 |
| 산업보건행정 | 고용노동부 | 산업체 근로자 | 작업환경, 산업재해예방, 근로자 복지 및 안전 관리 등 |
| 학교보건행정 | 교육부 | 학생과 교직원 | 학교보건사업, 급식, 건강교육, 학교체육 등 |

※ 보건행정은 일반행정보다 기술행정이 중심이 되는 특징이 있다.

(2) 우리나라 보건행정 체계

① **중앙보건행정조직**

| 조직명 | 역할 등 |
|---|---|
| 보건복지부 | 국민 보건과 복지 정책의 수립 및 관장 |
| 식품의약품안전처 | 식품·의약품 등의 안전관리를 위해 설립한 국무총리실 산하 행정기관 |
| 질병관리청 | 국가 감염병 연구 및 관리, 생명과학 연구, 교육훈련 기능을 수행 |
| 국립검역소 | 감염병의 국내침입 및 국외전파 방지에 관한 사무를 담당 |
| 국립의료원 | 보건복지부 산하 중앙의료원으로 환자진료와 함께 의료 수준과 의료기술 수준의 향상을 위한조사연구, 의료요원의 훈련 등의 사무를 담당 |

② **지방보건행정조직**
  ㉮ 시·도 보건 행정조직 : 복지여성국, 보건복지국 하에 의료위생복지 등의 업무 취급
  ㉯ 시·군·구 보건행정조직 : 보건소(보건행정의 대부분은 보건소를 통해 이루어지므로 비중이 큼)
  ㉰ 보건소의 주요 업무
    ㉠ 국민건강 증진, 보건교육, 구강건강 및 영양개선 사업
    ㉡ 감염병의 예방관리 및 진료
    ㉢ 모자보건 및 가족계획 사업, 노인보건사업
    ㉣ 공중위생 및 식품위생
    ㉤ 가정 및 사회복지시설 등을 방문하여 행하는 보건의료사업
    ㉥ 지역주민에 대한 진료, 건강진단 및 만성퇴행성질환 등의 질병관리에 관한 사항
    ㉦ 장애인의 재활사업 기타 보건복지부령이 정하는 사회복지사업
    ㉧ 기타 지역주민의 보건의료의 향상증진 및 이를 위한 연구 등에 관한 사업

## 2 사회보장과 국제보건기구

### (1) 사회보장

① **사회보장의 구분**
  ㉮ 사회보장은 사회보험, 공적부조 및 공공서비스로 대별할 수 있다.
  ㉯ 사회보험은 소득보장과 의료보장으로 구분되며, 공적부조는 기초생활보장(생활보호)와 의료급여로 나누어지고, 공공서비스는 사회복지서비스와 보건의료서비스로 구분할 수 있다.

② **사회보험, 공적부조, 공공서비스의 비교**

| 구분 | 사회보험 | 공적부조 | 공공서비스 |
| --- | --- | --- | --- |
| 대상 | 전 국민 | 저소득층 | 보호가 필요한 국민 |
| 재원 | 보험료 | 조세 | 기부금, 국가 보조금 |
| 주관부서 | 국가 | 시·군·구 | 국가 또는 사회복지 단체 |
| 정책사례 | 연금, 실업보험, 산재보험, 고용보험 | 의료보호, 거택보호, 시설보호, 생활보호, 교육보호 등 | 상수도 사업, 보건의료서비스, 노인복지, 장애인복지, 아동복지, 부녀복지 등 |

### (2) 국제보건기구

① **국제공중보건사무국**
  ㉮ 감염병 예방을 위하여 1851년 파리에서 지중해 연안 125개국이 모여 국제적인 협력의 필요성을 논의하였으며, 그 후 제 11차 회의가 로마에서 열리면서 국제공중보건사무국의 출범을 결의하였고, 파리에 본부를 두고 국제보건업무를 개시하였다.

㉯ 1918년에 국제연맹이 창설되었으며 1921년에 산하조직으로 보건기구를 발족시켰다. 보건기구와 국제공중보건사무국의 업무의 중복으로 1923년에 국제연맹 보건기구에서 파리에 있는 국제공중보건사무국의 업무를 흡수하게 되었다.

② **범미보건기구**

㉮ 미주 국제회의가 1889년 워싱턴에서 개최되었고 1902년 멕시코의 제2차 회의에서 범미위생국을 창설하였다.

㉯ 그 후 1924년 국제연맹 보건기구의 지역사무처로 되었다가, 1949년에 PAHO는 세계보건기구와 협력을 체결하여 범미보건기구는 세계보건기구의 미주지역기구 역할을 하기로 하였다.

③ **세계보건기구(WHO : World Health Organization)**

㉮ 1946년 샌프란시스코 회의에서 국제연합헌장이 기초될 때 국제보건기구의 필요성이 인정되어 1946년 6월 19일부터 7월 22일까지 뉴욕에서 61개국의 대표가 참석하여 개최된 국제보건회의 의결에 의하여 UN 헌장 제 57조를 근거로 세계보건기구 헌장을 기초하여 서명하였으며, 1948년 4월 7일에 그 효력을 발생하게 되어 세계보건기구가 정식으로 출범하게 되었다.

㉯ 세계보건기구는 UN의 경제사회 이사회 전문기관의 하나로 탄생하였으며, 우리나라는 1949년 8월 17일 65번째로 가입하였으며, 북한은 1973년 5월 19일에 138번째 회원국으로 가입하였다.

㉰ 세계보건기구의 본부는 스위스의 제네바에 두고, 세계를 6개 지역으로 나누어 지역사무소를 두어 운영하고 있다. 우리나라는 서태평양 지역에, 북한은 동남아시아 지역에 소속되어 있다.

㉱ 세계보건기구는 국제보건사업의 지휘 및 조정, 회원국에 대한 지원 및 자료 제공, 전문가 파견으로 기술자문 활동 등을 수행한다.

# CHAPTER 07 소독

## Lesson 01 소독의 정의 및 분류

### 1 용어와 소독기전

(1) 소독관련 용어정의

| 분류 | 설명 |
|---|---|
| 멸균 | 병원성 또는 비병원성 미생물 및 포자를 가진 것을 전부 사멸 또는 제거하는 것을 말한다. |
| 살균 | 생활력을 가지고 있는 미생물을 여러 가지 물리적·화학적 작용에 의해 급속하게 죽이는 것을 말한다. 멸균과 달리 내열성 포자는 잔존하게 된다. |
| 소독 | 사람에게 유해한 미생물을 파괴시켜 감염의 위험성을 제거하는 비교적 약한 살균작용으로 세균의 포자에까지는 작용하지 못한다. |
| 방부 | 병원성 미생물의 발육과 그 작용을 제거하거나 정지시켜서 음식물의 부패나 발효를 방지하는 것을 말한다. |

(2) 소독기전과 소독약의 구비조건

① **소독(살균)기전**
  ㉮ 산화작용 : 과산화수소, 오존, 염소, 과망간산칼륨
  ㉯ 균체 단백의 응고 : 석탄산, 알코올, 크레졸, 포르말린, 승홍
  ㉰ 균체 효소의 불활성화 작용 : 알코올, 석탄산, 중금속염
  ㉱ 가수분해작용 : 강산, 강알칼리, 열탕수
  ㉲ 탈수작용 : 식염, 설탕, 알코올
  ㉳ 중금속염의 형성 : 승홍, 머큐로크롬, 질산은
  ㉴ 핵산에 작용 : 자외선, 방사선, 포르말린, 에틸렌옥사이드
  ㉵ 세포막의 삼투성 변화작용 : 석탄산, 중금속용, 역성비누 등

② **소독약의 구비조건**
  ㉮ 살균력이 강해야 한다(미량으로 효과가 클 것).
  ㉯ 물품의 부식성, 표백성이 없어야 한다.
  ㉰ 용해성이 높고, 안정성이 있어야 하며 침투력이 강해야 한다.

㉣ 경제적이고 사용방법이 간편해야 한다.
㉤ 독성이 약하여 인체에 무독해야 한다.
㉥ 식품에 사용 후에도 씻어낼 수 있어야 한다.
㉦ 냄새(방취력)가 강하지 않아야 한다.

■ 소독력의 크기
멸균 〉 살균 〉 소독 〉 방부 〉 청결

## 2 소독법의 분류와 소독인자

### (1) 소독법의 분류

| 구분 | | 내용 |
|---|---|---|
| 자연소독법 | | 희석, 태양광선, 한랭 |
| 물리적소독법 | 건열에 의한 멸균법 | 화염멸균법, 건열멸균법, 소각소독법 |
| | 습열에 의한 멸균법 | 자비소독법, 저온소독법, 유통증기소독법, 간헐멸균법, 고압증기멸균법 |
| | 무가열에 의한 멸균법 | 자외선조사, 방사선조사, 세균여과법, 초음파살균법 |
| 화학적소독법 | 가스에 의한 멸균법 | E.O(에틸렌 옥사이드), 포름알데히드, 오존 등 |
| | 기타 방법 | 알코올, 역성비누, 계면활성제, 페놀화합물, 과산화수소 등 |

### (2) 소독인자

① **병원성 미생물의 존재와 저항성**
　㉮ 소독대상 미생물은 세포조직이나 생리작용이 다르므로 미생물의 종류와 소독환경을 감안하여 적절한 소독약을 선택·사용하여야 한다.
　㉯ 소독제는 균을 직접 죽이므로 특정 미생물의 특정 소독약에 대한 내성이 없다.

② **소독약의 유효농도**
　㉮ 소독약을 많이 희석할수록 살균효과가 떨어진다.
　㉯ 적절한 유효농도를 선택하여야 살균효과가 보장된다.

③ **온도**
　㉮ 일반적으로 온도가 10℃ 상승시 소독력은 2배가 된다.
　㉯ 염소제, 요오드제, 알데하이드제제와 같은 할로겐계 소독약은 반대로 고온에서 효력이 저하된다.

④ 물의 경도
  ㉮ 경수인 경우 소독약의 효과가 저해된다.
  ㉯ 경수를 이용하여 소독약을 희석 시는 농도를 높게 하거나 연수기나 연수제를 사용하여 경수를 연수로 바꾼 후 사용하여야 한다.
⑤ 산도(pH)
  ㉮ 할로겐계와 페놀계의 소독효과는 소독대상의 pH가 강산성일수록 상승하고 알칼리(pH 5~6)으로 변하면 소독효과는 급격히 하락한다.
  ㉯ 4급 암모늄제재는 광범위한 pH 범위 내에서 소독효과를 발휘하나 알칼리에서 더욱 효력을 발휘한다.
⑥ 유기물의 존재 여부
  ㉮ 유기물은 소독약 입자를 흡착함으로써 유효농도를 떨어뜨리는 등의 작용으로 소독 효과를 저하시킨다.
  ㉯ 따라서, 소독 전에 세척을 해서 먼지나 배설물 등 불순물을 제거한 후에 소독을 실시하는 것이 좋다.

(3) 대상물에 따른 소독방법
① **배설물** : 석탄산, 크레졸, 생석회, 소각법
② **고무·피혁제품** : 포르말린수, 크레졸
③ **하수오물** : 크레졸, 생석회, 석탄산
④ **수지 및 피부** : 승홍수, 석탄산, 크레졸, 역성비누액
⑤ **금속제품** : 메탄올, 증기소독, 자비소독
⑥ **종이** : 포름알데히드

# Lesson 02 미생물 총론 및 병원성 미생물

## 1 미생물의 정의와 역사

(1) 미생물의 정의 등
  ① **미생물의 정의**
    미생물은 육안의 가시한계를 넘어선 0.1mm 이하의 크기인 미세한 생물로 조류(algae), 균류(bacteria), 원생동물류(protozoa), 사상균류(mold), 효모류(yeast)와 한계적 생물이라고 할 수 있는 바이러스(virus) 등이 이에 속한다.
  ② **병원성·비병원성·유용 미생물**
    ㉮ 병원성 미생물 : 식중독이나 각종 질병을 유발하는 병원성을 띤 미생물을 가리킨다.

㉯ 비병원성 미생물 : 공중 및 지중에 있는 병원성이 없는 미생물을 말한다.
㉰ 유용 미생물 : 술, 간장, 된장 등의 발효 식품을 만드는 미생물을 말한다.

(2) 미생물의 역사

① **생물 발생에 관한 논쟁**
  ㉮ 자연발생설 : 생물은 자연적으로 우연히 무기물로부터 발생한 것이라는 설로 그리스의 철학자인 아리스토텔레스(Aristoteles)가 주장하였다.
  ㉯ 생물속생설 : 생물이 발생하기 위해서는 반드시 그 어버이가 있어야 한다는 이론으로 이탈리아의 생물학자였던 레디(Francesco Redi)가 대조실험을 통해 처음으로 주장하였으며 이후 니담(JohnT. Needham), 파스퇴르(Louis Pasteur)의 실험을 통해 확립되었다.

② **미생물의 발견**
  ㉮ 1665년에 로버트 훅(Robert Hooke)이 복합 광학현미경을 조립하고 얇게 썬 코르크를 관찰하는데 사용하였으며, 세포(cell)라는 새로운 용어를 만들었다.
  ㉯ 안톤 반 레벤훅(Anton van Leeuwenhoeck)은 1673년에 자신이 고안한 단일 렌즈 현미경으로 살아있는 미생물을 최초로 관찰하였다.

③ **파스퇴르와 코흐의 업적**
  ㉮ 루이 파스퇴르(Louis Pasteur)
    ㉠ 면섬유 여과로 수집한 먼지 속에서 많은 세균을 증명
    ㉡ 저온멸균법, 간헐멸균법, 고압증기멸균법, 건열멸균법 등을 발견
    ㉢ 포도주와 맥주의 발효, 견사병의 병원체, 면양의 탄저병 예방법, 광견병 백신 등을 개발
  ㉯ 로버트 코흐(Robert Koch)
    ㉠ "병원균 설"을 확립하고 세균의 순수배양법을 발견
    ㉡ 결핵균, 콜레라균을 발견

## 2 미생물의 분류와 증식

(1) 미생물의 분류

① **곰팡이**(Filamentous fungi)
  ㉮ 병원성 미생물로 일부는 발효식품이나 항생물질에 유익하게 이용되며, 생육 최적온도는 0~25℃이다.
  ㉯ 종류로는 누룩곰팡이, 푸른곰팡이, 털곰팡이, 거미줄곰팡이가 있다.

② **효모**(Yeast)
  ㉮ 포도주, 메주 등의 발효 식품과 제빵에 이용되며, 세균과 공존하여 식품을 변패 시킨다.
  ㉯ 원형, 난원형, 균사형의 형태로 존재하는 단세포 생물로 발육 최적온도는 25~30℃이다.

③ **리케차**(Rickettsia)
  ㉮ 세균과 바이러스의 중간에 속하는 미생물로 운동성이 없으며, 감염병(발진티푸스, 발진열) 등의 원인이 된다.

㉯ 형태는 원형 또는 타원형으로, 2분법으로 증식하며 세균과 바이러스의 중간에 속한다.
　④ **바이러스**(Virus)
　　　㉮ 미생물 중에서 가장 작아 세균여과기로도 분리할 수 없으며, 생체세포에서만 증식한다.
　　　㉯ 생존에 필요한 물질로 핵산과 소수의 단백질만을 가지고 있어 숙주에 전적으로 의존한다.
　⑤ **균류**(Bacteria)
　　　㉮ 구균, 간균, 나선균, 대장균 등이 있으며 2분법으로 증식한다.
　　　㉯ 특히, 대장균은 식품의 위생 지표균 및 분변오염의 지표균으로 사용된다.
　⑥ **원생동물**(Protozoa)
　　　㉮ 가장 간단한 단세포 동물로 1개의 세포로 구성(이질, 아메바, 말라리아의 병원충)되어 있으며, 운동성이 있다.
　　　㉯ 분열 또는 출아에 의한 무성생식, 접합(接合)이나 배우자에 의한 유성생식을 통해 증식한다.

■ 미생물의 크기
곰팡이 > 효모 > 스피로헤타 > 세균 > 리케차 > 바이러스

(2) **미생물 증식에 영향을 주는 요인**
　① **수분**
　　　㉮ 미생물의 몸체를 구성하고 생리기능을 조절하는 성분으로 필요량은 종류에 따라 다르나 보통 40% 이상이다.
　　　㉯ 미생물 증식에 필요한 수분활성도 즉, 생육에 필요한 수분량은 세균(Aw 0.94) > 효모(Aw 0.88) > 곰팡이(Aw 0.80)이며, 일반적으로 Aw 0.6 이하에서는 미생물의 증식이 억제된다.
　② **온도**
　　　㉮ 저온균 : 저온에서 보존하는 식품에 부패를 일으키는 세균. 발육가능 온도는 0~25℃(최적온도 : 15~20℃)
　　　㉯ 중온균 : 대부분의 병원성 세균이 이에 속한다. 발육가능 온도는 15~25℃(최적온도 : 25~37℃)
　　　㉰ 고온균 : 온천수에서 서식하는 세균. 발육가능 온도는 40~70℃(최적온도 : 50~60℃)
　③ **최적 수소이온농도**(pH)
　　　㉮ 가장 높은 증식 상태를 보이는 pH를 최적 pH라 한다.
　　　㉯ 세균별 최적 pH
　　　　　㉠ 일반세균 : 약알칼리성(pH 7.0~8.0)
　　　　　㉡ 젖산균, 진균류, 결핵균 : 산성(pH 4~5)
　　　　　㉢ 콜레라균 : 알칼리성(pH 8.0~8.6)
　　　　　㉣ 곰팡이, 효모 : 약산성(pH 4.0~6.0)

④ 산소
　㉮ 호기성균 : 산소를 필요로 하는 균(곰팡이, 결핵균, 디프테리아균, 백일해균)
　㉯ 혐기성균 : 산소를 필요로 하지 않는 균
　　㉠ 통성혐기성균 : 산소가 있더라도 이용되지 않는 균(대장균, 포도상구균, 젖산균)
　　㉡ 편성혐기성균 : 산소가 있으면 생육에 지장을 받는 균(보툴리누스균, 파상풍균)

⑤ 삼투압
　㉮ 염이나 당분의 농도는 미생물 증식에 영향을 주며, 농도가 높으면 미생물로부터 수분이 빠져나와 쪼그라들며 원형질 분리(plasmolysis) 현상이 일어나 미생물이 사멸한다.
　㉯ 세균과 삼투압
　　㉠ 일반 세균 : 3% 정도의 식염 속에서는 증식 억제
　　㉡ 내염성 세균 : 식염이 거의 없어도 증식하거나 8~20% 정도의 식염농도에서도 증식
　　㉢ 호염성 세균 : 어느 정도의 식염농도가 있어야 증식

⑥ 광선 및 방사선
　㉮ 가시광선 : 많은 미생물들은 밝은 곳보다 어두운 곳에서 잘 생육하며 오히려 광선을 조사하였을 경우 사멸되기도 한다.
　㉯ 자외선
　　㉠ 자외선 조사에 의해 미생물은 변이를 일으키기도 하고 사멸되기도 한다.
　　㉡ 자외선 중에서도 핵산의 흡수대인 260nm 파장의 빛은 살균력이 가장 강하다.
　㉰ 방사선
　　㉠ 방사선은 자외선보다 파장이 더욱 짧으므로 투과력이 높고 살균작용이 있다.
　　㉡ 식품 살균에는 주로 코발트 60(Co)의 감마($\gamma$)선이 사용된다.

## 3  병원성 미생물

(1) 바이러스(Virus)

① **바이러스의 개요**
　㉮ 바이러스는 살아있는 생명체 중 가장 작은 20~300nm 크기의 병원체 균으로 세균 여과기로도 분리할 수 없다.
　㉯ 생존에 필요한 물질로 핵산과 소수의 단백질만을 갖고 있어 숙주에 의존해서는 살아간다.
　㉰ 페놀, 염소, 포르말린 등의 소독제를 이용하여 56℃ 이상의 온도에서 30분 이상 가열시 감염력을 상실하게 된다.
　㉱ 간장염, 수두, 인플루엔자, 홍역, 유행성 이하선염 그리고 감기 등의 질병을 발생시키며 기침이나 재채기 등의 접촉에 의해 다른 사람을 쉽게 감염시킬 수 있다.

② **종류와 특징**
　㉮ 동물 바이러스 : 동물 세포를 감염시키는 바이러스로 폴리오(polio)바이러스, 폭스(pox)바이러스 등이 있고 후천성면역결핍증(AIDS)이나 백혈병을 일으키는 레트로(retro)바이러스도 해당된다.

- ㉴ 식물 바이러스 : 식물 세포를 감염시키는 바이러스로 담배 잎의 모자이크병을 일으키는 토바코 모자이크(tobacco mosaic)바이러스가 대표적인 경우이다.
- ㉵ 세균 바이러스 : 세균에 침입하는 바이러스로 세균 연구 실험에 주로 이용되며 박테리오파아지(bacteriophage)라고 부른다.

### (2) 세균(Bacteria)

#### ① 세균의 개요
- ㉮ 비병원체 박테리아를 제외한 나머지 30% 정도가 병원체 박테리아로 아주 위험하며 인간의 감염과 질병의 가장 큰 원인이 된다. 미생물 또는 세균이라 불리며 살아있는 생물이나 동물의 조직에 침입하여 서식한다.
- ㉯ 번식 속도가 빠르며, 조직 속에서 유해물질을 발생시켜 질병을 확산시킨다.
- ㉰ 모양을 한 것과 막대 모양을 한 것이 있는데 둥근 모양의 세균(구균) 지름은 0.75~1.25마이크로미터이며 막대 모양은 폭이 0.5~1마이크로미터, 길이가 1.5~3마이크로미터 정도이다.

#### ② 종류와 특징
- ㉮ 구균(coccus, 구형이나 타원형인 것)
  - ㉠ 포도상구균 : 분열방향이 불규칙하여 포도송이처럼 되는 것으로 부스럼, 습진 같은 화농증을 유발하며, 건강한 피부나 비강에도 기생한다.
  - ㉡ 연쇄상구균 : 한쪽 방향으로만 분열하여 길게 연결되는 사슬모양의 구균이며 단독으로 화농증을 일으킨다.
  - ㉢ 이외에도 단구균, 쌍구균, 4연구균, 8연구균 등이 있다.
- ㉯ 간균(bacillus, 원통형 또는 막대기처럼 길쭉한 것)
  - ㉠ 쌍을 이루거나 연쇄상으로 배열하는 경우가 있는데, 이것을 연쇄상간균이라 하며 디프테리아균에서 볼 수 있다.
  - ㉡ 간균은 그 길이가 폭보다 약간 긴 것이 보통이다. 그러나, 편의상 길이가 폭의 2배 이상인 장간균, 2배 이하인 단간균으로 대별한다.
- ㉰ 나선균(spirillum, 나선형이나 꼬여 있는 코일형인 것)
  - ㉠ 외형이 가늘고 긴 것이 꼬여 있는 모양을 하고 있는데 콜레라균처럼 한번 꼬여 있는 경우도 있고 보렐리다처럼 불규칙적이고 부드러운 꼬임, 트레포네마처럼 규칙적이고 작은 꼬임 등 여러 형태를 하고 있다.
  - ㉡ 나선균은 개개의 세포가 흐트러져 있고 배열하는 경우는 거의 없다. 나선균은 나선의 정도가 불완전한데, 마치 짧은 콤마처럼 생긴 호균과 일반적으로 나선균으로 구분한다.

### (3) 리케차(Rickettsia)

#### ① 리케차의 개요
- ㉮ 세균보다는 작고 바이러스보다는 큰 짧은 막대 모양으로 구균과 같이 한 개씩 또는 쌍으로 서식한다. 절지동물에 기생 급성·열성 질환으로 발열, 피부발진, 맥관염 등 증상을 나타낸다.
- ㉯ 사람을 비롯한 가축, 고양이, 개 등에게도 감염되는 인수공통의 미생물 병원체이다.

② **종류와 특징**
- ㉮ 발진티푸스리케차(Rickettsia. prowazekii) : 유행성 발진티푸스를 유발하며 이로 매개된다.
- ㉯ 발진열리케차(R. typhi/mooseri) : 발진열을 유발하며 쥐벼룩으로 매개된다.
- ㉰ 반점열리케차(R. rickettsii) : 로키산 홍반열을 유발하며 진드기로 매개된다.
- ㉱ 지중해열리케차(R. conorii) : 부톤네즈열을 유발하여 진드기의 일종인 트롬비쿨라로 매개된다.
- ㉲ 콕시엘라부르네티(Coxiella burnetii) : Q열을 유발하는 것으로 일반적인 감염경로와 열에 대한 반응(내열성) 등이 다른 리케차병과는 상이한데, 주로 공기 또는 접촉에 의해서 감염된다.
- ㉳ 쯔쯔가무시병 리케차(R. tsutsugamushi) : 쯔쯔가무시병을 유발하며 털진드기에 의해서 감염된다.

(4) **균류(Furgi)**

① **균류의 개요**
- ㉮ 곰팡이, 효모, 버섯류 등이 진균에 포함되며 박테리아보다 크기가 큰 진핵 세포로 구성되어 다양한 방식으로 증식한다.
- ㉯ 대부분의 균류는 균사라고 하는 가는 실 모양의 세포로 이루어져 있고 또 이러한 균사를 방처럼 나누어주는 것을 격벽이라고 하는데, 격벽의 유무에 따라 균류를 분류할 수 있다.

② **종류와 특징**
- ㉮ 진균증의 종류
  - ㉠ 표재성 진균증 : 피부, 모발, 손톱 등의 각질 조직에 주로 감염을 일으키는 것으로 대표적인 예로는 피부 사상균(dermatophyte)에 의해 유발되는 무좀, 칸디다증(candidosis) 등이 있다.
  - ㉡ 피하성 진균증 : 스포로트리쿰증(sporothrichosis)
  - ㉢ 심재성 진균증 : 히스토플라스마증(histoplasmosis), 분아균증(blastomycosis)
- ㉯ 진균독소(mycotoxin)
  - ㉠ 균류에 의해 생산되는 독소로 중독되면 구역질, 구토, 설사 등이나 오한, 발열, 경련, 환각, 과민성 알레르기 반응을 유발하며 심하면 혼수상태에 빠지거나 사망하기도 한다.
  - ㉡ 대표적인 예로 청록색 곰팡이에서 생성되는 아플라톡신(aflatoxin)이 있다.

(5) **원생동물(Protozoa)와 클라디미아(Chlamydia)**

① **원생동물(원충류)**
- ㉮ 운동능력을 가진 것이 많으며 원시적인 동물로 간주하고 있다.
- ㉯ 중간숙주에 의해 전파되면 면역이 생기는 일이 드물고 원충에 따라서는 포낭을 만들어 좋지 않은 조건에서도 장기간 생존하기도 한다.
- ㉰ 말라리아, 아메바성 이질, 아프리카 수면병 등을 일으킨다.

② **클라디미아**
- ㉮ 편성세포내 기생체로서 리케치와 동일하게 세균과 유사한 특성을 갖지만 에너지생성을 위한

대사계를 갖지 않으며 기생숙주 내에서 이분열로 증식하고 핵산인 DNA, RNA를 소유하며 크기는 세균보다 작지만 세포벽을 가진 것과 갖지 않은 것이 있다.
㉯ 트라코마, 앵무병, 서혜 림프 육아종 따위의 병원균으로 이들 균은 감염되어도 강한 면역은 형성되지 않으며 지속감염, 재발, 재감염 등이 일어난다.

# Lesson 03 소독방법 및 분야별 위생·소독

## 1 소독력 평가 및 고려요인

### (1) 소독기준 및 살균력 평가

① 이·미용기구 소독의 일반기준

| 구분 | 설명 |
|---|---|
| 자외선소독 | 1cm²당 85㎼ 이상의 자외선을 20분 이상 쬐어준다. |
| 건열멸균소독 | 섭씨 100℃ 이상의 건조한 열에 20분 이상 쬐어준다. |
| 증기소독 | 섭씨 100℃ 이상의 습한 열에 20분 이상 쬐어준다. |
| 열탕소독 | 섭씨 100℃ 이상의 물속에 10분 이상 끓여준다. |
| 석탄산수소독 | 석탄산수(석탄산 3%, 물 97%의 수용액)에 10분 이상 담가둔다. |
| 크레졸소독 | 크레졸수(크레졸 3%, 물 97%의 수용액)에 10분 이상 담가둔다. |
| 에탄올소독 | 에탄올수용액(에탄올이 70%인 수용액)에 10분 이상 담가두거나 에탄올수용액을 머금은 면 또는 거즈로 기구의 표면을 닦아준다. |

② 살균력 평가

㉮ 소독제의 살균력을 평가하는 기준은 석탄산계수이다.

㉯ 석탄산계수 = $\dfrac{(\text{다른})\text{소독약의 희석배수}}{\text{석탄산의 희석배수}}$

㉰ 예를 들어 석탄산 계수가 2이고 석탄산 희석배수가 40인 경우 소독약품의 희석배수는 80이다.

### (2) 소독시 고려요인 및 주의사항

① 소독시 고려요인

㉮ 현존하는 유기체의 특성 : 어떤 유기체들은 쉽게 파괴되지만 반면에 어떤 것들은 일반적으로 이용되는 멸균, 소독법에도 파괴되지 않을 수 있다.

㉯ 현존하는 유기체의 수 : 유기체가 물품에 많으면 많을수록 파괴하는 데 시간이 오래 걸린다.

㉰ 기구의 유형 : 좁은 관, 갈라진 틈, 이음새가 있는 물품들은 특별한 관리가 요구된다.

㉣ 기구의 사용 의도 : 가정에서는 깨끗한 기구 또는 공급품을 사용하는 것이 안전할지 모르나, 가능한한 멸균된 물품을 사용한다.
㉤ 멸균, 소독을 위해 이용할 수 있는 방법 : 멸균과 소독을 위한 물리적 또는 화학적 방법의 선택은 유기체의 특성과 수, 기구의 유형과 사용의도 그리고 방법의 유용성과 실용성을 근거로 결정된다.
㉥ 시간 : 권장된 시간을 반드시 준수해야 한다.

② **소독시 주의사항**
㉮ 소독할 물건의 성질에 유의하여 적당한 소독약이나 소독법을 선택하여 실시한다.
㉯ 병원미생물의 종류와 멸균, 살균 또는 소독의 목적과 방법, 그리고 시간을 염두에 둔다.
㉰ 소독약은 사용할 때마다 필요한 양만큼 조금씩 새로 만들어서 쓴다.
㉱ 약품에 따라 밀폐해서 냉암소에 보존해 둔다. 라벨(Label)은 더러워지지 않도록 하며 다른 것과 구별되도록 한다.

## 2 소독방법과 용도

(1) **물리적 소독방법**
① **무가열에 의한 방법**
㉮ 자외선 조사 : 태양의 자외선(일광소독)이나 자외선등을 이용하는 방법으로 290~320nm의 파장이 주로 사용되며 무균실, 수술실, 재약실 등에서 공기, 식품, 기구 및 용기 등의 소독에 사용된다.
㉯ 전류 및 방사선 조사 : 전류를 통해 균체가 갖고 있는 염화칼슘(Sodium chlride) 이온을 유리시켜 살균하며, 이때 생긴 열로도 살균작용이 된다.
㉰ 세균여과법 : 음료수나 액체식품 등을 세균여과기로 걸어서 균을 제거시키는 방법이다. 단, 바이러스는 걸러지지 않는다.
㉱ 초음파 살균법
  ㉠ 교반작용(충체 파괴하는 살균력) : 8800 cycle/sec
  ㉡ 진동작용(강력한 살균력) : 2000 cycle/sec

② **가열에 의한 방법**
㉮ 화염 및 소각법 : 화염멸균은 표면 살균으로 불꽃에서 20초 이상 태우며, 불에 타지 않는 금속류, 유리봉, 도자기류에 이용한다. 오물은 소각으로 가장 강력한 멸균이 된다.
㉯ 건열멸균법 : 건열멸균기(dry oven)를 이용하여 170℃에서 1~2시간 처리한다. 주사침, 유리기구, 금속제품에 이용된다.
㉰ 자비소독(열탕소독)법 : 100℃의 끓는 물에서 15~20분간 처리하며, 소독효과를 높이기 위해 석탄산(5%), 크레졸(2~3%), 중조(1~2%)를 넣어주기도 한다. 단, 금속부식성에 주의하면서 식기류, 도자기류, 주사기, 의류 소독에 사용된다.
㉱ 고압증기멸균법 : 고압증기멸균기를 이용하는 것으로 미생물뿐만 아니라 아포까지 사멸시킨다.
  ㉠ 10Lbs, 115.5℃의 상태 : 30분

　　　　ⓒ 15Lbs, 121.5℃의 상태 : 20분
　　　　ⓓ 20Lbs, 126.5℃의 상태 : 15분
　　ⓜ 유통증기멸균법 : 100℃의 유통증기에서 30~60분 가열하는 방법으로 식기, 조리기구, 행주 등에 사용한다.
　　ⓝ (유통증기)간헐멸균법 : 1일 1회씩 3일 동안 100℃에서 30분간 가열하는 방법으로, 세균의 포자까지 멸균시키는 방법이다.
　　ⓞ 저온소독법(LTLT법) : 61~65℃에서 30분간 가열하는 방법으로 포자를 형성치 않은 세균의 멸균을 위해서 결핵균, 소 유산균, 살모넬라균 소독에 사용한다.
　　ⓟ 초고온단시간소독법(HTST법) : 70~75℃에서 15~20초간 가열하는 방법으로 우유 등의 살균에 사용된다.
　　ⓠ 초고온 순간 멸균법(UHT법) : 멸균처리 기간의 단축과 영양 물질의 파괴를 줄이기 위하여 사용되는 순간적인 열처리로, 우유를 135℃에서 2초간 동안 가열한다.

(2) 화학적 소독방법

① 석탄산(페놀, $C_6H_5OH$)
　ⓐ 일반적으로 3%의 수용액(온수)을 사용하며, 산성도가 높고 고온일수록 소독 효과가 크다.
　ⓑ 살균력이 안정되고, 유기물질(배설물 등)에도 약화되지 않는다.
　ⓒ 금속부식성이 있고, 냄새와 독성이 강하며 피부점막에 자극성이 있다.
　ⓓ 소독약의 살균력을 비교하는 기준이 된다(석탄산 계수).
　ⓔ 대상물 : 환자의 오염의류, 오물, 배설물 등

② 크레졸
　ⓐ 3%의 수용액을 사용하며, 석탄산 소독력의 2배 효과가 있다(석탄산 계수 2).
　ⓑ 불용성이므로 비누액으로 만들어 사용한다.
　ⓒ 피부 자극성이 없으며, 유기물질 소독에 효과적이고 세균소독에 이용한다.
　ⓓ 강한 냄새가 단점이다.
　ⓔ 대상물 : 손(조리사는 안됨), 오물, 객담.

③ 승홍($HgCl_2$)
　ⓐ 0.1%의 농도를 사용(승홍 1+식염 1+물 1000 비율로 만듦)한다.
　ⓑ 맹독성이며 금속 부식성이 강하므로 식기류나 피부소독에는 부적합하다.
　ⓒ 단백질과 결합하면 침전이 생기므로 유기물질(배설물)을 소독할 때 주의해야 한다.
　ⓓ 온도가 높을수록 살균력이 강해지므로 가온해서 사용한다.

④ 생석회(CaO)
　ⓐ 습기 있는 분변, 하수, 오수, 오물, 토사물 소독에 적당하다.
　ⓑ 건조한 소독대상물인 경우는 석회유[$Ca(OH)_2$]를 생석회 분말 2, 물 8의 비율로 사용한다.
　ⓒ 포자 형성 세균에는 효과가 없으며, 공기에 오래 노출되면 살균력이 저하된다.

⑤ 과산화수소(옥시풀, $H_2O_2$)
　ⓐ 3%의 수용액을 사용하며, 무포자균을 빨리 살균한다.

㉯ 자극성이 적어서 구내염, 인두염, 입안 세척, 상처 등에 사용한다.
⑥ 알코올(Alcohol)
　　　㉮ 70~75%의 에탄올(에틸알코올)을 사용한다.
　　　㉯ 손, 피부 및 기구 소독에 사용하며, 무포자균에 유효하다.
　　　㉰ 값이 비싸고, 인화하기 쉬우며 아포에는 효력이 없다.
　　　㉱ 고무나 플라스틱 제품은 녹기 때문에 주의해야 하며 상처, 눈, 구강, 비강, 음부 등 점막에는 사용하지 않는다.
⑦ 머큐로크롬
　　　㉮ 2%의 수용액을 사용(과망간산칼륨은 0.2~0.5% 수용액 사용)한다.
　　　㉯ 자극성이 없으나 살균력이 약하다.
　　　㉰ 점각 및 피부 상처에 사용한다.
⑧ 역성비누(양성비누)
　　　㉮ 0.01~0.1%의 농도를 사용(손 소독인 경우에는 10% 용액을 100~200배 희석 사용하고, 식기류 소독일 때는 300~500배 희석 사용)한다.
　　　㉯ 무미, 무해, 무독이면서도 침투력과 살균력이 강하다.
　　　㉰ 포도상 구균, 결핵균에 유효하여 조리사의 손 소독이나 식품 소독에 사용한다.
　　　㉱ 알칼리성이나 유기물(단백질)에서는 소독력이 저하되므로 음성 비누와의 병행은 피하고, 먼저 유기물(단백질)을 음성비누로 없앤 후 역성비누 사용하여야 소독효과가 있다.
⑨ 약용비누
　　　㉮ 비누에 살균제를 혼합시킨 것이다.
　　　㉯ 손, 피부소독에 이용되는 세탁효과와 살균제의 소독효과가 얻어진다.
⑩ 염소류
　　　㉮ 액화염소(0.4기압) : 많은 양의 수돗물 소독에 이용한다.
　　　㉯ 클로르칼크(표백분, $CaCl_2$) : 적은 양의 우물물, 수영장 소독에 이용된다.
　　　㉰ 차아염소산나트륨(NaOCl) : 야채, 과실류 소독에 이용된다.

## 3　분야별 위생·소독

(1) 실내환경 위생·소독

① 실내 작업장
　　　㉮ 작업장 시설을 할 때에 천장 덕트를 설치하여 인공 환기장치를 하여야 한다. 밀폐 공간 내에 장시간 근무하므로 군집독에 유의하여야 하며 신선한 공기의 유입이 중요하다.
　　　㉯ 조명, 전구부분의 이물질을 제거해야 하며 이와 더불어 적당한 조명을 유지해야 한다.
　　　㉰ 화장대, 미용의자, 카운터, 작업장 시설물에 먼지, 머리카락, 퍼머액이 묻지 않도록 한다.
　　　㉱ 벽, 마루 등에 각종의 퍼머액, 염모제 등이 묻지 않도록 주의하며 떨어뜨린 즉시 닦는다. 또한 벽면의 장식물, 액자 등에 먼지가 끼지 않게 청결히 하며 모발은 쓸어서 밀폐된 지정장소에 버린다.

㉺ 에어컨 및 제습기의 필터 부분을 주기적으로 청소하여 소독한다.

② 샴푸실
㉮ 거울 및 선반은 이물질이 없도록 잘 닦는다.
㉯ 샴푸 세면대는 머리카락이 묻어있지 않고 세면대 표면에 이물질이 끼지 않도록 항상 청결히 해야 한다.
㉰ 샴푸, 린스, 트리트먼트는 제품이 용기에 흘러내리지 않게 청결히 하며 항상 적정량을 보충해 놓는다.
㉱ 샴푸대 주변은 미끄러지지 않게 바닥을 청소한다.
㉲ 제품보관은 통풍이 잘되는 곳에서 보관을 하며, 일회용품은 사용 즉시 처리할 수 있도록 뚜껑이 있는 쓰레기통을 준비한다.

③ 카운터 및 입구, 대기실
㉮ 입구는 항상 청결하게 유지한다.
㉯ 제품진열, 사물함은 청결하게 유지한다.
㉰ 쇼파, 쿠션, 방석, 가운 등은 자주 세탁하여 항상 청결하게 유지한다.
㉱ 고객용 테이블은 항상 청결하게 유지한다.
㉲ 쓰레기통은 뚜껑이 있는 것을 사용한다.

④ 화장실 및 세면대
㉮ 환기가 잘되도록 주의하며, 방향제, 생리대, 화장지, 비누, 핸드로션을 구비해 둔다.
㉯ 변기, 세면대에 이물질이 생기지 않도록 청소 및 소독을 정기적으로 한다.
㉰ 깨끗한 핸드 타월을 구비해 둔다.
㉱ 쓰레기통은 넘치거나, 냄새가 나지 않도록 관리를 철저하게 한다.
㉲ 화장실 바닥은 물기가 없도록 주의한다.

(2) 기구 및 도구의 위생·소독

① 가위
㉮ 금속제품을 소독할 때는 부식되거나 날이 상하지 않도록 유의하며, 70% 에탄올을 이용하여 소독한다(70%의 알코올 용액에 20분간 침수시켜 소독).
㉯ 고압증기멸균기를 사용할 때에는 소독포에 싸서 소독하며, 소독하기 전 물이나 수건 등을 사용하여 이물질을 제거한다.

② 레이저
㉮ 갈아 끼우는 부분에 때나 이물질이 끼어 소독 상태가 불완전하게 되는 경우가 많으므로 주의해야 한다.
㉯ 고객마다 소독된 일회용 날을 사용해야 하며 재사용해서는 안 된다.

③ 헤어 클리퍼
㉮ 사용 후 클리퍼 앞쪽을 분리한 후 머리카락을 털어 낸 다음 70% 알코올을 적신 솜으로 소독한다.
㉯ 소독 후 건조한 다음 기름칠을 해야 하며, 주 1회 정도는 완전 분해하여 소독을 한다.

④ 각종 빗류
- ㉮ 미온수에 세제 및 샴푸를 풀어 빗 종류를 담근 후에 세척하여 물기를 제거한 후 자외선 소독기에서 소독한다.
- ㉯ 항박테리아 용액에 담궈 놓았다가 헹군 후 물기를 제거하며, 특히 플라스틱 빗 종류는 약액 및 열에 변형되기 쉬우므로 주의한다.

⑤ 타월
- ㉮ 염모제 전용 타월과 일반 타월, 색깔있는 타월과 백색 타월을 구분하여 세탁한다.
- ㉯ 타월 세탁시에는 세제와 염소계통의 소독약을 넣어 세탁한다.

⑥ 가운류
- ㉮ 섬유제품 : 세탁할 때 염소계통의 소독약을 넣어 세탁한다.
- ㉯ 비닐제품 : 샴푸, 염색용 케이프는 물을 전혀 흡수하지 않아 세탁하면 뒤처리가 곤란하므로 손 세탁으로 씻어내고 소독한 후 건조는 그늘에서 건조시킨다.

⑦ 기타 도구의 소독
- ㉮ 로드, 고무줄, 세팅롤 : 약액이 남으면 다음 고객에게 사용할 때 악영향을 미칠 수 있으므로 약액이 남지 않도록 꼼꼼하게 세척한다.
- ㉯ 퍼머용 고무장갑, 스펀지 : 미온수에 약액이 남지 않도록 깨끗하게 헹궈 그늘에서 건조한다.
- ㉰ 핀과 클립 : 진균 등으로 인한 피부염을 방지하기 위해 70% 알코올 용액에 20분 정도 담가 소독한 후 사용한다. 단, 재질이 플라스틱일 경우에는 70%의 알코올을 적신 솜으로 닦아준다.

(3) 미용업 종사자 및 고객의 위생관리

① 질병감염의 유형
- ㉮ 디자이너의 실수로 고객에게 가벼운 상처를 입혀 감염
- ㉯ 디자이너 자신이 상처를 입어 출혈에 의한 감염
- ㉰ 시술시 도구를 통한 감염
- ㉱ 미용인의 부적절한 위생상태로 인해 홍역, 간염, 바이러스 독감 등과 같은 질병이 고객에게 감염

② 예방방법
- ㉮ 작업환경의 철저한 위생관리로 병균으로부터 고객 보호
- ㉯ 전문가들의 위생교육 및 기본상식 습득
- ㉰ 올바른 청소관리로 세균감염 예방
- ㉱ 에이즈, 간염 등 질병으로부터 보호하기 위해 일회용 장갑 착용
- ㉲ 시술도구 및 기구의 고압증기, 멸균소독, B형 간염 예방접종

# CHAPTER 08 공중위생관리법규

## Lesson 01 공중위생법규

### 1 목적 및 정의

**(1) 공중위생관리법의 목적**

공중이 이용하는 영업의 위생관리등에 관한 사항을 규정함으로써 위생수준을 향상시켜 국민의 건강증진에 기여함을 목적으로 한다.

**(2) 용어의 정의**

| 용어 | 정의 |
|---|---|
| 공중위생영업 | 다수인을 대상으로 위생관리서비스를 제공하는 영업으로서 숙박업·목욕장업·이용업·미용업·세탁업·건물위생관리업을 말한다. |
| 이용업 | 손님의 머리카락 또는 수염을 깎거나 다듬는 등의 방법으로 손님의 용모를 단정하게 하는 영업을 말한다. |
| 미용업 | 손님의 얼굴, 머리, 피부 및 손톱·발톱 등을 손질하여 손님의 외모를 아름답게 꾸미는 영업으로 일반미용업, 피부미용업, 네일미용업, 화장·분장 미용업, 종합미용업으로 구분한다. |

### 2 영업의 신고 및 폐업, 승계

**(1) 공중위생영업의 신고 및 폐업**

① **시장 · 군수 · 구청장에 신고**
  ㉮ 공중위생영업을 하고자 하는 자는 공중위생영업의 종류별로 보건복지부령이 정하는 시설 및 설비를 갖추고 시장·군수·구청장에게 신고해야 한다.
  ㉯ 공중위생영업 신고 시 시장·군수·구청장에게 제출할 서류
    ㉠ 영업시설 및 설비개요서
    ㉡ 영업시설 및 설비의 사용에 관한 권리를 확보하였음을 증명하는 서류
    ㉢ 교육수료증(미리 교육을 받은 경우에만 해당)

② **이용업과 미용업의 시설 · 설비기준**

| 구분 | 시설 설비기준 |
|---|---|
| 이용업 | • 이용기구는 소독을 한 기구와 소독을 하지 아니한 기구를 구분해 보관할 수 있는 용기를 비치해야한다.<br>• 소독기, 자외선살균기 등 이용기구를 소독하는 장비를 갖추어야 한다.<br>• 영업소 안에서 별실, 그 밖에 이와 유사한 시설을 설치해서는 아니된다. |
| 미용업 | • 미용기구는 소독을 한 기구와 소독을 하지 아니한 기구를 구분해 보관할 수 있는 용기를 비치해야 한다.<br>• 소독기, 자외선살균기 등 미용기구를 소독하는 장비를 갖추어야 한다. |

(2) 변경신고

영업신고사항의 변경 시 보건복지부령이 정하는 중요사항의 변경인 경우에는 시장·군수·구청장에게 변경신고를 해야 한다.

① **보건복지부령이 정하는 중요한 사항일 경우**
  ㉮ 영업소의 명칭 또는 상호
  ㉯ 영업소의 소재지
  ㉰ 신고한 영업장 면적의 3분의 1이상의 증감
  ㉱ 대표자 성명 또는 생년월일

② **영업신고사항 변경신고 시 시장 · 군수 · 구청장에게 제출할 서류**
  ㉮ 영업신고증(신고증을 분실하여 영업신고사항 변경신고서에 분실 사유를 기재하는 경우에는 첨부하지 않음)
  ㉯ 변경사항을 증명하는 서류

■ 영업신고증의 재교부 신청사유
• 신고증을 잃어 버렸을 때
• 신고증이 헐어 못쓰게 된 때
• 신고인의 성명이나 주민등록번호가 변경된 때

(3) 폐업신고 및 영업의 승계

① **폐업신고**
  ㉮ 공중위생영업을 폐업한 자는 폐업한 날부터 20일 이내에 시장·군수·구청장에게 신고해야 한다.
  ㉯ 신고 시 폐업신고서에는 영업신고증을 첨부하여야 한다.

② **영업의 승계**
  ㉮ 공중위생영업자가 그 공중위생영업을 양도하거나 사망한 때 또는 법인의 합병이 있는 때에는 그 양수인·상속인 또는 합병후 존속하는 법인이나 합병에 의하여 설립되는 법인은 그 공중위생영업자의 지위를 승계한다.

㉴ 이용업·미용업의 경우에는 면허를 소지한 자에 한해 공중위생영업자의 지위를 승계할 수 있다.
㉵ 공중위생영업자의 지위를 승계한 자는 1월 이내에 보건복지부령이 정하는 바에 따라 시장·군수 또는 구청장에게 신고해야 한다.
㉶ 영업자의 지위승계신고 첨부서류
　㉠ 영업양도의 경우 : 양도·양수를 증명할 수 있는 서류 사본
　㉡ 상속의 경우 : 상속인임을 증명할 수 있는 서류
　㉢ 위 ㉠ 및 ㉡외의 경우 : 해당 사유별로 영업자의 지위를 승계하였음을 증명할 수 있는 서류

### 3 영업자 준수사항

(1) 이·미용업자의 위생관리기준

| 구분 | 위생관리기준 |
|---|---|
| 이용업자 | • 이용기구 중 소독을 한 기구와 소독을 하지 아니한 기구는 각각 다른 용기에 넣어 보관하여야 한다.<br>• 1회용 면도날은 손님 1인에 한하여 사용하여야 한다.<br>• 업소 내에 이용업신고증, 개설자의 면허증 원본 및 최종지급요금표를 게시하여야 한다.<br>• 영업장 안의 조명도는 75럭스(Lux) 이상이 되도록 유지하여야 한다. |
| 미용업자 | • 점빼기, 귓볼뚫기, 쌍커풀수술, 문신, 박피술 그밖에 이와 유사한 의료행위를 하여서는 아니된다.<br>• 피부미용을 위하여 약사법 규정에 의한 의약품 또는 의료용구를 사용하여서는 아니된다.<br>• 미용기구 중 소독을 한 기구와 소독을 하지 아니한 기구는 각각 다른 용기에 넣어 보관하여야 한다.<br>• 1회용 면도날은 손님 1인에 한하여 사용하여야 한다.<br>• 업소 내에 미용업신고증, 개설자의 면허증 원본 및 최종지급요금표를 게시하여야 한다.<br>• 영업장 안의 조명도는 75럭스(Lux) 이상이 되도록 유지하여야 한다. |

(2) 공중이용시설의 위생관리

① 실내공기 등
　㉮ 실내공기는 보건복지부령이 정하는 위생관리기준에 적합하도록 유지해야 한다.
　㉯ 영업소, 화장실, 기타 공중이용시설 안에서 시설이용자의 건강을 해칠 우려가 있는 오염물질이 발생되지 않도록 한다.

② 규제대상 오염물질의 종류와 오염허용기준

| 오염물질의 종류 | 오염허용기준 |
|---|---|
| 미세먼지(PM-10) | 24시간 평균치 150mg/m$^3$ 이하 |
| 일산화탄소(CO) | 1시간 평균치 25ppm 이하 |
| 이산화탄소($CO_2$) | 1시간 평균치 1,000ppm 이하 |
| 포름알데히드(HCHO) | 1시간 평균치 120mg/m$^3$ 이하 |

## 4 이·미용사의 면허 및 업무범위

(1) 이용사 및 미용사의 면허

① **자격기준**

이용사 또는 미용사가 되고자 하는 자는 다음의 어느 하나에 해당하는 자로서 보건복지부령이 정하는 바에 의하여 시장·군수·구청장의 면허를 받아야 한다.
㉮ 전문대학 또는 이와 동등 이상의 학력이 있다고 교육부장관이 인정하는 학교에서 이용 또는 미용에 관한 학과를 졸업한 자
㉯ 학점인정 등에 관한 법률의 관련 규정에 따라 대학 또는 전문대학을 졸업한 자와 동등 이상의 학력이 있는 것으로 인정되어 이용 또는 미용에 관한 학위를 취득한 자
㉰ 고등학교 또는 이와 동등의 학력이 있다고 교육부장관이 인정하는 학교에서 이용 또는 미용에 관한 학과를 졸업한 자
㉱ 교육부장관이 인정하는 고등기술학교에서 1년 이상 이용 또는 미용에 관한 소정의 과정을 이수한 자
㉲ 국가기술자격법에 의한 이용사 또는 미용사의 자격을 취득한 자

② **결격사유**

㉮ 피성년후견인
㉯ 정신보건법에 따른 정신질환자(다만, 전문의가 이용사 또는 미용사로서 적합하다고 인정하는 사람은 예외)
㉰ 공중의 위생에 영향을 미칠 수 있는 감염병 환자로서 보건복지부령이 정하는 자(감염성 결핵환자)
㉱ 마약 기타 대통령령으로 정하는 약물 중독자(대마 또는 향정신성의약품의 중독자)
㉲ 면허가 취소된 후 1년이 경과되지 아니한 자

③ **면허의 정지 및 취소**

시장·군수·구청장은 이용사 또는 미용사가 다음의 어느 하나에 해당하는 때에는 그 면허를 취소하거나 6월 이내의 기간을 정하여 그 면허의 정지를 명할 수 있다.
㉮ 공중위생관리법 또는 법의 규정에 의한 명령에 위반한 때 : 면허취소 또는 6월 이내의 면허정지
㉯ 위의 '② 결격사유' 중 ㉮~㉱에 해당하게 된 때 : 면허취소
㉰ 면허증을 다른 사람에게 대여한 때 : 취소 또는 정지(세부 내용은 행정처분기준에 따름)

(2) 이용사 및 미용사의 업무범위

① **이·미용사의 업무범위와 관련된 일반 사항**

㉮ 이용사 또는 미용사의 면허를 받은 자가 아니면 이용업 또는 미용업을 개설하거나 그 업무에 종사할 수 없다. 다만, 이용사 또는 미용사의 감독을 받아 이용 또는 미용 업무의 보조를 행하는 경우에는 그러지 아니하다.
㉯ 이용 및 미용의 업무는 영업소외의 장소에서 행할 수 없다. 다만, 보건복지부령이 정하는 특별한 사유가 있는 경우에는 그러하지 아니하다.

ⓒ 보건복지부령이 정하는 특별한 사유
  ㉠ 질병·고령·장애나 그 밖의 사유로 영업소에 나올 수 없는 자에 대하여 이용 또는 미용을 하는 경우
  ㉡ 혼례나 그 밖의 의식에 참여하는 자에 대하여 그 의식 직전에 이용 또는 미용을 하는 경우
  ㉢ 사회복지시설에서 봉사활동으로 이용 또는 미용을 하는 경우
  ㉣ 방송 등의 촬영에 참여하는 사람에 대하여 그 촬영 직전에 이용 또는 미용을 하는 경우
  ㉤ 그 외 특별한 사정이 있다고 시장·군수·구청장이 인정하는 경우

② 이·미용사의 업무범위
  ㉮ 이용사 : 이발·아이론·면도·머리피부손질·머리카락염색 및 머리감기로 한다.
  ㉯ 미용사
    ㉠ 2007년 12월 31일 이전에 미용사자격을 취득한 자로서 미용사면허를 받은 자 : 아래 미용관 관련한 영업에 해당하는 모든 업무
    ㉡ 2008년 1월 1일 이후 2015년 4월 16일까지 미용사(일반)자격을 취득한 자로서 미용사면허를 받은 자 : 파마·머리카락자르기·머리카락모양내기·머리피부손질·머리카락염색·머리감기, 의료기기나 의약품을 사용하지 아니하는 눈썹손질, 얼굴의 손질 및 화장, 손톱과 발톱의 손질 및 화장
    ㉢ 2015년 4월 17일부터 2015년 12월 31일까지 미용사(일반)자격을 취득한 자로서 미용사면허를 받은 자 : 파마·머리카락자르기·머리카락모양내기·머리피부손질·머리카락염색·머리감기, 의료기기나 의약품을 사용하지 아니하는 눈썹손질, 얼굴의 손질 및 화장
    ㉣ 2016년 1월 1일 이후 미용사(일반)자격을 취득한 자로서 미용사 면허를 받은 자 : 파마·머리카락자르기·머리카락모양내기·머리피부손질·머리카락염색·머리감기, 의료기기나 의약품을 사용하지 아니하는 눈썹손질. 다만, 2016년 5월 31일까지 미용사(일반)자격을 취득한 사람의 경우에는 얼굴의 손질 및 화장에 관한 업무를 추가로 할 수 있다.
    ㉤ 미용사(피부)자격을 취득한 자로서 미용사면허를 받은 자 : 의료기기나 의약품을 사용하지 아니하는 피부상태분석·피부관리·제모·눈썹손질
    ㉥ 미용사(네일)자격을 취득한 자로서 미용사면허를 받은 자 : 손톱과 발톱의 손질 및 화장
    ㉦ 미용사(메이크업)자격을 취득한 자로서 미용사면허를 받은 자 : 얼굴 등 신체의 화장·분장 및 의료기기나 의약품을 사용하지 아니하는 눈썹손질

## 5 영업자 준수사항

(1) 보고 및 출입·검사, 영업의 제한

① 보고 및 출입·검사
  ㉮ 특별시장·광역시장·도지사 또는 시장·군수·구청장은 공중위생관리상 필요하다고 인정하는 때에는 공중위생영업자 및 공중이용시설의 소유자 등에 대하여 필요한 보고를 하게 하거나 소속공무원으로 하여금 영업소·사무소·공중이용시설등에 출입하여 공중위생영업자의 위생관리의무이행 및 공중이용시설의 위생관리실태 등에 대하여 검사하게 하거나 필요에 따라 공

중위생영업장부나 서류를 열람하게 할 수 있다.
　㉯ 위 ㉮항의 경우에 관계공무원은 그 권한을 표시하는 증표를 지녀야 하며, 관계인에게 이를 내보여야 한다.
② **영업의 제한**
시·도지사는 공익상 또는 선량한 풍속을 유지하기 위하여 필요하다고 인정하는 때에는 공중위생영업자 및 종사원에 대하여 영업시간 및 영업행위에 관한 필요한 제한을 할 수 있다.

(2) **영업소의 폐쇄, 공중위생감시원**
① **공중위생영업소의 폐쇄**
　㉮ 시장·군수·구청장은 공중위생영업자가 공중위생관리법 또는 법에 의한 명령에 위반하거나 또는 「성매매알선 등 행위의 처벌에 관한 법률」·「풍속영업의 규제에 관한 법률」·「청소년보호법」·「의료법」에 위반하여 관계행정기관의 장의 요청이 있는 때에는 6월 이내의 기간을 정하여 영업의 정지 또는 일부 시설의 사용중지를 명하거나 영업소폐쇄 등을 명할 수 있다.
　㉯ 규정에 의한 영업의 정지, 일부 시설의 사용중지와 영업소폐쇄명령 등의 세부적인 기준은 보건복지부령으로 정한다.
　㉰ 시장·군수·구청장은 공중위생영업자가 영업소폐쇄명령을 받고도 계속하여 영업을 하는 때에는 관계공무원으로 하여금 당해 영업소를 폐쇄하기 위하여 다음의 조치를 하게 할 수 있다.
　　㉠ 당해 영업소의 간판 기타 영업표지물의 제거
　　㉡ 당해 영업소가 위법한 영업소임을 알리는 게시물 등의 부착
　　㉢ 영업을 위하여 필수불가결한 기구 또는 시설물을 사용할 수 없게 하는 봉인
　㉱ 시장·군수·구청장은 규정에 의한 봉인을 한 후 봉인을 계속할 필요가 없다고 인정되는 때와 영업자 등이나 그 대리인이 당해 영업소를 폐쇄할 것을 약속하는 때 및 정당한 사유를 들어 봉인의 해제를 요청하는 때에는 그 봉인을 해제할 수 있다. 규정에 의한 게시물 등의 제거를 요청하는 경우에도 또한 같다.
② **공중위생감시원**
　㉮ 공중위생 감시원의 자격 및 임명 : 특별시장, 광역시장, 도지사 또는 시장, 군수, 구청장은 다음에 해당하는 소속공무원 중에서 공중위생감시원을 임명한다.
　　㉠ 위생사 또는 환경기사 2급 이상의 자격증이 있는 자
　　㉡ 대학에서 화학·화공학·환경공학 또는 위생학 분야를 전공하고 졸업한 자 또는 이와 동등 이상의 자격이 있는 자
　　㉢ 외국에서 위생사 또는 환경기사의 면허를 받은 자
　　㉣ 3년 이상 공중위생 행정에 종사한 경력이 있는 자
　㉯ 공중위생감시원의 업무범위
　　㉠ 시설 및 설비의 확인
　　㉡ 공중위생영업 관련 시설 및 설비의 위생상태 확인·검사, 공중위생영업자의 위생관리의무 및 영업자준수사항 이행여부의 확인

ⓒ 공중이용시설의 위생관리상태의 확인·검사
　　　ⓔ 위생지도 및 개선명령 이행여부의 확인
　　　ⓜ 공중위생영업소의 영업의 정지, 일부 시설의 사용중지 또는 영업소 폐쇄명령 이행여부의 확인
　　　ⓗ 위생교육 이행여부의 확인

### 6 업소 위생등급 및 보수교육

(1) 위생평가

　① 위생서비스수준의 평가
　　㉮ 시·도지사는 공중위생영업소(관광숙박업 제외)의 위생관리수준을 향상시키기 위하여 위생서비스평가계획을 수립하여 시장·군수·구청장에게 통보하여야 한다.
　　㉯ 시장·군수·구청장은 평가계획에 따라 관할지역별 세부평가계획을 수립한 후 공중위생영업소의 위생서비스수준을 평가하여야 한다.
　　㉰ 시장·군수·구청장은 위생서비스평가의 전문성을 높이기 위하여 필요하다고 인정하는 경우에는 관련 전문기관 및 단체로 하여금 위생서비스평가를 실시하게 할 수 있다.

　② 위생서비스수준 평가의 주기
　　공중위생영업소의 위생서비스수준 평가는 2년마다 실시하되, 공중위생영업소의 보건·위생관리를 위하여 특히 필요한 경우에는 보건복지부장관이 정하여 고시하는 바에 의하여 공중위생영업의 종류 또는 위생관리등급별로 평가주기를 달리할 수 있다.

> ■ 청문을 실시해야 하는 경우
> • 이용사 및 미용사의 면허취소·면허정지
> • 공중위생영업의 정지, 일부 시설의 사용중지
> • 영업소폐쇄명령 등

(2) 위생등급

　① 위생관리등급 공표
　　㉮ 시장·군수·구청장은 보건복지부령이 정하는 바에 의하여 위생서비스평가의 결과에 따른 위생관리등급을 해당 공중위생영업자에게 통보하고 이를 공표하여야 한다.
　　㉯ 공중위생영업자는 시장·군수·구청장으로부터 통보 받은 위생관리등급의 표지를 영업소의 명칭과 함께 영업소의 출입구에 부착할 수 있다.
　　㉰ 시·도지사 또는 시장·군수·구청장은 위생서비스평가의 결과 위생서비스의 수준이 우수하다고 인정되는 영업소에 대하여 포상을 실시할 수 있다.

㉣ 시·도지사 또는 시장·군수·구청장은 위생서비스평가의 결과에 따른 위생관리등급별로 영업소에 대한 위생감시를 실시하여야 한다. 이 경우 영업소에 대한 출입·검사와 위생감시의 실시주기 및 횟수 등 위생관리등급별 위생감시기준은 보건복지부령으로 정한다.

② **위생관리등급의 구분**
㉮ 최우수업소 : 녹색등급
㉯ 우수업소 : 황색등급
㉰ 일반관리대상 업소 : 백색등급

### (3) 영업자 위생교육 및 교육기관

① **위생교육**
㉮ 공중위생영업자는 매년 위생교육을 받아야 하며, 교육시간은 3시간으로 한다.
㉯ 공중위생영업의 신고를 하고자 하는 자는 미리 위생교육을 받아야 한다. 다만, 다음의 사유로 미리 교육을 받을 수 없는 경우에는 영업개시 후 6개월 이내에 위생교육을 받을 수 있다.
  ㉠ 천재지변, 본인의 질병·사고, 업무상 국외출장 등의 사유로 교육을 받을 수 없는 경우
  ㉡ 교육을 실시하는 단체의 사정 등으로 미리 교육을 받기 불가능한 경우
㉰ 위생교육을 받아야 하는 자 중 영업에 직접 종사하지 아니하거나 2 이상의 장소에서 영업을 하는 자는 종업원 중 영업장별로 공중위생에 관한 책임자를 지정하고 그 책임자로 하여금 위생교육을 받게 하여야 한다.
㉱ 위생교육을 받은 자가 위생교육을 받은 날부터 2년 이내에 위생교육을 받은 업종과 같은 업종의 영업을 하려는 경우에는 해당 영업에 대한 위생교육을 받은 것으로 본다.
㉲ 위생교육 대상자 중 보건복지부장관이 고시하는 도서·벽지지역에서 영업을 하고 있거나 하려는 자에 대하여는 교육교재를 배부하여 이를 익히고 활용하도록 함으로써 교육에 갈음할 수 있다.

② **위생교육기관**
㉮ 위생교육은 보건복지부장관이 허가한 단체 또는 규정에 따라 설립된 "공중위생영업자단체(공중위생과 국민보건의 향상을 기하고 그 영업의 건전한 발전을 도모하기 위하여 영업의 종류별로 전국적인 조직을 가지는 영업자단체)"가 실시할 수 있다.
㉯ 위생교육 실시단체는 교육교재를 편찬하여 교육대상자에게 제공하여야 한다.
㉰ 위생교육 실시단체의 장은 위생교육을 수료한 자에게 수료증을 교부하고, 교육실시 결과를 교육 후 1개월 이내에 시장·군수·구청장에게 통보하여야 하며, 수료증 교부대장 등 교육에 관한 기록을 2년 이상 보관·관리하여야 한다.
㉱ 위 규정 외에 위생교육에 관하여 필요한 세부사항은 보건복지부장관이 정한다.

# Lesson 02 벌칙 등

## 1 벌칙 및 과태료

(1) 벌칙

① 1년 이하의 징역 또는 1천만원 이하의 벌금
  ㉮ 시장·군수·구청장에게 규정에 의한 공중위생영업의 신고를 하지 않고 공중위생영업을 한 자
  ㉯ 영업정지명령 또는 일부 시설의 사용중지명령을 받고도 그 기간 중에 영업을 하거나 그 시설을 사용한 자 또는 영업소 폐쇄명령을 받고도 계속하여 영업을 한 자

② 6월 이하의 징역 또는 500만원 이하의 벌금
  ㉮ 공중위생영업의 변경신고를 하지 아니한 자
  ㉯ 공중위생영업자의 지위를 승계한 자로서 규정에 의한 신고를 하지 아니한 자
  ㉰ 건전한 영업질서를 위하여 공중위생영업자가 준수하여야 할 사항을 준수하지 아니한 자

③ 300만원 이하의 벌금
  ㉮ 면허의 취소 또는 정지 중에 미용업을 한 사람
  ㉯ 면허를 받지 아니하고 미용업을 개설하거나 그 업무에 종사한 사람
  ㉰ 다른 사람에게 미용사 면허증을 빌려주거나 빌린 사람 또는 알선한 사람

> ■ 양벌규정
> 법인의 대표자나 법인 또는 개인의 대리인·사용인 기타 종업원이 그 법인 또는 개인의 업무에 관하여 위 "(1) 벌칙"에 해당하는 위반행위를 한 때에는 행위자를 벌하는 외에 그 법인 또는 개인에 대하여도 동조의 벌금형을 과한다.

(2) 과태료

① 300만원 이하의 과태료
  ㉮ 보고를 하지 아니하거나 관계공무원의 출입·검사 기타 조치를 거부·방해 또는 기피한 자
  ㉯ 개선명령에 위반한 자

② 200만원 이하의 과태료
  ㉮ 미용업소의 위생관리 의무를 지키지 아니한 자
  ㉯ 영업소외의 장소에서 미용업무를 행한 자
  ㉰ 규정에 위반하여 위생교육을 받지 아니한 자

③ 과태료의 부과·징수 절차
  ㉮ 과태료는 대통령령이 정하는 바에 따라 보건복지부장관 또는 시장·군수·구청장이 부과·징수한다.

㉯ 과태료처분에 불복이 있는 자는 그 처분의 고지를 받은 날부터 30일 이내에 처분권자에게 이의를 제기할 수 있다.

## 2 행정처분기준

### (1) 일반기준

① 위반행위가 2 이상인 경우로서 그에 해당하는 각각의 처분기준이 다른 경우에는 그 중 중한 처분기준에 의하되, 2 이상의 처분기준이 영업정지에 해당하는 경우에는 가장 중한 정지처분기간에 나머지 각각의 정지처분기간의 2분의 1을 더하여 처분한다.

② 위반행위의 차수에 따른 행정처분기준은 최근 1년간 같은 위반행위로 행정처분을 받은 경우에 이를 적용한다. 이때 그 기준적용일은 동일 위반사항에 대한 행정처분일과 그 처분후의 재적발일(수거검사에 의한 경우에는 검사결과를 처분청이 접수한 날)을 기준으로 한다.

③ 행정처분권자는 위반사항의 내용으로 보아 그 위반정도가 경미하거나 해당위반사항에 관하여 검사로부터 기소유예의 처분을 받거나 법원으로부터 선고유예의 판결을 받은 때에는 다음의 '(2) 개별기준-미용업'에 불구하고 그 처분기준을 다음의 구분에 따라 경감할 수 있다.
  ㉮ 영업정지의 경우에는 그 처분기준 일수의 2분의 1의 범위 안에서 경감할 수 있다.
  ㉯ 영업장폐쇄의 경우에는 3월 이상의 영업정지처분으로 경감할 수 있다.

### (2) 개별기준 – 미용업

| 위반행위 | 행정처분기준 | | | |
|---|---|---|---|---|
| | 1차 위반 | 2차 위반 | 3차 위반 | 4차 이상 |
| 가. 영업신고를 하지 않거나 시설과 설비기준을 위반한 경우 | | | | |
| 1) 영업신고를 하지 않은 경우 | 영업장 폐쇄명령 | | | |
| 2) 시설 및 설비기준을 위반한 경우 | 개선명령 | 영업정지 15일 | 영업정지 1월 | 영업장 폐쇄명령 |
| 나. 변경신고를 하지 않은 경우 | | | | |
| 1) 신고를 하지 않고 영업소의 명칭 및 상호 또는 영업장 면적의 3분의 1 이상을 변경한 경우 | 경고 또는 개선명령 | 영업정지 15일 | 영업정지 1월 | 영업장 폐쇄명령 |
| 2) 신고를 하지 않고 영업소의 소재지를 변경한 경우 | 영업정지 1월 | 영업정지 2월 | 영업장 폐쇄명령 | |
| 다. 지위승계신고를 하지 않은 경우 | 경고 | 영업정지 10일 | 영업정지 1월 | 영업장 폐쇄명령 |
| 라. 공중위생영업자의 위생관리의무등을 지키지 않은 경우 | | | | |
| 1) 소독을 한 기구와 소독을 하지 않은 기구를 각각 다른 용기에 넣어 보관하지 않거나 1회용 면도날을 2인 이상의 손님에게 사용한 경우 | 경고 | 영업정지 5일 | 영업정지 10일 | 영업장 폐쇄명령 |
| 2) 피부미용을 위하여 약사법에 따른 의약품 또는 의료기기법에 따른 의료기기를 사용한 경우 | 영업정지 2월 | 영업정지 3월 | 영업장 폐쇄명령 | |

| 위반행위 | 행정처분기준 | | | |
|---|---|---|---|---|
| | 1차 위반 | 2차 위반 | 3차 위반 | 4차 이상 |
| 3) 점빼기·귓볼뚫기·쌍꺼풀수술·문신·박피술 그 밖에 이와 유사한 의료행위를 한 경우 | 영업정지 2월 | 영업정지 3월 | 영업장 폐쇄명령 | |
| 4) 미용업 신고증 및 면허증 원본을 게시하지 않거나 업소 내 조명도를 준수하지 않은 경우 | 경고 또는 개선명령 | 영업정지 5일 | 영업정지 10일 | 영업장 폐쇄명령 |
| 5) 개별 미용서비스의 최종 지불가격 및 전체 미용서비스의 총액에 관한 내역서를 이용자에게 미리 제공하지 않은 경우 | 경고 | 영업정지 5일 | 영업정지 10일 | 영업정지 1월 |
| 마. 면허 정지 및 면허 취소 사유에 해당하는 경우 | | | | |
| 1) 면허 취득의 결격사유에 해당하게 된 경우 | 면허취소 | | | |
| 2) 면허증을 다른 사람에게 대여한 경우 | 면허정지 3월 | 면허정지 6월 | 면허취소 | |
| 3) 국가기술자격법에 따라 자격이 취소된 경우 | 면허취소 | | | |
| 4) 국가기술자격법에 따라 자격정지처분을 받은 경우 | 면허정지 | | | |
| 5) 이중으로 면허를 취득한 경우(나중에 발급받은 면허임) | 면허취소 | | | |
| 6) 면허정지처분을 받고도 그 정지 기간 중 업무를 한 경우 | 면허취소 | | | |
| 바. 영업소 외의 장소에서 미용 업무를 한 경우 | 영업정지 1월 | 영업정지 2월 | 영업장 폐쇄명령 | |
| 사. 보고를 하지 않거나 거짓으로 보고한 경우 또는 관계 공무원의 출입, 검사 또는 공중위생영업 장부 또는 서류의 열람을 거부·방해하거나 기피한 경우 | 영업정지 10일 | 영업정지 20일 | 영업정지 1월 | 영업장 폐쇄명령 |
| 아. 개선명령을 이행하지 않은 경우 | 경고 | 영업정지 10일 | 영업정지 1월 | 영업장 폐쇄명령 |
| 자. 성매매알선 등 행위의 처벌에 관한 법률, 풍속영업의 규제에 관한 법률, 청소년 보호법, 아동·청소년의 성보호에 관한 법률 또는 의료법 위반하여 관계 행정기관의 장으로부터 그 사실을 통보받은 경우 | | | | |
| 1) 손님에게 성매매알선 등 행위 또는 음란행위를 하게 하거나 이를 알선 또는 제공한 경우 | | | | |
| 가) 영업소 | 영업정지 3월 | 영업장 폐쇄명령 | | |
| 나) 미용사 | 면허정지 3월 | 면허취소 | | |
| 2) 손님에게 도박 그 밖에 사행행위를 하게 한 경우 | 영업정지 1월 | 영업정지 2월 | 영업장 폐쇄명령 | |
| 3) 음란한 물건을 관람·열람하게 하거나 진열 또는 보관한 경우 | 경고 | 영업정지 15일 | 영업정지 1월 | 영업장 폐쇄명령 |
| 4) 무자격안마사로 하여금 안마사의 업무에 관한 행위를 하게 한 경우 | 영업정지 1월 | 영업정지 2월 | 영업장 폐쇄명령 | |
| 차. 영업정지처분을 받고도 그 영업정지 기간에 영업을 한 경우 | 영업장 폐쇄명령 | | | |
| 카. 공중위생영업자가 정당한 사유 없이 6개월 이상 계속 휴업하는 경우 | 영업장 폐쇄명령 | | | |
| 타. 공중위생영업자가 관할 세무서장에게 폐업신고를 하거나 관할 세무서장이 사업자등록을 말소한 경우 | 영업장 폐쇄명령 | | | |

PART

# 02

# 네일 필기
# 적중모의고사

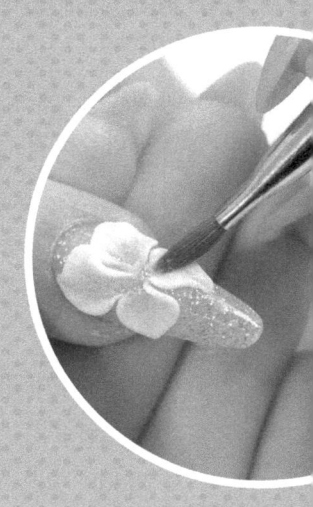

# 제 01 회 적중모의고사

○ CHECK POINT QUESTION

## 001
네일개념에 대한 설명 중 틀린 것은?
① 매니큐어(Manicure)란 라틴어의 마누스와 큐라에서 파생된 용어이다.
② 매니큐어는 손톱, 큐티클, 굳은살 정리와 손마사지, 컬러링 등을 칠하는 전 과정을 포함한다.
③ 네일서비스업에 종사하는 사람은 네일 아티스트, 네일리스트, 매니큐어리스트로 지칭된다.
④ 손 관리는 마누스 큐라라고 따로 분류되었다.

손 관리는 매니큐어의 뜻으로 라틴어의 마누스와 큐라에서 파생된 용어이며, 손톱모양, 큐티클 정리와 손 마사지, 컬러링 등을 칠하는 전 과정을 포함한다.

## 002
1930년대에 사용되기 시작한 제품과 거리가 먼 것은?
① 팔리쉬 리무버
② 워머 로션
③ 큐티클 오일
④ 금속파일

금속파일은 1900년대에 금속 가위와 금속 파일 등의 네일 도구를 사용하였다.

## 003
네일아트가 미국에 정착하기 시작한 시기는?
① 1973년
② 1988년
③ 1980년
④ 1976년

1976년 시기에는 스퀘어 네일의 모양이 유행하고, 네일아트가 미국에 정착하는 시기이다.

## 004
실크와 린넨을 이용하여 약한 손톱을 보강하기 시작한 시기는?
① 1957년
② 1960년
③ 1956년
④ 1961년

1960년 시기에는 실크와 린넨을 이용하여 약해진 손톱에 래핑을 하여 보강하기 시작하였다.

## 005
고대 이집트에서 네일의 색상을 표현하기 위해 사용된 추출물은?
① 관목에서 추출한 헤나
② 계란의 흰자위
③ 고무나무 추출액
④ 황토 빛의 흙

BC 3000년, 관목에서 추출한 헤나라는 붉은 오렌지색 염료로 손톱 염색을 하였다.

## 006
인조 네일이 개발된 시기는?
① 1945년
② 1940년
③ 1938년
④ 1935년

1935년에는 인조 네일이 최초로 개발되는 시기이다.

## 007
네일 베드의 설명으로 틀린 것은?

① 네일 위에 위치하고 있다.
② 혈관과 신경세포가 분포되어 있다.
③ 수분공급 역할을 한다.
④ 네일의 신진대사 역할을 맡고 있다.

네일 베드는 네일 바디를 받치고 있는 밑 부분이다.

## 008
건강한 손톱의 조건으로 틀린 것은?

① 매끄럽고 단단하다.
② 매끄럽고 광택이 난다.
③ 수분을 35% 정도 함유하고 있다.
④ 둥근 아치를 형성한다.

건강한 손톱은 12~18% 정도의 수분을 함유하고 있다.

## 009
손톱 성장이 시작되는 곳은?

① 조모
② 조근
③ 조체
④ 반월

조모(매트릭스)는 모세혈관, 림프 신경세포가 있는 가장 민감한 부분이며, 손톱의 성장이 시작되는 중요한 부분이다.

## 010
세균의 침입으로부터 손톱을 보호하는 곳은?

① 큐티클
② 네일폴드
③ 페리오니키움
④ 하이포니키움

하이포니키움은 네일이 피부와 연결된 막으로 세균의 침입으로부터 손톱을 보호하는 곳이다.

## 011
족지골은 총 몇 개로 구성되어 있는가?

① 10개
② 12개
③ 14개
④ 16개

족지골의 엄지는 2개, 나머지 발가락은 3개씩으로 총 14개로 구성되어 있다.

## 012
네일 시술이 가능한 손톱 질환은?

① 파로니키아
② 오니코옵토시스
③ 니버스
④ 오니코그리포시스

니버스는 모 반점을 말한다. 밤색이나 검은 색상으로 얼룩이 손톱에 있는 것으로 멜라닌 색소가 착색되어 일어나는 현상이다.

## 013
표피 구조 중 가장 두꺼운 층은?

① 유극층
② 각질층
③ 투명층
④ 기저층

유극층은 표피 구조 중 가장 두꺼운 층이며, 세포 표면의 가시돌기가 세포 사이를 연결하고 케라틴의 성장과 분열에 관여한다.

## 014
표피의 구조 중 빛을 차단하는 역할을 하는 층은?

① 각질층   ② 투명층
③ 과립층   ④ 망상층

투명층은 빛을 통과할 수 없고 생명력이 없으며 무핵의 투명한 세포로 편평한 세포가 2~3개의 층으로 구성되어 있다.

## 015
피부의 기능에 속하지 않는 것은?

① 피부 보호작용
② 땀 배출작용
③ 힘 조절작용
④ 체온 조절작용

> 피부의 기능으로는 보호기능, 체온조절 기능, 비타민 D 합성 기능, 분비·배설 기능, 저장 기능, 땀 배출 기능, 감각 및 지각 기능, 호흡 작용의 기능이 있다.

## 016
망상층에 대한 설명으로 틀린 것은?

① 피지선이 있다.
② 한선이 있다.
③ 혈관이 있다.
④ 표피에 속한다.

> 표피와 진피의 구성
> • 표피 : 각질층, 투명층, 과립층, 유극층, 기저층
> • 진피 : 유두층, 망상층, 기질

## 017
유극층에 위치하며 피부의 이물질 침입 시 신체 방어 반응을 인지하는 세포는?

① 각질형성 세포
② 랑게르한스 세포
③ 멜라닌형성 세포
④ 머켈 세포

> 랑게르한스 세포는 외부로부터 침입한 이물질을 림프구로 전달하는 피부의 면역기능을 담당한다.

## 018
자외선으로부터 피부가 스스로 합성하는 비타민은?

① 비타민 E
② 비타민 C
③ 비타민 D
④ 비타민 A

> 비타민 D는 음식으로부터 섭취되기도 하지만, 대부분은 자외선으로부터 피부가 스스로 합성한다.

## 019
아포크린선의 설명으로 틀린 것은?

① 체온 유지 및 노폐물을 배출한다.
② 땀의 농도가 짙다.
③ 독특한 냄새를 지니고 있다.
④ 산성막의 생성에 관여한다.

> 체온 유지 및 노폐물을 배출하는 기능을 가진 것은 에크린선이다.

## 020
기미와 주근깨 등의 관리에 가장 적합한 비타민은?

① 비타민 C
② 비타민 A
③ 비타민 D
④ 비타민 E

> 비타민 C는 멜라닌색소 형성을 억제, 환원하여 기미, 주근깨 등의 색소침착을 방지한다.

## 021
세포막을 통한 물질 이동 방법으로 볼 수 없는 것은?

① 여과
② 수축
③ 삼투
④ 확산

> 세포막을 통한 물질의 이동 방법은 확산, 삼투, 여과, 능동수송이다.

## 022
광노화의 반응으로 맞지 않은 것은?

① 탄력 증가
② 거칠어짐
③ 모세혈관 수축
④ 과색소 침착증

> 광노화의 반응으로 건조, 거칠어짐, 표피 두께 증가, 탄력 감소, 색소 침착, 면역성 감소가 있다.

## 023
주름살이 생기는 요인으로 맞지 않은 것은?

① 살이 찐 경우
② 과도한 안면 운동
③ 수분 부족 상태
④ 지나친 자외선 노출

주름이 생기는 원인은 진피층의 콜라겐, 엘라스틴, 기질 등의 감소로 인해 피부가 함몰되기 때문이며 이러한 증상을 심화시키는 원인으로는 수분부족, 자외선 노출, 과도한 안면의 자극 등이 있다.

## 024
콜라겐에 대한 설명으로 틀린 것은?

① 노화된 피부에는 콜라겐 함량이 낮다.
② 콜라겐이 부족하면 주름이 발생하기 쉽다.
③ 콜라겐은 피부의 표피에 주로 존재한다.
④ 콜라겐은 섬유아세포에서 생성된다.

콜라겐은 진피에 존재하는 교원섬유로 진피의 90%를 차지하고 있는 섬유 단백질이다.

## 025
기초 화장품을 사용하는 목적이 아닌 것은?

① 피부 결점 보완
② 피부 정돈
③ 피부 보호
④ 세안

기초 화장품의 기능은 세안, 피부 정돈, 피부 보호이다.

## 026
기초 화장품에 해당하는 것은?

① 에센스
② 립스틱
③ 립밤
④ 핸드크림

스킨로션, 크림, 에센스, 화장수 등은 기초 화장품에 속한다.

## 027
속눈썹을 길고 짙게 하며 눈동자를 또렷하게 보이게 하는 메이크업 제품은?

① 아이섀도우
② 립스틱
③ 아이브로우
④ 마스카라

마스카라는 속눈썹을 짙고 길게 표현해 주는 제품이다.

## 028
파운데이션 중 수분함량이 가장 많은 것은?

① 스킨커버
② 크림 파운데이션
③ 리퀴드 파운데이션
④ 스틱 파운데이션

리퀴드 파운데이션은 수분함량이 많아 부드럽고 퍼짐성이 우수하며, 건성 피부에 사용이 적합하다.

## 029
글리콜산이나 젖산을 이용하여 각질층에 침투시키는 방법으로 각질세포의 응집력을 약화시키며 자연 탈피를 유도시키는 필링제는?

① A.H.A
② TCA
③ BP
④ Phenol

A.H.A는 천연 과일에서 추출한 각질제로서 각질과 지질을 산화시켜 각질 탈락을 유도한다.

## 030
기능성 화장품의 표시 및 기재 사항이 아닌 것은?

① 제품의 명칭
② 제조자의 이름
③ 내용물의 용량 및 중량
④ 제조번호

기능성 화장품의 표시 및 기재 사항으로는 제품명칭, 중량, 제조번호 등이 있다.

## 031
기능성 화장품에 속하지 않는 것은?

① 주름 개선에 도움을 주는 제품
② 자외선 차단에 도움을 주는 제품
③ 여드름 치료에 도움을 주는 제품
④ 미백에 도움을 주는 제품

> 여드름 치료에 도움을 주는 제품은 기능성 화장품이 아닌 의약품이다.

## 032
화장품의 유화 제품 중 O/W형(수중유형) 에멀전은?

① 나이트 크림
② 클렌징 크림
③ 모이스처라이징 로션
④ 헤어 크림

> • O/W형(수중유형) : 보습 로션, 클렌징 로션, 모이스처라이징 로션 등
> • W/O형(유중수형) : 헤어 크림, 클렌징 크림, 영양 크림, 선크림 등

## 033
바디워시의 기능으로 틀린 것은?

① 부드럽고 치밀한 기포 부여
② 높은 기포 지속성 유지
③ 피부 각질층 세포 간지질 보호
④ 강력한 세정력 부여

> 바디워시의 기능으로는 부드럽고 치밀한 기포의 질, 기포의 지속성, 세포간지질 보호가 있다.

## 034
아로마 오일 사용 시 피부에 효과적으로 침투시키기 위해 사용하는 식물성 오일은?

① 미네랄 오일    ② 캐리어 오일
③ 에센셜 오일    ④ 큐티클 오일

> 캐리어 오일은 베이스 오일이라고도 하며 아로마 오일을 효과적으로 피부에 침투시키기 위해 사용되는 식물성 오일이다.

## 035
화장수에 대한 설명으로 잘못된 것은?

① 피부에 수분을 공급한다.
② 클렌징 후 잔여물을 제거한다.
③ 아스트린젠트는 유연 화장수를 말한다.
④ 피부 진정, 보습, 유연효과가 있다.

> 아스트린젠트는 수렴화장수를 말하며 모공수축, 피부결 정리, 피지 분비를 억제하는 작용이 있다.

## 036
세정력이 우수하며 지성피부, 여드름 피부에 가장 적합한 제품은?

① 클렌징 젤    ② 클렌징 오일
③ 클렌징 크림  ④ 클렌징 티슈

> 클렌징 젤은 세정력이 우수하며 지성피부와 여드름 피부에 적합한 제품이다.

## 037
손톱 표면이 고르지 않을 경우 고르게 해주는 방법은?

① 샌딩 하기        ② 큐티클 제거하기
③ 파일로 에칭 주기  ④ 오일 바르기

> 손톱 표면이 고르지 않을 경우 샌딩블럭을 사용하여 네일 바디 표면을 가볍게 다듬어 준다.

## 038
오렌지 우드스틱의 용도로 적합하지 않은 것은?

① 네일 주변이나 밑 부분의 폴리시를 제거할 때
② 큐티클을 밀어 올릴 때
③ 네일 표백제를 바를 때
④ 손톱의 거스러미를 제거할 때

오렌지 우드스틱은 큐티클을 밀거나 에나멜 제거, 네일 표백제를 바를 때 등 다양한 용도로 사용되며, 사용한 후에는 폐기한다.

## 039
인조 팁을 제거하기 위한 방법으로 올바른 것은?
① 안티셉틱에 담근다.
② 파일링한다.
③ 니퍼로 제거한다.
④ 아세톤에 적신 솜을 호일 등에 감싼 후 제거한다.

인조 팁 제거 시 솜에 100% 아세톤에 적셔 호일로 감싼 후 불려 제거한다.

## 040
인조 네일 시술시 네일 에칭을 주는 이유는?
① 폴리시의 색을 선명하게 하기 위해
② 인조팁의 접착력을 높여주기 위해
③ 인조팁과 자연네일 사이의 통풍이 잘되게 하기 위해
④ 인조팁의 색을 선명하게 하기 위해

네일 에칭은 손톱 위의 유·수분을 제거하여 인조팁의 접착력을 높여줄 수 있다.

## 041
아크릴릭 시술시 자연네일의 표면에 아크릴릭이 잘 접착되도록 사용하는 재료는?
① 리퀴드
② 프라이머
③ 네일보강제
④ 알코올

프라이머는 아크릴 제품이 자연네일 표면에 잘 접착되도록 네일에 발라주는 것이다.

## 042
팁 연장 시 자연네일을 불려서 하지 않는 이유는?
① 파일링의 속도 조절이 어렵기 때문에
② 인조네일의 리프팅이 잘되기 때문에
③ 접착력이 떨어지기 때문에
④ 자연네일에 곰팡이나 균 번식이 잘되기 때문에

습기를 먹은 자연네일은 곰팡이나 세균이 번식하기 때문에 불려서는 안 된다.

## 043
고객이 가장 선호하고 가장 세련된 형태로 스퀘어보다 부드러운 느낌을 주는 네일 형태는?
① 오벌형
② 라운드형
③ 라운드 스퀘어형
④ 스퀘어형

라운드 스퀘어 형은 스퀘어 형과 같은 모양으로 다듬은 후 양쪽 모서리 부분만 둥글게 다듬어서 모양을 만들며, 스퀘어 형보다 부드러운 느낌을 준다.

## 044
리무버, 아세톤을 담아 펌프식으로 사용하는 기구의 명칭은?
① 종이컵
② 디펜디쉬
③ 디스펜서
④ 스프레이

디펜디쉬는 아크릴 용액을 담을 수 있는 용기이다.

## 045
라이트 큐어드 젤의 종류가 아닌 것은?
① 컬러 젤
② 소프트 젤
③ 하드 젤
④ 노 라이트 젤

라이트 큐어드 젤은 특수 광선이나 할로겐 램프의 빛을 이용해 경화하는 방법이고, 노라이트 큐어드 젤은 응고제인 글루 드라이나 브러시로 바르고 굳게 하는 방법이다.

## 046
아크릴 파우더의 화학적 상태인 것은?

① 카탈리스트
② 프라이머
③ 모노머
④ 폴리머

아크릴 파우더는 폴리머이고, 아크릴 리퀴드는 모노머이다.

## 047
프라이머에 대한 설명으로 맞는 것은?

① 아크릴릭 시술 시 손톱에 영양을 주기 위해 발라준다.
② 젤 시술의 광택을 위해 발라준다.
③ 아크릴 시술 시 손톱과 접착력을 높이기 위해 발라준다.
④ 폴리시를 바를 때 손톱 표면을 매끄럽게 하기위해 발라준다.

프라이머는 아크릴 시술 시 손톱과 접착력을 높이기 위해 2회 발라준다.

## 048
네일 랩 시술 시 필요한 재료가 아닌 것은?

① 베이스코트
② 실크
③ 글루드라이
④ 필러파우더

베이스코트는 일반 폴리시를 바를 때 필요하다.

## 049
공중 보건의 3대 요소에 속하지 않은 것은?

① 수명 연장
② 신체적·정신적 건강 증진
③ 감염병 예방
④ 질병 치료

공중보건학의 목적은 질병 치료가 아니라 질병 예방이다.

## 050
질병 발생의 역학적 주요 3대 인자와 거리가 먼 것은?

① 숙주
② 병인
③ 건강
④ 환경

질병 발생의 역학적 주요 3대 인자는 병인, 숙주, 환경이다.

## 051
공중보건학을 지역사회의 노력을 통해서 질병을 예방하고 생명을 연장시키며 신체적, 정신력 효율을 증진시키는 기술 과학이라고 주장한 학자는?

① 윈슬러(winslow)
② 베이스(base)
③ 스템(stem)
④ 루우프(loop)

윈슬러(winslow)는 공중보건학을 지역사회의 노력을 통하여 질병을 예방하고 생명을 연장시키며 신체적, 정신력 효율을 증진시키는 기술 과학이라고 정의하였다.

## 052
공중보건학의 범위가 아닌 것은?

① 환경보건 분야
② 질병관리 분야
③ 건강관리 분야
④ 보건관리 분야

공중보건학의 범위는 크게 환경보건, 질병관리, 보건관리로 나뉜다.

## 053
쥐를 통하여 감염될 수 있는 병과 거리가 먼 것은?

① 페스트
② 발진열
③ 양충병
④ 탄저

탄저는 탄저균에 의하여 일어나는 소나 양 등 가축의 감염병으로 지라 등의 내장이 헐고, 피부밑 출혈이 일어나며, 혈액에 병원균이 들어가면 패혈증이 되어 죽는다. 가축을 다루는 사람에게도 입이나 피부를 통해 감염될 수 있다.

## 054
진드기를 통하여 생길 수 있는 병은?

① 양충병
② 발진티푸스
③ 일본뇌염
④ 소아마비

양충병은 털 진드기의 유충에 물려 옮는 감염병이다.

## 055
절지동물 매개 감염병이 아닌 것은?

① 페스트
② 말라리아
③ 발진티푸스
④ 당뇨병

당뇨병은 혈액 속에 포도당이 많아져서 오줌에 당이 지나치게 많이 나오는 현상이 오랫동안 계속되는 병이다. 당분을 분해하는 요소인 인슐린이 부족하여 생기는 것으로 오줌의 분량이 많아지고 목이 마르고 쉽게 피로해지며 여러 가지 합병증을 유발한다.

## 056
수은 중독으로 인해 생기는 병은?

① 이타이이타이병
② 폐암
③ 미나마타병
④ 비만증

미나마티병은 1956년 이래 일본 구마모토 현 미나마타 시에서 발생한 공해병으로 유기 수은 중독에 의한 병이며 메틸수은이 포함된 조개 및 어류를 먹은 주민들에서 집단적으로 발생하여 알려진 병이다.

## 057
어패류로부터 감염되는 기생충이 아닌 것은?

① 간디스토마증
② 페디스토마증
③ 아니사키스
④ 무구조충증

무구조충증은 편형동물 조충과에 속한 기생충으로 소를 중간숙주로 사람의 장에 기생한다.

## 058
다음 중 감염병 관리상 가장 중요하게 취급해야 할 대상자는?

① 잠복기환자
② 현성환자
③ 건강보균자
④ 회복기보균자

건강보균자 : 병원체에 감염된 증상이 없이 몸 안에 병원균을 가지고 있어 병원체를 배출하는 사람으로 가장 중요하게 취급해야 할 대상이다.

## 059
미생물을 완전 멸균시킬 수 있는 것으로 가장 좋은 것은?

① 고압증기 멸균법
② 자외선 멸균법
③ 자비 멸균법
④ 유통증기 멸균법

고압증기 멸균법은 고압의 증기를 통하여 소독하는 자비처리법으로 가장 안전한 멸균법이다.

## 060
공중위생영업 변경 신고 시 제출해야 할 서류를 누구에게 제출하여야 하는가?

① 시장, 군수, 구청장
② 시도지사
③ 대통령
④ 보건복지부장관

공중위생영업의 신고 및 변경 신고는 모두 관할 시장·군수·구청장에게 한다.

### 01회 [정답] 적중모의고사

| 001 | 002 | 003 | 004 | 005 |
|---|---|---|---|---|
| ④ | ④ | ④ | ② | ① |
| 006 | 007 | 008 | 009 | 010 |
| ④ | ① | ③ | ① | ④ |
| 011 | 012 | 013 | 014 | 015 |
| ③ | ③ | ① | ② | ③ |
| 016 | 017 | 018 | 019 | 020 |
| ④ | ② | ③ | ① | ① |
| 021 | 022 | 023 | 024 | 025 |
| ② | ① | ① | ③ | ① |
| 026 | 027 | 028 | 029 | 030 |
| ① | ④ | ③ | ① | ② |
| 031 | 032 | 033 | 034 | 035 |
| ③ | ③ | ④ | ② | ③ |
| 036 | 037 | 038 | 039 | 040 |
| ① | ① | ④ | ④ | ② |
| 041 | 042 | 043 | 044 | 045 |
| ② | ④ | ③ | ② | ④ |
| 046 | 047 | 048 | 049 | 050 |
| ④ | ③ | ① | ④ | ① |
| 051 | 052 | 053 | 054 | 055 |
| ① | ③ | ④ | ① | ④ |
| 056 | 057 | 058 | 059 | 060 |
| ③ | ④ | ③ | ① | ① |

# 제 02 회 적중모의고사

○ CHECK POINT QUESTION

## 001
손톱의 특성으로 틀린 것은?

① 손톱은 아미노산과 시스테인이 많이 포함되어 있다.
② 촉각에 해당하는 지각신경이 집중되어 있다.
③ 손톱의 수분은 35%를 함유하고 있다.
④ 피부의 부속물이고 신경, 혈관, 털은 없다.

건강한 손톱은 12~18% 정도의 수분을 함유하고 있다.

## 002
네일이 대중화되기 시작한 시기는?

① 1800년대
② 1900년대
③ 1960년대
④ 1988년 올림픽 이후

근대 시대인 1800년대 일반인에게 네일의 대중화가 시작되었고 아몬드형의 손톱 모양이 유행하였다.

## 003
손톱의 성장에서 평균적으로 몇 mm 정도 자라는가?

① 6mm
② 3mm
③ 2mm
④ 0.1~0.5mm

손톱의 하루 성장 속도는 평균 0.1mm~0.5mm 이다.

## 004
네일 미용작업이 불가능한 네일의 병변은?

① 오니코마이코시스
② 오니코파지
③ 오니코렉시스
④ 에그쉘

오니코마이코시스(조갑진균증)은 진균과 박테리아에 감염되어 네일이 두꺼워 지거나 울퉁불퉁해지는 증상으로 네일 미용 작업이 불가능한 병변이다.

## 005
손톱이 과잉 성장하여 비정상적으로 두꺼워지는 손톱 질환은?

① 오니콕시스
② 오니코파지
③ 루코니키아
④ 컬루제이션

오니콕시스는 조갑비대증으로 과잉 성장으로 손톱이 두꺼워지는 것이며, 부드러운 파일로 버핑하여 두께를 줄여 시술이 가능한 네일이다.

## 006
네일의 표준형 작업 테이블의 램프 밝기로 적당한 것은?

① 10W ② 20W
③ 30W ④ 40W

네일의 표준형 작업 테이블의 밝기는 40W이다.

## 007
인체를 구성하는 기본 조직으로 틀린 것은?

① 결합 조직　　② 근육 조직
③ 혈관 조직　　④ 신경 조직

> 인체를 구성하는 4대 기본 조직은 상피 조직, 근육 조직, 결합 조직, 신경 조직이다.

## 008
조근에 대한 설명으로 맞는 것은?

① 네일 바디이다.
② 손톱의 몸체 부분이다.
③ 손톱이 피부와 분리되기 시작하는 곳이다.
④ 손톱의 성장이 시작하는 곳이다.

> 조근은 손톱의 아랫부분에 묻혀있는 얇고 부드러운 부분, 새로운 세포가 만들어져 손톱의 성장이 시작되는 곳이다.

## 009
조체 진균증의 설명으로 틀린 것은?

① 조체 주변 피부조직이 세균에 의해 감염된다.
② 진균에 감염된 질환이다.
③ 조체판이 두꺼워지고 울퉁불퉁하다.
④ 프리에지를 통해 조근으로 감염이 퍼져간다.

> 조체 주변 피부조직이 세균에 의해 감염되는 것은 조체 주위염이다.

## 010
안티셉틱의 설명으로 맞는 것은?

① 피부를 부드럽게 해준다.
② 큐티클을 유연하게 해준다.
③ 피부 또는 손 소독제이다.
④ 출혈을 멈추게 한다.

> 안티셉틱은 피부 또는 손 소독제이다.

## 011
탑코트의 설명으로 틀린 것은?

① 유색 팔리시 컬러링 후 광택을 준다.
② 아세톤이 주성분이다.
③ 실러(Sealer)라고 한다.
④ 유색 팔리시를 보호하여 쉽게 벗겨지지 않게 한다.

> 탑코트의 주성분은 송진, 니트로셀룰로오스 등으로 그 기능은 에나멜 보호 및 광택유지 및 에나멜 색상의 지속력 증진에 있다.

## 012
골격계에 대한 설명으로 틀린 것은?

① 206개의 뼈로 구성되어 있다.
② 피부, 털, 한선, 피지선을 구성한다.
③ 신체의 연약한 부위를 지지한다.
④ 뼈, 인대, 연골, 관절로 이루어져 있다.

> 골격계
> • 성인의 경우 뼈는 206개이다
> • 각각의 뼈들은 연결되어 하나의 계통을 이루고 있다
> • 각각의 뼈를 지칭할 때는 골, 뼈가 모여 기능적인 단위를 형성한 형태는 골격이라고 한다.
> • 골격이란 골, 연골, 관절, 인대를 총칭한다.

## 013
표피층을 순서대로 바르게 나열한 것은?

① 각질층, 과립층, 유극층, 투명층, 기저층
② 각질층, 투명층, 기저층, 과립층, 유극층
③ 각질층, 투명층, 과립층, 유극층, 기저층
④ 각질층, 기저층, 유극층, 과립층, 투명층

> 표피는 피부 바깥쪽부터 각질층-투명층-과립층-유극층-기저층으로 이루어져 있다.

## 014
진피의 구성 세포는?

① 멜라닌세포　　② 섬유아세포

③ 머켈세포 ④ 각질형성세포

**진피**
- 진피는 표피에 영양을 공급하며 보호기능, 수분저장, 체온조절, 감각기능, 피부재생 기능이 있다.
- 진피의 섬유아세포는 비만세포와 림프구를 포함하고 있어 상처 치유를 촉진시킨다.
- 진피의 림프조직, 신경조직, 혈관조직은 피부의 평형 상태 유지에 중요하다.

## 015
표피 중 가장 두꺼우며 면역을 담당하는 랑게르한스 세포가 존재하는 피부층은?

① 투명층
② 기저층
③ 유극층
④ 각질층

랑게르한스 세포는 유극층에 존재하며 알레르기와 면역반응에 관여한다.

## 016
신체를 보호하고 체온조절, 배설, 피부호흡 등의 기능을 하는 기관은?

① 피부
② 모발
③ 털
④ 발바닥

피부는 신체 보호, 체온조절, 배설, 피부호흡 등의 기능을 한다.

## 017
피부 각질층에 존재하는 세포간 지질 중 가장 많이 함유된 것은?

① 콜라겐
② 세라마이드
③ 스쿠알렌
④ 콜레스테롤

세라마이드는 피부 각질층을 구성하는 각질 세포간 지질 중 약 40% 이상이 함유되어 있다.

## 018
자외선 B는 자외선 A보다 홍반 발생 능력이 약 몇 배 정도인가?

① 약 10배
② 약 100배
③ 약 1,000배
④ 약 10,000배

자외선 B는 자외선 A보다 홍반 발생 능력이 약 1,000배 정도 강하다.

## 019
피부노화를 억제하는 성분으로 가장 거리가 먼 것은?

① 비타민 C
② 비타민 E
③ β-카로틴
④ 왁스

왁스는 광택, 윤활 작용, 방부 효과를 얻기 위해 기초 화장품, 색조 화장품 등의 원료로 사용한다.

## 020
피부에서 건조, 갈라짐과 허물 벗겨짐의 증상을 보이는 것은?

① 무좀
② 지루성 피부염
③ 사마귀
④ 습진

피부가 건조해지거나 갈라지고 허물이 벗겨짐의 증상을 보이는 것은 습진이다.

## 021
탄수화물의 최종 분해산물은?

① 아미노산
② 글리세롤
③ 지방산
④ 포도당

**영양소의 최종 분해산물**
- 탄수화물 : 포도당
- 단백질 : 아미노산
- 지방 : 지방산과 글리세롤

## 022
겨드랑이 냄새의 원인이 되는 것은?

① 스테로이드　　② 콜레스테롤
③ 아포크린선　　④ 에크린선

> 땀샘에는 에크린선과 아포크린선이 있는데 에크린선은 냄새가 거의 없으며, 아포크린선이 냄새의 원인이 된다.

## 023
지용성 비타민으로 노화 방지 효능을 지닌 것은?

① 비타민 E
② 비타민 B
③ 비타민 C
④ 비타민 $B_1$

> 비타민 E
> • 비타민 A, D, K, F와 함께 지용성 비타민
> • 황산화작용, 노화방지, 혈액순환 촉진
> • 피부 상처 치유 효능

## 024
오랜 시간 동안 반복해서 긁거나 비벼서 표피가 건조하고 가죽처럼 두꺼워진 상태는?

① 가피　　　　② 반흔
③ 검버섯　　　④ 태선화

> 장시간 반복하여 긁거나 비벼서 표피가 건조하고 가죽처럼 두꺼워진 상태를 태선화라고 한다.

## 025
화장품의 4대 요건이 아닌 것은?

① 안전성　　　② 안정성
③ 사용성　　　④ 보호성

> 화장품의 4대 요건
> • 안전성 : 피부에 대한 자극, 알레르기, 독성이 없을 것
> • 안정성 : 변색, 변취, 미생물의 오염이 없을 것
> • 유효성 : 미백, 주름개선, 자외선 차단 등의 효과가 있을 것
> • 사용성 : 피부에 사용감이 좋고 잘 스며들 것, 사용이 편리할 것

## 026
헤어 린스 등의 정전기 방지와 컨디셔닝의 성질은 가지는 계면활성제는?

① 양이온성 계면활성제
② 비양쪽성 계면활성제
③ 음이온성 계면활성제
④ 비이온성 계면활성제

> 계면활성제
> • 양이온성 : 살균, 소독작용이 크며 정전기 발생 억제(헤어린스, 헤어트리트먼트)
> • 음이온성 : 세정작용과 기포형성작용(비누, 샴푸, 클렌징폼)
> • 비이온성 : 피부 자극이 적어 기초화장품에 사용(화장수의 가용화제, 크림의 유화제 등)
> • 양쪽성 : 세장작용이 있으며 피부자극이 적음(저자극 샴푸, 베이비 샴푸)

## 027
화장품의 인체 내 사용 대상 부분이 아닌 것은?

① 모발　　　　② 피부
③ 치아　　　　④ 손·발톱

> 인체 내 외피인 피부와 모발, 손·발톱을 대상으로 한다.

## 028
기초 화장품의 제품 또는 기능이 아닌 것은?

① 피부를 정돈하거나 보호한다.
② 미백 개선, 주름 개선 등이다.
③ 세안, 세정, 청결을 목적으로 한다.
④ 화장수, 크림, 에센스, 팩, 클렌징제 등이다.

> 미백, 자외선 차단, 주름개선 및 노화억제 등의 기능은 기능성 화장품의 사용 목적으로 기능성 화장품은 화장품과 의약부외품의 중간적인 성격을 갖는 화장품이다.

## 029
세균의 성장을 억제하기 위해 첨가하는 화장품 성분은?

① 글리세린　　　② 계면활성제

③ 메틸파라벤   ④ 알파-하이드록시산

방부제는 세균의 성장을 억제하기 위해 첨가하는 성분으로 메틸파라벤, 에틸 파라벤 등이 있다.

## 030
건성피부의 화장품 사용으로 틀린 것은?
① 영양, 보습 성분이 있는 오일이나 에센스 사용
② 클렌저는 밀크 타입으로 유분기가 있는 크림타입 사용
③ 알코올이 다량 함유되어있는 토너 사용
④ 토닉으로 보습 기능이 강화된 제품 사용

알코올이 다량 함유되어 있는 토너 사용은 지성피부에 사용한다.

## 031
식물에 존재하는 향기 물질을 이용하여 두뇌와 신체 특정기관을 자극하여 질병을 치유하는 목적으로 사용하는 것은?
① 에센셜(아로마) 오일
② 큐티클 오일
③ 베이비 오일
④ 파라핀 왁스

문제의 설명은 에센셜(아로마) 오일에 대한 설명으로 아로마 오일은 다양한 신체적, 심리적 영향을 가지며, 인체에 큰 영향을 미칠 수 있기 때문에 피부에 직접 사용하지 않고 캐리어 오일을 섞어 사용한다.

## 032
파운데이션의 기능 설명으로 틀린 것은?
① 피지를 억제하여 화장을 지속시켜준다.
② 피부를 기호에 맞게 바꾼다.
③ 자외선으로부터 피부를 보호한다.
④ 피부의 기미, 주근깨 등의 결점을 커버한다.

파운데이션은 얼굴색의 변화와 피부의 결점을 보완하며, 자외선으로부터 피부를 보호한다.

## 033
피부의 보습과 진정, 모공수축, 살균효과를 도와주는 제품은?
① 핸드크림
② 큐티클 리무버
③ 안티셉틱
④ 큐티클 오일

안티셉틱은 피부의 보습과 진정, 모공수축, 살균효과를 도와주는 제품이다.

## 034
모발 화장품에서 헤어 린스, 트리트먼트, 정전기 방지제로 사용되는 계면활성제의 종류는?
① 음이온성 계면활성제
② 양쪽성 계면활성제
③ 비이온성 계면활성제
④ 양이온성 계면활성제

양이온성은 헤어 린스, 트리트먼트, 정전기방지제로 사용되며 계면활성제가 물에 용해될 때 친수기 성분이 양이온을 나타내며 살균 및 소독 작용이 우수하다.

## 035
다음 중 자외선 차단제에 대한 설명으로 옳지 않은 것은?
① 자외선 차단제품은 일반적으로 자외선 흡수제와 자외선 산란제로 나눈다.
② 자외선 산란제는 예민한 피부에 사용이 가능하다.
③ 자외선 산란제는 피부에서 자외선을 반사시킨다.
④ 자외선 흡수제는 백색현상이 나타난다.

자외선 산란제는 피부가 뿌옇게 밀리는 백색현상이 나타난다.

## 036
정발용 모발 화장품이 아닌 것은?

① 헤어 코트
② 헤어 크림
③ 헤어 로션
④ 헤어 스프레이

> 헤어 코트는 헤어 트리트먼트, 헤어 팩과 함께 트리트먼트용으로 사용하는 것이다.

## 037
고객의 손톱 형태를 다듬어 줄 때 주의할 사항이 아닌 것은?

① 손가락의 길이
② 고객의 얼굴
③ 고객의 직업
④ 고객이 선호하는 형태

> 손톱의 형태를 다듬 때는 고객의 직업과 손의 생김새에 유의하여 시술한다.

## 038
파일에 대한 설명으로 옳지 않은 것은?

① 거친 파일로 인조네일 시술 시 지브라 파일, 블랙 파일 등이 있다.
② 부드러운 파일은 자연네일에 사용되며 우드파일이 있다.
③ 파일은 그릿으로 용도를 구분하며 숫자가 클수록 입자가 거칠다.
④ 파일은 손톱의 모양을 다듬거나 인조네일의 시술 시 사용한다.

> 파일은 그릿으로 용도를 구분하며 숫자가 작을수록 입자가 거칠다.

## 039
손톱의 반월 부분을 남기고 바르는 컬러링 타입은?

① 프리웰
② 하프문
③ 헤어라인팁
④ 프리에지

> 손톱의 반월 부분을 남기고 남기는 컬러링 타입은 하프문 혹은 루눌라라고 한다.

## 040
푸셔에 대한 설명으로 옳지 않은 것은?

① 큐티클을 밀어 올릴 때 사용하며 15° 각도로 한다.
② 너무 세게 밀어 손톱 표면이 상하지 않도록 주의한다.
③ 메탈푸셔는 금속으로 되어 있으며 주로 사용하는 푸셔이다.
④ 스톤푸셔는 고운 돌로 되어 있는 푸셔로 주로 정리 안 된 거스러미 제거에 사용된다.

> 큐티클을 제거할 때 사용하는 푸셔의 각도는 45°로 한다.

## 041
아크릴릭 네일 시술 시 적당한 자연네일의 pH는?

① pH 2.5~3.5
② pH 8.5~10.5
③ pH 4.5~7.5
④ pH 4.5~5.5

> 자연네일은 신체조직의 일부분이며, pH 4.5~5.5의 약산성으로 세균의 침입으로부터 보호할 수 있는 항균력을 가진다.

## 042
페브릭 랩의 보관 방법으로 옳은 것은?

① 비닐봉지에 담아 밀폐해 둔다.
② 서랍 속에 잘 보관한다.
③ 냉장고에 잘 보관한다.
④ 상온에서 잘 보관한다.

> 페브릭 랩은 박테리아 균의 침입을 예방하기 위해 비닐봉지에 밀폐하여 보관하여야 한다.

## 043
젤 시술 시 표면에 끈적이는 미경화 젤을 닦아내는 것은?

① 본더
② 리무버
③ 손 소독제
④ 젤 클린저

젤 클렌저는 미경화된 젤을 퍼프에 클린저를 묻혀 표면의 잔여물과 미경화된 끈적이는 젤을 닦아낸다.

## 044
페디큐어 과정과 거리가 먼 것은?

① 발톱 표면 정리하기
② 족탕기에 발 담그기
③ 큐티클 정리하기
④ 프라이머 바르기

페디큐어는 발의 전반적인 관리이므로 프라이머 바르기와는 거리가 멀다.

## 045
부드러운 느낌을 주고 모서리를 다듬은 스타일의 네일은?

① 프리에지 스타일
② 원형 네일
③ 둥근 사각네일
④ 사각 네일

둥근 사각 네일은 부드러운 느낌을 주고 모서리를 다듬은 스타일이다.

## 046
인조팁 접착 시 팁 고르는 방법으로 옳은 것은?

① 손톱 크기보다 약간 크게 고른다.
② 손톱 크기보다 약간 작게 고른다.
③ 손톱 크기에 갖게 고른다.
④ 손톱 크기와는 무관하게 아무거나 고른다.

인조 손톱은 손톱의 크기보다 조금 큰 걸로 고르는 것이 좋다.

## 047
아크릴 시술 시 아크릴이 완전히 굳었다는 것을 알 수 있는 방법은?

① 파일링을 해 본다.
② 핀칭을 주면 알 수 있다.
③ 손으로 만져 본다.
④ 브러시대로 두들겨 본다.

브러시대로 두들겨 봤을 때 맑은소리가 나면 굳은 것이다.

## 048
네일 제품의 냄새를 줄이기 위한 방법으로 옳지 않은 것은?

① 빠른 시술을 위하여 사용하는 재료는 한꺼번에 용기 뚜껑을 닫는다.
② 쓰레기는 뚜껑이 있는 용기에 넣어야 한다.
③ 마스크를 착용하는 것이 좋다.
④ 환기는 자주 시키는 것이 좋다.

사용하지 않는 액체로 된 재료는 빨리 제거하고 그 외 사용하지 않는 용기는 닫아두어야 한다.

## 049
공중위생관리법상 위생교육을 받지 않은 자에 대한 과태료 부과기준은?

① 50만원 이하
② 100만원 이하
③ 200만원 이하
④ 300만원 이하

위생교육
- 교육대상 : 공중위생영업자
- 교육시기 : 매년(공중위생영업 신고 시 미리 받아야 함. 부득이한 경우 영업개시 후 6개월 이내)
- 교육시간 : 3시간(집합교육과 온라인 교육 병행 실시)
- 위생교육을 받지 않은 자 : 200만원 이하의 과태료 처분

## 050
감염병 중 질병관리청장 또는 관할 보건소장에 7일 이내에 신고해야 할 감염병은?

① 페스트
② 수족구병
③ 디프테리아
④ 신종인플루엔자

- 제1급 감염병은 즉시, 제2급 및 제3급 감염병은 24시간 이내, 제4급 감염병은 7일 이내에 질병관리청장 또는 관할 보건소장에게 신고하여야 한다.
- 보기 중 수족구병은 제4급 감염병, 페스트와 디프테리아, 신종인플루엔자는 제1급 감염병에 해당한다.

## 051
질트리코모나스의 감염 경로와 거리가 먼 것은?

① 식기          ② 변기
③ 목욕탕       ④ 성접촉

질트리코모나스는 동물성 편모충류의 일종으로 여성 생식기관의 질이나 남성 생식기관의 부고환, 요도전, 위선 등에 기생한다. 여성에게는 질염, 남성에게는 요도염을 일으킨다.

## 052
노년기의 건강관리와 거리가 먼 것은?

① 식사          ② 목욕
③ 용변          ④ 건강증

노년기의 건강관리를 위해서는 식사, 목욕과 용변, 수면과 운동으로 관리를 하여야 한다.

## 053
병원에서 감염병 환자가 퇴원 시 행하는 소독법은?

① 종말소독     ② 지속소독
③ 수시소독     ④ 반복소독

종말소독은 퇴원 시 마지막으로 행해지는 소독 방법이다.

## 054
공중위생영업에 해당하지 않는 것은?

① 이·미용업
② 숙박업
③ 세탁업
④ 식당 조리업

"공중위생영업"이라 함은 다수인을 대상으로 위생관리서비스를 제공하는 영업으로서 숙박업·목욕장업·이용업·미용업·세탁업·건물위생관리업을 말한다.

## 055
위생교육은 일 년에 몇 시간을 받아야 하는가?

① 2시간          ② 3시간
③ 4시간          ④ 5시간

위생교육은 매년 3시간으로 하며, 시장·군수·구청장에게 수료증을 받는다.

## 056
지역사회의 보건수준을 대표하는 지표는?

① 영아사망률     ② 모성사망률
③ 노인사망률     ④ 지역사망률

영아사망률은 지역사회의 보건수준을 대표하는 지표이다.

## 057
보건소에 대한 감독 권한은 누구에게 있는가?

① 도지사
② 대통령
③ 보건복지부장관
④ 시장, 군수, 구청장

보건소는 시·군·구 보건행정조직으로 시장, 군수, 구청장이 업무를 감독한다.

## 058
감염병 감염 후 얻어지는 면역의 종류는?

① 자연 능동면역
② 인공 수동면역
③ 인공 능동면역
④ 자연 수동면역

자연 능동면역은 감염병 감염 후 얻어지는 면역이며 일시 면역과 영구 면역으로 분리 된다.

## 059
법정 감염병 2급에 해당하는 것은?

① 폴리오
② 파상풍
③ 일본뇌염
④ 신종인플루엔자

폴리오–2급, 파상풍–3급, 일본뇌염–3급, 신종인플루엔자–1급

## 060
이·미용사의 면허증을 다른 사람에게 대여한 경우 1차 위반 행정처분 기준은?

① 면허정지 3개월
② 면허정지 6개월
③ 영업정지 3개월
④ 영업정지 6개월

면허증을 다른 사람에게 대여한 경우
• 1차 위반 : 면허정지 3월
• 2차 위반 : 면허정지 6월
• 3차 위반 : 면허취소

### 02회 [정답] 적중모의고사

| 001 | 002 | 003 | 004 | 005 |
|---|---|---|---|---|
| ③ | ① | ④ | ① | ① |
| 006 | 007 | 008 | 009 | 010 |
| ④ | ③ | ④ | ① | ③ |
| 011 | 012 | 013 | 014 | 015 |
| ② | ② | ③ | ② | ③ |
| 016 | 017 | 018 | 019 | 020 |
| ① | ② | ③ | ④ | ④ |
| 021 | 022 | 023 | 024 | 025 |
| ④ | ③ | ① | ④ | ④ |
| 026 | 027 | 028 | 029 | 030 |
| ① | ③ | ② | ③ | ③ |
| 031 | 032 | 033 | 034 | 035 |
| ① | ① | ③ | ④ | ④ |
| 036 | 037 | 038 | 039 | 040 |
| ① | ② | ③ | ② | ① |
| 041 | 042 | 043 | 044 | 045 |
| ④ | ① | ④ | ④ | ③ |
| 046 | 047 | 048 | 049 | 050 |
| ① | ④ | ① | ③ | ① |
| 051 | 052 | 053 | 054 | 055 |
| ① | ④ | ① | ④ | ② |
| 056 | 057 | 058 | 059 | 060 |
| ① | ④ | ① | ① | ① |

# 제 03 회 적중모의고사

CHECK POINT QUESTION

## 001
고객의 폴리시 색상 선택 시 고려해야 할 사항이 아닌 것은?

① 피부색
② 시술자 취향
③ 계절
④ 고객의 선호 색상

> 고객의 폴리시 색상 선택 시 시술자의 취향은 고려할 사항이 아니다.

## 002
파고드는 발톱을 예방하기 위해 발톱 모양으로 적절한 것은?

① 라운드 형
② 포인트 형
③ 스퀘어 형
④ 오발 형

> 파고드는 발톱을 예방하기 위해 발톱 모양을 스퀘어 형으로 조형한다.

## 003
글루 드라이어의 내용이 아닌 것은?

① 글루나 젤글루를 빠르게 건조시킨다.
② 10~15cm 거리에서 분사한다.
③ 손톱 가까이 분사하면 뜨거워지므로 주의한다.
④ 5번 분사해야 건조된다.

> 글루 드라이는 글루나 젤을 빠르게 건조 시켜주는 스프레이이다. 손톱 가까이 분사하면 뜨거워지므로 10~15cm 거리에서 분사하고 1~2번 정도의 분사로 건조 시킨다.

## 004
성장기에 뼈의 길이 성장이 일어나는 곳은?

① 골단연골
② 두개골
③ 요골
④ 상지골

> 골단연골(성장판)에서의 활발한 세포분열에 의해 길이 성장을 하고, 골아세포와 파골세포 작용에 의해 부피 성장을 한다.

## 005
네일숍의 수입을 효율적으로 관리 할 수 있는 방법은?

① 수입 · 지출 관리대장
② 지출 관리대장
③ 수입 관리대장
④ 고정비 관리대장

> 수입 · 지출 관리대장으로 네일숍의 수입을 효율적으로 관리할 수 있다.

## 006
네일숍의 직원들에게 원활한 업무 수행에 필요한 내용이 아닌 것은?

① 인성 교육
② 기술 교육
③ 예절 교육
④ 독서 교육

> 독서 교육은 직원들의 업무 수행에 반드시 필요한 교육이라고 볼 수 없다.

## 007
습식 매니큐어의 파일링 방법이 아닌 것은?

① 우드 파일을 사용해서 파일링한다.
② 고객이 원하는 모양으로 조형한다.
③ 파일을 좌우로 비비면서 파일링한다.
④ 파일의 그릿수가 너무 낮지 않은 것으로 파일링한다.

파일을 좌우로 비비지 않고 바깥에서 안쪽으로 한 방향으로 파일링한다.

## 008
습식매니큐어 시술 시 큐티클을 과다하게 제거했을 때 출혈이 있을 경우 출혈 부위에 사용하는 재료는?

① 알코올
② 지혈제
③ 필러파우더
④ 아세톤

지혈제는 습식매니큐어 시술 시 큐티클을 과다하게 제거했을 때 출혈이 있을 경우 출혈 부위에 사용하는 재료이다.

## 009
네일리스트가 시술 가능한 네일의 질환이 아닌 것은?

① 오니키아
② 에그쉘 네일
③ 루코니키아
④ 오니카트로피아

오니키아는 네일 기저에 고름이 있는 조직염증으로 네일리스트가 시술이 불가능한 질환이다.

## 010
손톱에 가장 흔하게 나타나며 손톱 표면에 작은 흰 반점이 나타나는 질환은?

① 퍼로우
② 에그쉘 네일
③ 루코니키아
④ 오니코렉시스

루코니키아(백색 반점)는 손톱에 가장 흔하게 나타나며 손톱 표면에 작은 흰 반점이 나타나는 질환이다.

## 011
다음 중 손톱의 구조와 기능으로 바르게 연결된 것은?

① 하이포니키움 : 하조피
② 네일 매트릭스 : 조상
③ 네일 베드 : 조모
④ 네일 루트 : 조체

• 네일매트릭스 : 조모
• 네일베드 : 조상
• 네일 루트 : 조근

## 012
손톱의 특성으로 틀린 것은?

① 손톱의 손상으로 조갑이 탈락되고 회복하는 데는 약 6개월 정도 걸린다.
② 손톱의 성장은 겨울보다 여름이 잘 자란다.
③ 엄지손톱의 성장이 가장 느리며, 새끼손톱의 성장이 가장 빠르다.
④ 손톱은 피부의 부속기관으로 케라틴이 주요 구성분이다.

중지 손톱의 성장이 가장 빠르며, 새끼손톱의 성장이 가장 느리다.

## 013
체모의 색상을 좌우하는 멜라닌이 가장 많이 함유되어있는 곳은?

① 모표피
② 모수질
③ 모피질
④ 모유두

모피질은 모발의 대부분을 차지고 멜라닌 색소를 포함하고 있다.

## 014
건성 피부에 대한 설명으로 틀린 것은?

① 유·수분의 부족으로 피부가 거칠고 윤기가 없다.
② 주름이 잘 생기다.
③ 피부색이 창백하고 탄력이 없다.
④ 피부의 당김을 많이 느낀다.

> 피부색이 창백하고 탄력이 없는 건 민감성 피부이다.

## 015
여드름 피부 개선을 위해 사용되는 활성 성분은?

① 아줄렌
② 스쿠알렌
③ 알로에
④ 살리실산

> 여드름 피부 개선을 위해 사용되는 활성 성분은 살리실산, 클레이, 캄퍼 등이다.

## 016
수분부족으로 인한 표피의 특징이 아닌 것은?

① 피부조직이 얇게 보이지 않는다.
② 피부 당김이 진피(내부)에서 심하게 느껴진다.
③ 피부 조직에 표피성 잔주름이 형성된다.
④ 연령에 관계 없이 발생한다.

> 피부 당김이 진피(내부)에서 심하게 느껴지는 것은 진피성 수분부족 피부의 특징이다.

## 017
색소침착 피부에 효과적인 성분이 아닌 것은?

① 알부틴
② 코직산
③ 상백피
④ 레티놀

> 레티놀은 주름 개선에 도움을 주는 기능성 화장품 원료이다.

## 018
바이러스성 피부 질환이 아닌 것은?

① 대상포진
② 사마귀
③ 감기
④ 켈로이드

> 켈로이드는 피부조직의 재생 과정에서 손상되었던 피부가 더 크고 붉게 튀어 올라오는 것을 말하며 원인은 다양하다.

## 019
광선의 종류 중 발열작용이 있어 열선이라 하며 피부 깊숙이 침투하여 혈액순환을 촉진하고 신진대사 원활하게 하는 효과가 있는 광선은?

① 적외선
② 자외선
③ 감마선
④ 가시광선

> 적외선은 인체에 무해 하며 근육 이완 효과가 있고 피부 깊이 영양분을 침투시킨다. 발열작용이 있는 적외선은 태양광선의 50% 이상을 차지한다.

## 020
균, 먼지 등 외부에서 침입하여 면역체계에서 면역반응을 일으키게 하는 원인물질은?

① 보체
② 항원
③ 항체
④ 고체

> 항원과 항체
> • 항원 : 외부의 이물질로 면역계를 자극하여 항체 형성 유도
> • 항체 : 항원을 인식하여 몸을 방어하기 위해 만들어지는 물질

## 021
성인의 경우 피부가 차지하는 비중은 체중의 약 몇 %인가?

① 15~17%
② 20~25%
③ 15~27%
④ 35~45%

> 성인의 경우 체중의 약 15~17%를 피부가 차지한다.

## 022
광노화의 반응이 아닌 것은?

① 건조
② 거칠어짐
③ 과색소침착
④ 모세혈관 수축

자외선이 주원인인 광노화는 노화 증상이 내인성에 비해 일찍 관찰되며 비정상적인 혈관 확장 등이 일어난다.

## 023
원주형의 세포가 단층으로 이어져 있으며 각질 형성세포와 색소 형성세포가 존재하는 피부층은?

① 각질층　　② 투명층
③ 유극층　　④ 기저층

기저층
- 표피의 가장 깊은 층으로 원통형이나 장방형의 단층으로 이루어져 있다.
- 세포분열이 가장 왕성한 층으로 새로운 세포를 형성한다.
- 각질 형성세포와 색소 형성세포가 존재하는 층이다.
- 멜라닌을 생성하는 멜라노사이트가 있어 피부색과 모발색을 결정한다.

## 024
진피의 구성 성분 중 가장 많은 양을 차지하는 것은?

① 피하지방　　② 수분
③ 무기질 및 효소　　④ 단백질

진피의 90%를 차지하고 있는 것은 교원섬유이며, 교원섬유는 단백질, 콜라겐으로 구성되어 있다.

## 025
기능성 화장품의 설명으로 틀린 것은?

① 피부의 주름 개선에 도움을 주는 제품
② 피부의 여드름 치료에 도움을 주는 제품
③ 피부의 미백에 도움을 주는 제품
④ 피부의 자외선 차단에 도움을 주는 제품

기능성화장품의 구분
- 피부의 미백에 도움을 주는 제품
- 피부의 주름개선에 도움을 주는 제품
- 피부를 곱게 태워주거나 자외선으로부터 피부를 보호하는 데에 도움을 주는 제품
- 모발의 색상 변화·제거 또는 영양공급에 도움을 주는 제품
- 피부나 모발의 기능 약화로 인한 건조함, 갈라짐, 빠짐, 각질화 등을 방지하거나 개선하는 데에 도움을 주는 제품

## 026
화장품의 4대 요건 중 보관에 따른 변질, 변색, 변취, 미생물의 오염이 없다는 내용은 어느 것인가?

① 안전성　　② 안정성
③ 사용성　　④ 유효성

화장품의 4대 요건
- 안전성 : 피부 트러블 및 자극, 알레르기 등 독성이 없을 것
- 안정성 : 변색, 변질, 변취가 되지 않아야 하며, 미생물의 오염이 없을 것
- 사용성 : 사용감, 편리성, 기호성
- 유효성 : 보습, 노화억제, 혈액순환촉진, 자외선차단, 미백, 세정, 수렴, 색채 등의 효과를 부여

## 027
지방 성분이 없어 세정력이 우수하며 지성피부의 클렌징에 효과적인 제품은?

① 클렌징 크림
② 클렌징 젤
③ 클렌징 워터
④ 클렌징 오일

클렌징 젤은 지성피부의 예민한 알레르기성 피부, 모공이 넓은 피부에 적합하며 오염 물질 제거가 쉽다.

## 028
식물성 오일이 아닌 것은?

① 올리브 오일　　② 실리콘 오일
③ 아보카도 오일　　④ 피마자 오일

실리콘은 합성 오일에 속하며, 사용성 및 화학적 안정성이 우수하다.

## 029
화장품에 대한 설명으로 틀린 것은?
① 신체에 바르거나 뿌려서 신체 및 모발을 아름답게 유지시킨다.
② 정상인이 사용하며 부작용은 어느 정도는 무방하다.
③ 기능성 화장품은 미백, 자외선차단, 노화억제의 효능 효과가 있어야 한다.
④ 인체를 청결, 미화하여 매력을 더하고 용모를 밝게 변화시키기 위해 사용한다.

"화장품"이란 인체를 청결·미화하여 매력을 더하고 용모를 밝게 변화시키거나 피부·모발의 건강을 유지 또는 증진하기 위하여 인체에 바르고 문지르거나 뿌리는 등 이와 유사한 방법으로 사용되는 물품으로서 인체에 대한 작용이 경미한 것을 말한다. 다만, 의약품에 해당하는 물품은 제외한다.

## 030
화장품의 성분 중 알코올에 대한 설명이 틀린 것은?
① 변성 에탄올을 사용한다.
② 시원한 청량감과 수렴효과를 준다.
③ 건성용 토너가 함유량이 많다.
④ 배합량이 많아질수록 수렴효과와 살균소독효과가 있다.

지성용, 남성용 토너일수록 알코올 함유량이 많다.

## 031
계면활성제가 물에 잘 녹는지 녹지 않는지를 나타내는 척도는?
① Pa
② Spf
③ Hlb
④ Mad

Hlb는 비이온 계면활성제가 물에 잘 녹는지 녹지 않는가 하는 척도를 나타내며, 지수가 낮을수록 물에 잘 녹지 않고 지수가 높을수록 잘 녹는다. 지수는 0~20으로 나타낸다.

## 032
패치 테스트(patch test)에 대한 설명으로 맞는 것은?
① 홍반, 부종, 가려움, 화끈거림, 따가움 등의 감각적인 자극 반응을 평가하는 방법이다.
② 사람의 얼굴에 실시하는 테스트이다.
③ 화장품의 변질이나 변색을 확인하기 위한 방법이다.
④ 화장품을 판매하기 위한 목적으로 테스트한다.

패치 테스트(patch test, 첩보시험)이란 홍반, 부종, 가려움, 화끈거림, 따가움 등의 감각적인 자극 반응을 평가하는 방법이다. 사람의 팔이나 등 부위에 실시한다.

## 033
향수의 지속시간이 높은 순서대로 나열한 것은?
① 퍼퓸 > 오데퍼퓸 > 샤워코롱 > 오데코롱 > 오데토일렛
② 샤워코롱 > 오데퍼퓸 > 퍼퓸 > 오데코롱 > 오데토일렛
③ 퍼퓸 > 오데퍼퓸 > 오데코롱 > 샤워코롱 > 오데토일렛
④ 퍼퓸 > 오데퍼퓸 > 오데토일렛 > 오데코롱 > 샤워코롱

향수의 유형

| 유형 | 부항률 | 지속시간 |
| --- | --- | --- |
| 퍼퓸 | 15~30% | 6~7시간 |
| 오데퍼퓸 | 9~12% | 5~6시간 |
| 오데토일렛 | 6~8% | 3~5시간 |
| 오데코롱 | 3~5% | 1~2시간 |
| 샤워코롱 | 1~3% | 30분~1시간 |

## 034
티로시나이제 활성을 억제하고 멜라닌 생성을 억제하는 기능이 있는 미백 성분이 아닌 것은?
① 비타민 C
② 레시틴

③ 코직산　　　　　④ 뽕나무 추출물

레시틴은 천연유화제로 사용되며 리포좀(Liposome)의 원료이다.

## 035
성분과 그 효능에 대한 설명 중 맞지 않는 것은?

① 솔비톨은 글리세린 대체물질로 사용된다.
② 레시틴은 리포좀의 원료이며 친유성이다.
③ 해초는 겔 형성을 위한 점증제로 사용된다.
④ 알로에는 항염, 진정 작용을 한다.

레시틴은 친수성이며 수분을 끌어당긴다. 또한 피부에 유연함을 부여하고 천연유화제로 사용되며 계란, 콩에서 추출한다.

## 036
파운데이션, 마스카라 등 메이크업 제품에 적용되는 계면활성제의 작용은?

① 가용화제
② 유화제
③ 분산제
④ 보습제

- 분산 : 불용성 고체입자를 액체 속에 균일하게 혼합시키는 기술(파운데이션, 아이샤도우, 립스틱, 마스카라 등)
- 유화 : 수성성분과 유성성분을 균일하게 혼합하는 기술(크림, 로션 등)

## 037
컬러링의 종류 중 큐티클 라인에서 프리에지 방향으로 색이 점점 진해지는 것은?

① 프렌치 라인
② 그라데이션
③ 슬림 라인
④ 스마일 라인

큐티클 라인에서 프리에지 방향으로 색이 점점 진해지는 컬러링은 그라데이션 컬러링이다.

## 038
자연 네일을 오버레이하여 보강할 때 사용할 수 없는 재료는?

① 실크
② 아크릴
③ 젤
④ 탑코트

탑코트는 폴리시를 바른 후 마지막 단계에 네일에 광택을 주고 폴리시를 보호하기 위해 바르는 것이다.

## 039
전동 드릴머신의 설명으로 틀린 것은?

① 손톱이 뜨거워 지면 잠시 참아야 한다.
② 비트의 분당 회전수를 RPM이라 한다.
③ 시술이 끝나면 다음 고객을 위해 반드시 비트를 소독해야 한다.
④ 전동 드릴 머신의 비트는 시계 반대 방향으로 회전한다.

마찰로 손톱이 뜨거워 지면 RPM 속도를 늦추어야 한다.

## 040
젤 네일 시술 후 젤이 피부에 묻어 경화된 경우 발생할 수 있는 문제점은?

① 들뜸
② 깨짐
③ 갈라짐
④ 변색

젤 네일 시술 후 젤이 피부에 묻어 경화된 경우는 들뜸의 원인이 된다.

## 041
아크릴 시술 후 브러시를 세척 하는 방법은?

① 물티슈로 닦는다.
② 물로 헹군다.
③ 브러시 클리너로 닦는다.
④ 젤 클렌저로 닦는다.

브러시 클리너로 아크릴 시술 후 브러시를 세척 한다.

## 042
페디파일의 사용 방향으로 맞는 것은?

① 바깥 방향으로
② 족문 방향으로
③ 사선 방향으로
④ 안쪽 방향으로

> 페디파일은 발바닥 각질 제거 후 매끄럽게 해 주기 위해 족문 방향으로 사용한다.

## 043
발바닥 굳은살을 제거하거나, 크레도 사용 후 발바닥 버핑을 위해 사용하는 도구는?

① 페디파일
② 토우세퍼레이터
③ 실크
④ 우드파일

> 페디파일은 발바닥 굳은살을 제거하거나, 크레도 사용 후 발바닥 버핑을 위해 사용하는 도구이다.

## 044
교회나 성당 유리창에서 흔히 볼 수 있는 기법으로 다양한 펄 컬러를 사용해 환상적인 느낌을 나타내는 디자인은?

① 데칼
② 프로트랜스
③ 스테인드글라스
④ 프렌치

> 스테인드글라스는 교회나 성당 유리창에서 흔히 볼 수 있는 기법으로 다양한 펄 컬러를 사용해 환상적인 느낌을 나타내는 디자인이다.

## 045
랩 보수의 설명 중 옳지 않은 것은?

① 자연네일과 인조네일 사이에 리프팅이 심한 경우 리프팅 된 부분을 파일링 한다.
② 리프팅 부분에 랩을 부착한 후 손톱 표면 전체에 글루를 바른다.
③ 필러 파우더를 뿌린 후 글루를 바르고 글루가 마르면 젤 글루를 바르기도 한다.
④ 파일링 시 자연네일이 상하지 않도록 파일링 한다.

> 자연네일과 인조네일 사이에 리프팅이 심한 경우 새 랩으로 교체한다.

## 046
팁 턱 보강 시 필러 파우더 뿌리는 방법이 옳지 않은 것은?

① 이 과정을 여러 번 반복해도 무관하다.
② 자연네일의 꺼진 중간 부분이나 하이포인트를 만들어 준다.
③ 필러 파우더는 얇고 고르게 뿌려야 한다.
④ 필러 파우더는 글루가 완전히 마른 후에 뿌려 준다.

> 필러 파우더는 글루가 마르기 전에 뿌려주어야 필러 파우더의 두께를 형성할 수 있다.

## 047
젤 클렌저 역할 설명으로 맞는 것은?

① 큐어링 후 미경화된 표면에 남아 있는 젤을 닦아내는 역할을 한다.
② 젤을 제거할 때 사용한다.
③ 젤 컬러링 후 광택을 주기 위해 사용한다.
④ 유색 팔리시를 보호하기 위해 사용한다.

> 젤 클렌저는 큐어링 후 손톱 표면에 미경화되어 남아 있는 젤을 닦아내는 역할을 한다.

## 048
비트 사용 후 소독 방법이 아닌 것은?

① 안팁셉틱을 뿌려 닦는다.

② 비누와 물로 헹군 후 소독액에 담가둔다.
③ 물기(소독액)를 잘 말려서 위생적인 용기에 보관한다.
④ 브러시로 먼지를 털어낸 후 아세톤에 담가둔다.

비트 소독은 안팁셉틱으로는 충분하지 않으므로 아세톤이나 소독액에 담가둔다.

## 049
예방접종 중 세균의 독소를 순화하여 사용하는 것은?

① 콜레라
② 폴리오
③ 파상풍
④ 장티푸스

파상풍 면역 글로불린은 항독소를 정맥주사 하여 독소를 순화한다.

## 050
독소형 식중독의 원인균은?

① 황색포도상구균
② 장염균
③ 장티푸스균
④ 콜레라균

황색포도상구균, 클로스트리디움 퍼프린젠스, 클로스트리디움 보툴리눔은 세균성 독소형 식중독의 원인균으로 그 중 황색포도상구균의 독소인 엔테로톡신은 120℃에서 20분간 처리해도 파괴되지 않을 정도로 열에 강하다.

## 051
질병의 주 오염원이 아닌 것은?

① 1회용 솜   ② 서랍장
③ 수건       ④ 작업대

서랍장, 수건, 작업대, 세탁장, 싱크대, 쓰레기, 니퍼, 파일, 각탕기 등 질병의 주 오염원이 된다.

## 052
에이즈 바이러스의 침투 경로로 바른 것은?

① 기침, 재채기   ② 혈액, 정액
③ 혈액, 침       ④ 정액, 침

에이즈 바이러스가 인체에 침입하면 면역을 파괴하고 혈액, 정액에 의해 감염된다.

## 053
연쇄상구균의 감염으로 인해 발생 되는 증상인 것은?

① 폐렴       ② 인후염
③ 폐혈증     ④ 식중독

연쇄상구균은 구균이 쌍을 이루어 서식하며 폐렴, 기관지염, 이염 등을 유발한다.

## 054
일반관리 대상 업소의 위생관리 등급은?

① 녹색등급   ② 황색등급
③ 청색등급   ④ 백색등급

위생관리등급의 구분
• 최우수업소 : 녹색등급
• 우수업소 : 황색등급
• 일반관리대상 업소 : 백색등급

## 055
과태료 처분에 불복이 있는 경우 어느 기간 내에 이의를 제기할 수 있는가?

① 처분한 날로부터 30일 이내
② 처분의 고지를 받은 날로부터 30일 이내
③ 처분한 날로부터 10일 이내
④ 처분의 고지를 받은 날로부터 10일 이내

과태료 처분에 불복이 있는 자는 그 처분의 고지를 받은 날로부터 30일 이내에 처분권자에게 이의를 제기할 수 있다.

## 056
과태료 처분 대상에 해당하지 않는 자는?

① 영업소 폐쇄 명령을 받고도 영업을 계속한 자
② 관계 공무원의 출입 · 검사 등 업무를 기피한 자
③ 위생교육 대상자 중 위생교육을 받지 아니한 자
④ 이 · 미용업소 위생관리 의무를 지키지 아니한 자

영업소 폐쇄 명령을 받고도 영업을 계속한 자는 1년 이하의 징역 또는 1천만원 이하의 벌금을 처한다.

## 057
이 · 미용사의 면허를 받을 수 있는 사람은?

① 금치산자
② 정신질환자
③ 마약, 기타 대통령령으로 정하는 약물 중독자
④ 전과기록이 있는 자

전과기록이 있는 자는 결격사유에 해당하지 않는다.

## 058
사회 보장의 분류에 속하지 않는 것은?

① 개인 보험    ② 산재 보험
③ 생활 보호    ④ 의료 보장

사회 보장이란 출산, 양육, 실업, 은퇴, 장애, 질병, 빈곤, 사망 따위의 사회적 위험으로부터 국민을 보호하고 국민의 삶의 질을 유지, 향상하는 데 필요한 소득과 서비스를 국가 및 지방자치 단체가 보장하는 일이다.

## 059
위생교육에 대한 내용으로 옳지 않은 것은?

① 공중위생 영업자는 매년 받아야 한다.
② 이 · 미용업의 개설시 받아야 한다.
③ 위생교육의 방법, 절차 등은 대통령령으로 정한다.
④ 공중위생관리법에 의한 명령의 위반 시 받아야 한다.

위생교육의 방법, 절차 등은 보건복지부령으로 정한다.

## 060
공중 보건의 정의는?

① 생명 연장, 질병 예방, 조기 치료의 기술 과학
② 질병 예방, 생명 연장, 건강 증진의 기술 과학
③ 조기 치료, 생명 연장, 건강 증진의 기술 과학
④ 조기 발견, 질병 예방, 건강 증진의 기술 과학

공중 보건의 정의는 질병을 예방하고 생명을 연장할 뿐 아니라 신체적, 정신적 효율을 증진시키는 기술이며 과학이다.

### 03회 [정답]   적중모의고사

| 001 | 002 | 003 | 004 | 005 |
|---|---|---|---|---|
| ② | ③ | ④ | ① | ① |
| 006 | 007 | 008 | 009 | 010 |
| ④ | ③ | ② | ① | ③ |
| 011 | 012 | 013 | 014 | 015 |
| ① | ③ | ③ | ③ | ④ |
| 016 | 017 | 018 | 019 | 020 |
| ② | ④ | ④ | ① | ② |
| 021 | 022 | 023 | 024 | 025 |
| ① | ④ | ④ | ④ | ② |
| 026 | 027 | 028 | 029 | 030 |
| ② | ② | ② | ② | ③ |
| 031 | 032 | 033 | 034 | 035 |
| ③ | ① | ④ | ② | ② |
| 036 | 037 | 038 | 039 | 040 |
| ③ | ② | ④ | ① | ① |
| 041 | 042 | 043 | 044 | 045 |
| ③ | ② | ① | ③ | ① |
| 046 | 047 | 048 | 049 | 050 |
| ④ | ① | ② | ③ | ① |
| 051 | 052 | 053 | 054 | 055 |
| ① | ② | ① | ④ | ② |
| 056 | 057 | 058 | 059 | 060 |
| ① | ④ | ① | ③ | ② |

# 제 **04** 회 적중모의고사

○ CHECK POINT QUESTION

## 001
다음 중 이·미용실에서 사용하는 타월을 철저하게 소독하지 않았을 때 주로 발생할 수 있는 감염병은?

① 장티푸스
② 트리코마
③ 페스트
④ 일본뇌염

트리코마는 감염질환의 하나로 이로 인해 종종 각막(검은자 위) 및 결막(흰자 위)에 영구적인 흉터성 합병증을 남겨 시력장애를 초래할 수 있다. 환자의 안 분비물 접촉에 의해 사용하던 타월이나 옷 등을 통해 간접적으로 전파되므로 손과 얼굴을 자주 씻고 더러운 손으로 눈을 만지지 않아야한다.

## 002
다음 중 감염병 관리상 가장 중요하게 취급해야 할 대상자는?

① 건강보균자
② 잠복기환자
③ 현성환자
④ 회복기보균자

건강보균자는 병원체를 보유하고 있으나 무증상이며, 체외로 이를 배출하고 있는 자를 말한다. 색출 및 격리가 어렵고 활동 영역이 넓기 때문에 감염병 관리상 가장 중요하게 취급한다.

## 003
세계보건기구에서 규정한 보건행정의 범위에 속하지 않는 것은?

① 보건관례기록의 보존
② 환경위생과 감염병 관리
③ 보건통계와 만성병 관리
④ 모자보건과 보건간호

보건행정의 범위는 보건관계 기록의 보존, 대중에 대한 보건 교육, 환경위생, 감염병 관리, 모자보건, 의료 및 보건 간호이다.

## 004
감염병 예방 및 관리에 관한 법률상 "전파가능성을 고려하여 발생 또는 유행 시 24시간 이내에 신고하여야 하고, 격리가 필요한 감염병"은?

① 제1급감염병
② 제2급감염병
③ 제3급감염병
④ 제4급감염병

• 제1급감염병 : 생물테러감염병 또는 치명률이 높거나 집단 발생의 우려가 커서 발생 또는 유행 즉시 신고하여야 하고, 음압격리와 같은 높은 수준의 격리가 필요한 감염병
• 제2급감염병 : 전파가능성을 고려하여 발생 또는 유행 시 24시간 이내에 신고하여야 하고, 격리가 필요한 감염병
• 제3급감염병 : 그 발생을 계속 감시할 필요가 있어 발생 또는 유행 시 24시간 이내에 신고하여야 하는 감염병

## 005
석탄산 소독에 대한 설명으로 틀린 것은?

① 단백질 응고작용이 있다.
② 저온에서는 살균효과가 떨어진다.
③ 금속기구 소독에 부적합하다.
④ 포자 및 바이러스에 효과적이다.

석탄산은 고무제품, 의류, 가구, 배설물 등의 소독에 적합하며, 포자 및 바이러스에는 작용력이 없다.

## 006
소독용 승홍수의 희석 농도로 적합한 것은?
① 10~20%   ② 5~7%
③ 2~5%    ④ 0.1~0.5%

> 승홍수는 0.1%(1000배)의 수용액을 사용한다.

## 007
공중위생영업소의 위생서비스 평가 계획을 수립하는 자는?
① 시·도지사
② 행정안전부장관
③ 대통령
④ 시장·군수·구청장

> 시·도지사는 공중위생영업소의 위생관리 수준을 향상시키기 위하여 위생서비스 평가 계획을 수립하여 시장·군수·구청장에게 통보하여야 한다.

## 008
자비 소독법시 일반적으로 사용하는 물의 온도와 시간은?
① 150℃에서 15분간
② 135℃에서 20분간
③ 100℃에서 20분간
④ 80℃에서 30분간

> 자비소독법은 100℃의 끓는 물 속에서 20~30분 동안 가열하는 방법이다.

## 009
절지동물에 의해 매개되는 감염병이 아닌 것은?
① 유행성 일본뇌염   ② 발진티푸스
③ 탄저          ④ 페스트

> 탄저병은 토양매개 세균인 탄저균에 감염되어 발생하는 급성 열성 전염성 감염질환이다.

## 010
호기성 세균이 아닌 것은?
① 결핵균    ② 백일해균
③ 파상풍균   ④ 녹농균

> 파상풍균은 산소가 없는 곳에서만 증식하는 혐기성 세균에 속한다.

## 011
다음 기생충 중 송어, 연어 등의 생식으로 주로 감염될 수 있는 것은?
① 유구낭충증   ② 유구조충증
③ 무구조충증   ④ 긴촌충증

> 긴촌충증은 촌충인 광절열두조충에 감염되는 질병으로 송어와 같은 어류를 회로나 익히지 않고 먹었을 때 감염된다.

## 012
공기의 자정작용 현상이 아닌 것은?
① 산소, 오존, 과산화수소 등에 의한 산화작용
② 태양광선 중 자외선에 의한 살균작용
③ 식품의 탄소동화작용에 의한 $CO_2$의 생산작용
④ 공기 자체의 희석 작용

> 공기의 자정작용은 산화작용, 희석 작용, 세정작용, 살균작용, $CO_2$와 $O_2$의 교환 작용을 한다.

## 013
영아사망률의 계산공식으로 옳은 것은?
① $\dfrac{\text{연간출생아수}}{\text{인구}} \times 1000$

② $\dfrac{\text{그 해의 1~4세사망아수}}{\text{어느 해의 1~4세 인구}} \times 1000$

③ $\dfrac{\text{그 해의 생후 1년 이내의 사망아수}}{\text{어느 해의 연간출생아수}} \times 1000$

④ $\dfrac{\text{그 해의 생후 28일 이내의 사망아수}}{\text{어느 해의 연간출생아수}} \times 1000$

영아사망률은 한 국가의 보건 수준을 나타내는 지표로 생후 1년 안에 사망한 영아의 사망률을 의미한다.

## 014
석탄산 10%용액 200㎖를 2% 용액으로 만들고자 할 때 첨가해야 하는 물의 양은?

① 200㎖
② 400㎖
③ 800㎖
④ 1000㎖

석탄산 10% 용액 200㎖ : 석탄산 20㎖+물 180㎖. 20㎖의 석탄산이 2% 용액이 되기 위해서는 물의 양이 총 980㎖가 필요하므로 기존 180㎖에 800㎖의 물을 더 첨가하면 된다.

## 015
다음 중 공중위생감시원을 두는 곳을 모두 고른 것은?

| ⊙ 특별시 | ⓒ 광역시 | ⓒ 도 | ⓔ 군 |

① (ㄴ), (ㄷ)
② (ㄱ), (ㄷ)
③ (ㄱ), (ㄴ), (ㄷ)
④ (ㄱ), (ㄴ), (ㄷ), (ㄹ)

관계 공무원의 업무를 수행하게 하기 위하여 특별시, 광역시·도 및 시·군에 공중위생 감시원을 둔다.

## 016
비타민에 대한 설명 중 틀린 것은?

① 비타민 A가 결핍되면 피부가 건조해지고 거칠어진다.
② 비타민 C는 교원질 형성에 중요한 역할을 한다.
③ 레티노이드는 비타민 A를 통칭하는 용어이다.
④ 비타민 A는 많은 양이 피부에서 합성된다.

비타민 D는 많은 양이 피부에서 합성된다.

## 017
바이러스성 피부질환은?

① 모낭염
② 절종
③ 용종
④ 단순포진

단순포진(헤르페스)은 입술 주위에 주로 생기는 수포성 질환으로 평소에는 잠복 상태로 있다가 면역력이 떨어지면 재발하는 질환이다.

## 018
다음 중 자외선B(UV-B)의 파장 범위는?

① 100~190nm
② 200~280nm
③ 290~320nm
④ 400~470nm

UV A의 파장 범위는 320~400nm, UV C의 파장 범위는 200~290nm이다.

## 019
피부의 면역에 관한 설명으로 옳은 것은?

① 세포성면역에는 보체, 항체 등이 있다.
② T림프구는 항원전달세포에 해당한다.
③ B림프구는 면역글로불린이라고 불리는 항체를 생성한다.
④ 표피에 존재하는 각질형성세포는 면역조절에 작용하지 않는다.

B림프구는 림프구의 한 종류로, 체액성 면역 반응을 담당하면서 특정 병원체에 대해 항체를 생성한다.

## 020
멜라노사이트(Melanocyte)가 주로 분포되어 있는 곳은?

① 투명층
② 기저층
③ 각질층
④ 과립층

기저층은 진피의 유두층으로부터 영양분을 공급받는 층으로 멜라닌 형성 세포인 멜로노사이트가 분포되어 있다.

## 021
피부의 기능과 그 설명이 틀린 것은?

① 보호기능 – 피부표면의 산성막은 박테리아의 감염과 미생물의 침입으로부터 피부를 보호한다.
② 흡수기능 – 피부는 외부의 온도를 흡수, 감지한다.
③ 영양분교환기능 – 프로비타민 D가 자외선을 받으면 비타민 D로 전환된다.
④ 저장기능 – 진피조직은 신체 중 가장 큰 저장기관으로 각종 영양분과 수분을 보유하고 있다.

> 피부는 수분과 영양물질을 저장할 수 있고, 피하지방조직은 지방을 약 10~15kg 정도 저장한다.

## 022
피부 표면에 물리적인 장벽을 만들어 자외선을 반사하고 분산하는 자외선 차단 성분은?

① 옥틸메톡시신나메이트
② 파라아미노안석향산(PABA)
③ 이산화티탄
④ 벤조페논

> 이산화티탄은 선크림의 주성분으로 자외선을 반사하는 효과가 있다.

## 023
고객을 위한 네일 미용인의 자세가 아닌 것은?

① 고객의 경제 상태 파악
② 고객의 네일 상태 파악
③ 선택 가능한 시술 방법 설명
④ 선택 가능한 관리 방법 설명

> 고객의 경제 상태를 파악하는 것은 네일 미용과 아무런 관련이 없다.

## 024
세균증식에 가장 적합한 최적 수소이온 농도는?

① pH 3.5~5.5　　② pH 6.0~8.0
③ pH 8.5~10.0　　④ pH 10.5~11.5

> 세균은 pH 6.0~8.0의 농도에서 가장 잘 번식한다.

## 025
다음 중 원발진(Primary lesions)에 해당하는 피부질환은?

① 반흔　　② 미란
③ 가피　　④ 면포

> 원발진은 팽진, 구진, 결절, 수포, 농포, 낭종, 면포, 종양이 있고, 속발진은 인설, 반흔, 가피, 미란, 균열 농양이 있다.

## 026
이·미용업소 내에 게시하지 않아도 되는 것은?

① 이·미용업 신고증
② 개설자의 면허증 원본
③ 근무자의 면허증 원본
④ 이·미용 요금표

> 근무자의 면허증은 업소 내에 게시할 필요가 없다.

## 027
이·미용업 영업과 관련하여 과태료 부과 대상이 아닌 사람은?

① 위생관리 의무를 위반한 자
② 위생교육을 받지 않은 자
③ 무신고 영업자
④ 관계공무원 출입·검사 방해자

> 영업신고를 하지 않을 시 1년 이하의 징역 또는 1천만원 이하의 벌금에 해당된다.

## 028
과징금을 기한 내에 납부하지 아니한 경우에 이를 징수하는 방법은?

① 지방세외 수입금의 징수 등에 관한 법률에 따라 징수
② 부가가치세 체납처분에 예에 의하여 징수
③ 법인세 체납처분의 예에 의하여 징수
④ 소득세 체납처분의 예에 의하여 징수

과징금 미 납부 시 시장·군수·구청장은 지방세 체납 처분의 예에 의하여 징수한다.

## 029
다음 중 이·미용사 면허를 받을 수 없는 자는?

① 교육부 장관이 인정하는 고등기술학교에 6개월 이상 이 미용에 관한 소정의 과정을 이수한 자
② 전문대학에서 이·미용에 관한 학과를 졸업한 자
③ 국가기술자격법에 의한 이·미용사의 자격을 취득한 자
④ 고등학교에서 이·미용에 관한 학과를 졸업한 자

고등학교 또는 이와 동등의 학력이 있다고 교육부 장관이 인정하는 학교에서 미용에 관한 학과를 졸업한 자

## 030
공중위생관리법상 이·미용업자의 변경 신고사항에 해당되지 않는 것은?

① 업소의 소재지 변경
② 영업소의 명칭 또는 상호변경
③ 대표자의 성명(법인인 경우에 한함)
④ 신고한 영업장 면적의 4분의 1 이하의 변경

신고한 영업장 면적의 3분의 1 이상의 증감이 변경 신고사항에 해당된다.

## 031
손톱의 구조에 대한 설명으로 옳은 것은?

① 매트릭스(조모) : 손톱의 성장이 진행되는 곳으로 이상이 생기면 손톱의 변형을 가져온다.
② 네일 베드(조상) : 손톱의 끝부분에 해당되며 손톱의 모양을 만들 수 있다.
③ 루눌라(반월) : 매트릭스와 네일 베드가 만나는 부분으로 미생물 침입을 막는다.
④ 네일 바디(조체) : 손톱 측면으로 손톱과 피부를 밀착시킨다.

- 네일 베드(조상) : 네일 바디를 받치고 있는 밑부분
- 루눌라(반월) : 반달모양의 손톱 아래부분으로 매트릭스와 네일 베드가 만나는 부분이다.
- 네일 바디(조체) : 손톱의 몸체 부분이고 네일 베드를 보호한다.

## 032
기초 화장품을 사용하는 목적이 아닌 것은?

① 세안
② 피부정돈
③ 피부보호
④ 피부결점 보완

기초 화장품의 기능은 세안, 피부보호, 피부 정돈이다.

## 033
화장품의 원료로써 알코올의 작용에 대한 설명으로 틀린 것은?

① 다른 물질과 혼합해서 그것을 녹이는 성질이 있다.
② 소독작용이 있어 화장수, 양모제 등에 사용한다.
③ 흡수작용이 강하기 때문에 건조의 목적으로 사용한다.
④ 피부에 자극을 줄 수도 있다.

알코올은 흡수작용이 아닌 휘발성이 강하다.

## 034
다음 중 화장품의 4대 요인이 아닌 것은?

① 안전성  ② 안정성
③ 기능성  ④ 유효성

> 화장품의 4대 요건은 안정성, 안전성, 사용성, 유효성이다.

## 035
다량의 유성 성분을 물에 일정기간 동안 안정한 상태로 균일하게 혼합시키는 화장품 제조 기술은?

① 유화
② 경화
③ 분산
④ 가용화

> 물에 오일 성분이 계면활성제에 의해서 하얀색으로 섞여있는 상태를 유화 또는 에멀전이라고 한다.

## 036
다음 중 햇빛에 노출했을 때 색소침착의 우려가 있어 사용 시 유의해야 하는 에센셜 오일은?

① 라벤더  ② 티트리
③ 제라늄  ④ 레몬

> 레몬, 라임, 오렌지 등 감귤류 오일은 색소침착의 우려가 있어 사용 시 유의해서 사용해야 한다.

## 037
손톱의 프리에지 부분을 유색 폴리시로 칠해주는 컬러링 테크닉은?

① 프렌치 매니큐어(French manicure)
② 핫오일 매니큐어(Hot oil manicure)
③ 레귤러 매니큐어(Regular manicure)
④ 파라핀 매니큐어(Paraffin manicure)

> 프렌치 매니큐어(French manicure)는 손톱의 프리에지 부분을 유색 폴리시로 칠해주는 컬러링이다.

## 038
큐티클이 과잉 성장하여 손톱 위로 자라는 질병은?

① 표피조막(테리지윰)
② 교조증(오니코파지)
③ 조갑비대증(오니콕시스)
④ 고랑 파진 손톱(휘로우네일)

> 표피조막은 큐티클의 과잉 성장으로 네일판을 덮는 현상의 질병이다.

## 039
신경조직과 관련된 설명으로 옳은 것은?

① 말초신경은 외부나 체내에 가해진 자극에 의해 감각기에 발생한 신경흥분을 중추신경에 전달한다.
② 중추신경계의 체성신경을 12쌍의 뇌신경과 31쌍의 척수신경으로 이루어져있다.
③ 중추신경계의 뇌신경, 척수신경 및 자율신경으로 구성된다.
④ 말초신경은 교감신경과 부교감신경으로 구성된다.

> • 체성신경은 중추신경계가 아닌 말초 신경계에 해당된다.
> • 중추신경계의 뇌신경, 척수로 구성된다.
> • 말초신경은 체성신경계와 자율신경계로 구성된다.

## 040
네일 관리의 유래와 역사에 대한 설명으로 틀린 것은?

① 중국에서는 네일에도 연지를 발라 '조홍'이라 하였다.
② 기원전 기대에는 관목이나 음식물, 식물등에서 색상을 추출하였다.
③ 고대 이집트에서는 왕족은 짙은 색으로 낮은 계층의 사람들은 옅은 색만을 사용하게 하였다.
④ 중세시대에는 금색이나 은색 또는 검정이나 흑적색 등의 색상으로 특권층의 신분을 표시했다.

BC600년에 귀족들이 금색이나 은색을 사용하였다.

## 041
몸쪽 손목뼈(근위 수근골)가 아닌 것은?
① 손배뼈(주상골)  ② 알머리뼈(유두골)
③ 세모뼈(삼각골)  ④ 콩알뼈(두상골)

알머리뼈(유두골)은 원위 수근골에 해당된다.

## 042
손톱의 생리적인 특성에 대한 설명으로 틀린 것은?
① 일반적으로 1일 평균 0.1~0.15mm정도 자란다.
② 손톱의 성장은 조소피의 조직이 경화되면서 오래된 세포를 밀어내는 현상이다.
③ 손톱의 본체는 각질층이 변형된 것으로 얇은 측이 겹으로 이루어져 단단한 측을 이루고 있다.
④ 주로 경단백질인 케라틴과 이를 조성하는 아미노산 등으로 구성되어 있다.

조소피(큐티클)는 손톱 주위를 덮고 있는 신경이 없는 부분이며, 병균 및 미생물의 침입으로부터 보호하는 역할을 한다.

## 043
건강한 손톱의 특성이 아닌 것은?
① 매끄럽고 광택이 나며 반투명한 핑크빛을 띤다.
② 약 8~12%의 수분을 함유하고 있다.
③ 모양이 고르고 표면이 균일하다.
④ 탄력이 있고 단단하다.

건강한 손톱은 12~18%의 수분을 함유하고 있다.

## 044
둘째~다섯째 손가락에 작용을 하여 손허리뼈의 사이를 메워주는 손의 근육은?
① 엄지맞섬근(무지대립근)
② 위침근(회의근)
③ 손가락폄근(지신근)
④ 벌레근(충양근)

충양근은 제2~제5 중수지절관절의 굴곡에 관여하는 근육으로 손허리뼈 사이를 메워준다.

## 045
매니큐어의 어원으로 손을 지칭하는 라틴어는?
① 패디스(Pedis)  ② 마누스(Manus)
③ 큐라(Cura)  ④ 매니스(Manis)

매니큐어의 어원은 manicure = 마누스Manus(hand손) + 큐라 Cura(cure관리)

## 046
변색된 손톱(Discolored nails)의 특성이 아닌 것은?
① 네일 바디에 퍼런 멍이 반점처럼 나타난다.
② 혈액순환이나 심장이 좋지 못한 상태에서 나타날 수 있다.
③ 베이스코트를 바르지 않고 유색 네일 폴리시를 바를경우 나타날 수 있다.
④ 손톱의 색상이 청색, 황색, 검푸른색, 자색 등으로 나타난다.

변색된 손톱은 손톱이 전체적으로 청색, 검푸른색, 황색 등으로 변하는 현상을 말한다.

## 047
손톱의 특징에 대한 설명으로 틀린 것은?
① 네일 바디와 네일 루트는 산소를 필요로 한다.
② 지각 신경이 집중되어 있는 반투명의 각질판이다.
③ 손톱의 경도는 함유된 수분의 함량이나 각질의 조성에 따라 다르다
④ 네일 베드의 모세혈관으로부터 산소를 공급받는다.

네일 루트는 산소를 필요로 하고, 네일 바디는 신경이나 혈관이 없으며, 산소를 필요로 하지 않는다.

- 네일 매트릭스를 큐티클이 보호한다.
- 손톱 측면의 피부로 네일 월(조벽)이라 한다.
- 네일 루트는 매트릭스 윗부분으로 손톱을 성장시킨다.

## 048

투톤 아크릴 스컬프처의 시술에 대한 설명으로 틀린 것은?

① 프렌치 스컬프처(French Sculpture)라고도 한다.
② 화이트 파우더 특성상 프리에지가 퍼져 보일 수 있으므로 핀칭에 유의해야 한다
③ 스트레스 포인트에 화이트 파우더가 얇게 시술되면 떨어지기 쉬우므로 주의한다.
④ 스퀘어 모양을 잡기 위해 파일은 30° 정도 살짝 기울여 파일링 한다.

스퀘어 모양을 잡기 위해 파일은 90° 정도로 해서 파일링 한다.

## 049

네일 에나멜(Nail enamel)에 대한 설명으로 틀린 것은?

① 손톱에 광택을 부여하고 아름답게 할 목적으로 사용 하는 화장품이다.
② 피막 형성제로 톨루엔이 함유되어 있다.
③ 대부분 니트로셀룰로오즈를 주성분으로 한다.
④ 안료가 배합되어 손톱에 아름다운 색채를 부여하기 때문에 네일컬러(Nail color)라고도 한다.

피막 형성제로 니트로셀룰로오즈가 함유되어 있다.

## 050

하이포니키움(하조피)에 대한 설명으로 옳은 것은?

① 네일 매트릭스를 병원균으로부터 보호한다.
② 손톱아래 살과 연결된 끝부분으로 박테리아의 침입을 막아준다.
③ 손톱 측면의 피부로 네일 베드와 연결된다.
④ 매트릭스 윗부분으로 손톱을 성장시킨다.

## 051

오렌지 우드스틱의 사용 용도로 적합하지 않은 것은?

① 큐티클을 밀어 올릴 때
② 폴리시의 여분을 닦아 낼 때
③ 네일 주위의 굳은살을 정리할 때
④ 네일 주위의 이물질을 제거할 때

네일 주위의 굳은살을 정리할 때는 니퍼를 사용한다.

## 052

젤 램프기기와 관련한 설명으로 틀린 것은?

① LED램프는 400~700nm 정도의 파장을 사용한다.
② UV램프는 UV-A 파장 정도를 사용한다.
③ 젤 네일에 사용되는 광선은 자외선과 적외선이다.
④ 젤 네일의 광택이 떨어지거나 경화 속도가 떨어지면 램프를 교체함이 바람직하다.

젤 네일에는 UV램프(자외선)와 LED램프(가시광선)를 사용한다.

## 053

파고드는 발톱을 예방하기 위한 발톱모양으로 적합한 것은?

① 라운드형
② 스퀘어형
③ 포인트형
④ 오벌형

스퀘어형으로 발톱 모양을 조형하여 발톱이 파고드는 것을 예방한다.

## 054
매니큐어 시술에 관한 설명으로 옳은 것은?

① 손톱모양을 만들 때 양쪽 방향으로 파일링한다.
② 큐티클은 상조피 바로 및 부분까지 깨끗하게 제거한다.
③ 네일 폴리시를 바르기 전에 유분기는 깨끗하게 제거한다.
④ 자연 네일이 약한 고객은 네일 컬러링 후 탑코트(Top coat)를 2회 더 바른다.

- 손톱모양을 만들 때 한쪽 방향으로 파일링한다.
- 큐티클은 상조피 바로 및 부분까지 제거하지 않는다.
- 자연 네일이 약한 고객은 베이스코트를 바르기 전에 네일 강화제를 발라준다.

## 055
그라데이션 기법의 컬러링에 대한 설명으로 틀린 것은?

① 색상 사용의 제한이 없다.
② 스폰지를 사용하여 시술할 수 있다.
③ UV 젤의 적용 시에도 활용할 수 있다.
④ 일반적으로 큐티클 부분으로 갈수록 컬러링 색상이 자연스럽게 진해지는 기법이다.

큐티클 부분으로 갈수록 점차 자연스럽게 연해지는 컬러링 기법이다.

## 056
네일의 길이와 모양을 자유롭게 조절할 수 있는 것은?

① 네일 폴드(조주름)
② 네일 그루브(조구)
③ 프리에지(자유연)
④ 에포니키움(조상피)

프리에지는 네일 베드와 접착되어 있지 않은 손톱의 끝부분이며, 네일의 길이와 모양을 자유롭게 조절할 수 있다.

## 057
아크릴릭 네일의 시술과 보수에 관련한 내용으로 틀린 것은?

① 공기방울이 생긴 인조 네일은 촉촉하게 젖은 브러시의 사용으로 인해 나타날 수 있는 현상이다.
② 노랗게 변색되는 인조 네일은 제품과 시술하는 과정에서 발생한 것으로 보수를 해야한다.
③ 적절한 온도 이하에서 시술했을 경우 인조네일에 금이 가거나 깨지는 현상이 나타날 수 있다.
④ 기존에 시술되어진 인조 네일과 새로 자라나온 자연 네일을 자연스럽게 연결해 주어야 한다.

리퀴드의 양 조절이 잘못되었거나 이물질이 들어갔을 경우 인조 네일에 공기 방울이 생길 수 있다.

## 058
자연 네일의 형태 및 특성에 따른 네일 팁 적용 방법으로 옳은 것은?

① 위로 솟아오른 손톱(spoon nail)에는 옆선에 커브가 없는 팁을 적용한다.
② 아래로 향한 손톱(Claw nail)에는 커브 팁을 적용한다.
③ 넓적한 손톱에는 끝이 좁아지는 내로우 팁을 적용한다.
④ 물어뜯는 손톱에는 팁 적용할 수 없다.

- 위로 솟아오른 손톱(spoon nail)에는 적당한 커브팁을 적용한다.
- 아래로 향한 손톱(Claw nail)에는 커브 팁이 아닌 일자 팁을 선택하여 위로 올려 적용한다.
- 물어뜯는 손톱에는 알맞은 팁을 적용하여 물어뜯지 않게 도움을 준다.

## 059
젤 네일에 관한 설명으로 틀린 것은?

① 아크릴릭에 비해 강한 냄새가 없다.
② 일반 네일 폴리시에 비해 광택이 오래 지속된다.

③ 소프트 젤(Soft gel)은 아세톤에 녹지 않는다.
④ 젤 네일은 하드 젤(Hard gel)과 소프트젤(Soft gel)로 구분된다.

> 소프트 젤(Soft gel)은 아세톤에 쉽게 녹는다.

## 060
아크릴 네일 재료인 프라이머에 대한 설명으로 틀린 것은?

① 손톱 표면의 유·수분을 제거해 주고 건조시켜 주어 아크릴의 접착력을 강하게 해준다.
② 인조 네일 전체에 사용하며 방부제 역할을 해 준다.
③ 산성 제품으로 피부에 화상을 입힐 수 있으므로 최소량만을 사용한다.
④ 손톱 표면의 pH 밸런스를 맞춰준다.

> 프라이머는 자연 손톱의 유·수분을 제거하고 아크릴의 접착력을 높여주기 위한 제품이다.

### 04회 【정답】 적중모의고사

| 001 | 002 | 003 | 004 | 005 |
|---|---|---|---|---|
| ② | ① | ③ | ② | ④ |
| 006 | 007 | 008 | 009 | 010 |
| ④ | ① | ③ | ③ | ③ |
| 011 | 012 | 013 | 014 | 015 |
| ④ | ③ | ③ | ③ | ④ |
| 016 | 017 | 018 | 019 | 020 |
| ④ | ④ | ③ | ③ | ② |
| 021 | 022 | 023 | 024 | 025 |
| ④ | ③ | ① | ② | ④ |
| 026 | 027 | 028 | 029 | 030 |
| ③ | ③ | ① | ① | ④ |
| 031 | 032 | 033 | 034 | 035 |
| ① | ④ | ③ | ③ | ① |
| 036 | 037 | 038 | 039 | 040 |
| ④ | ① | ① | ① | ④ |
| 041 | 042 | 043 | 044 | 045 |
| ② | ② | ② | ④ | ② |
| 046 | 047 | 048 | 049 | 050 |
| ① | ① | ④ | ② | ② |
| 051 | 052 | 053 | 054 | 055 |
| ③ | ③ | ② | ③ | ④ |
| 056 | 057 | 058 | 059 | 060 |
| ③ | ① | ③ | ③ | ② |

# 제 05회 적중모의고사

○ CHECK POINT QUESTION

## 001
다음 중 수인성 감염병에 속하는 것은?
① 유행성 출혈열  ② 성홍열
③ 세균성 이질  ④ 탄저병

수인성식품 매개 감염병 종류 : 콜레라, 장티푸스 파라티푸스, 세균성 이질, 장출혈성대장균감염증, 비브리오패혈증

## 002
인공조명을 할 때 고려 사항 중 틀린 것은?
① 광색은 주광색에 가깝고, 유해 가스의 발생이 없어야 한다.
② 열의 발생이 적고, 폭발이나 발화의 위험이 없어야 한다.
③ 균등한 조도를 위해 직접조명이 되도록 해야 한다.
④ 충분한 조도를 위해 빛이 좌상방에서 비춰줘야 한다.

균등한 조도를 위해서는 간접조명이 되도록 해야 한다.

## 003
공중보건학의 범위 중 보건 관리 분야에 속하지 않는 사업은?
① 보건 통계
② 사회 보장 제도
③ 보건 행정
④ 산업 보건

산업 보건은 환경보건 분야이다.

## 004
일반적으로 이·미용업소의 실내 쾌적 습도 범위로 가장 알맞은 것은?
① 10~20%
② 20~40%
③ 40~70%
④ 70~90%

일반적으로 이·미용업소의 실내 쾌적 습도는 40~70%가 적당하다.

## 005
솔라닌(solanin)이 원인이 되는 식중독과 관계가 깊은 것은?
① 감자
② 복어
③ 버섯
④ 조개

감자에는 글리코알카로이드 솔라닌의 자연독이 함유되어 있다.

## 006
개달전염(介達傳染)과 무관한 것은?
① 의복
② 식품
③ 책상
④ 장난감

개달전염은 환자가 사용했던 물건 등에 의해 전염되는 것을 말한다.

## 007
물의 살균에 많이 이용되고 있으며 산화력이 강한 것은?

① 포름알데히드(Formaldehyde)
② 오존($O_3$)
③ E.O(Ethylene Oxide)가스
④ 에탄올(Ethanol)

오존은 반응성이 풍부하고 산화작용이 강하여 물의 살균에 이용된다.

## 008
다음 중 감염병 유행의 3대 요소는?

① 숙주, 유전, 환경
② 환경, 유전, 병원체
③ 병원체, 숙주, 환경
④ 감수성, 환경, 병원체

감염병 유행의 3대 요소는 병원체(병인), 숙주, 환경이다.

## 009
소독제를 사용할 때 주의사항이 아닌 것은?

① 취급 방법
② 농도 표시
③ 소독제병의 세균오염
④ 알코올 사용

소독제를 사용할 때는 취급방법, 농도표시, 소독제의 세균오염 등을 주의해서 사용해야 한다.

## 010
다음 중 금속제품의 기구 소독에 가장 적합하지 않은 것은?

① 알코올
② 역성비누
③ 승홍수
④ 크레졸수

승홍수는 금속 부식성이 있어 금속류의 소독에는 적합하지 않다.

## 011
다음 중 하수도 주위에 흔히 사용되는 소독제는?

① 생석회
② 포르말린
③ 역성비누
④ 과망간산칼륨

생석회는 산화칼륨을 98% 이상 함유한 백색의 분말로 화장실 분변, 하수도 주위의 소독에 주로 사용한다.

## 012
소독제를 수돗물로 희석하여 사용할 경우 가장 주의해야 할 점은?

① 물의 경도
② 물의 온도
③ 물의 취도
④ 물의 탁도

희석하는 물의 경도, 수소이온농도 등은 소독의 효과나 영향을 주므로 주의해야 한다.

## 013
미생물의 발육과 그 작용을 제거하거나 정지시켜 음식물의 부패나 발효를 방지하는 것은?

① 방부
② 소독
③ 살균
④ 살충

방부는 물질이 썩거나 삭아서 변질되는 것을 방지하는 것이다.

## 014
자력으로 의료문제를 해결할 수 없는 생활무능력자 및 저소득층을 대상으로 공적으로 의료를 보장하는 제도는?

① 의료보험
② 의료보호
③ 실업보험
④ 연금보험

의료보험은 국민들의 각종 사고와 질병으로부터 건강을 보장하는 제도이며, 생활무능력자 및 저소득층을 대상으로 공적으로 의료를 보장하는 제도는 의료보호이다.

## 015
이 · 미용업 영업장 안의 조명도 기준은?

① 50룩스 이상
② 75룩스 이상
③ 100룩스 이상
④ 125룩스 이상

이 · 미용업 영업장 안의 조명도는 75룩스 이상 되도록 한다.

## 016
미용사에게 금지되지 않는 업무는 무엇인가?

① 얼굴의 손질 및 화장을 행하는 업무
② 의료기기를 사용하는 피부 관리 업무
③ 의약품을 사용하는 눈썹손질 업무
④ 의약품을 사용하는 제모

미용사는 의약품이나 의료기기를 사용할 수 없다.

## 017
시 · 도지사 또는 시장 · 군수 · 구청장은 공중위생관리상 필요하다고 인정하는 때에 공중위생영업자 등에 대하여 필요한 조치를 취할 수 있다. 이 조치에 해당하는 것은?

① 보고          ② 청문
③ 감독          ④ 협의

공중위생관리상 필요하다고 인정하는 때에 공중위생영업자 및 공중이용시설의 소유자 등에 대하여 필요한 보고를 하게 한다.

## 018
다음 중 원발진에 해당하는 피부 변화는?

① 가피          ② 미란
③ 위축          ④ 구진

원발진의 종류는 팽진, 구진, 반점, 반, 결절, 수포, 농포, 낭종, 판, 면포, 종양이 있다.

## 019
자외선으로부터 어느 정도 피부를 보호하며 진피조직에 투여하면 피부주름과 처짐 현상에 가장 효과적인 것은?

① 콜라겐        ② 엘라스틴
③ 무코다당류    ④ 멜라닌

콜라겐은 피부주름과 처짐 현상에 효과적이다.

## 020
다음 중 기미의 생성 유발 요인이 아닌 것은?

① 유전적 요인   ② 임신
③ 갱년기 장애   ④ 갑상선 기능 저하

기미의 생성 원인은 자외선, 임신, 피임약, 스트레스, 화장품, 유전, 갱년기 장애 등에 의해 발생한다.

## 021
정상 피부와 비교하여 점막으로 이루어진 피부의 특징으로 옳지 않은 것은?

① 혀와 경구개를 제외한 입안의 점막은 과립층을 가지고 있다.
② 당김미세섬유사(tonofilament)의 발달이 미약하다.
③ 미세융기가 잘 발달되어 있다.
④ 세포에 다량의 글리코겐이 존재한다.

구강점막에는 과립층과 각질층이 없다.

## 022
피부구조에서 지방세포가 주로 위치하고 있는 곳은?

① 각질층        ② 진피
③ 피하조직      ④ 투명층

피하조직에는 주로 지방세포가 위치하고 있다.

## 023
동물성 단백질의 일종으로 피부의 탄력 유지에 매우 중요한 역할을 하며 피부의 파열을 방지하는 스프링 역할을 하는 것은?

① 아줄렌
② 엘라스틴
③ 콜라겐
④ DNA

엘라스틴은 콜라겐과 함께 결합조직에 존재하는 신축성이 있는 단백질이며, 피부의 탄력 및 주름 방지에 중요한 역할을 한다.

## 024
외인성 피부질환의 원인과 가장 거리가 먼 것은?

① 자외선
② 산화
③ 피부건조
④ 유전인자

유전자는 외인성 피부질환에는 속하지 않는다.

## 025
이·미용업 영업 신고를 하면서 신고인이 확인에 동의하지 아니하는 때에 첨부하여야 하는 서류가 아닌 것은?(단, 신고인이 전자정부법에 따른 행정정보의 공동이용을 통한 확인에 동의하지 아니하는 경우임)

① 영업시설 및 설비개요서
② 교육수료증
③ 이·미용사 자격증
④ 면허증

영업 신고 신청 시 영업시설 및 설비개요소, 교육수료증을 제출해야 하며, 건축물대장, 토지이용계획확인서, 면허증은 행정정보의 공동이용을 통하여 확인해야 한다. 신고인이 확인에 동의하지 않는 경우는 그 서류를 첨부하도록 해야 한다.

## 026
법령상 위생교육에 대한 기준으로 (    ) 안에 적합한 것은?

> 공중위생관리법령상 위생교육을 받은 자가 위생교육을 받은 날부터 (    ) 이내에 위생교육을 받은 업종과 같은 업종의 영업을 하려는 경우에는 해당 영업에 대한 위생교육을 받은 것으로 본다.

① 2년
② 2년 6개월
③ 3년
④ 3년 6개월

위생교육을 받은 자가 위생교육을 받은 날부터 2년 이내에 위생교육을 받은 업종과 같은 업종의 영업을 하려는 경우에는 해당 영업에 대한 위생교육을 받은 것으로 본다.

## 027
손님에게 음란행위를 알선한 사람에 대한 관계행정기관의 장의 요청이 있는 때, 1차 위반에 대하여 행할 수 있는 행정처분으로 영업소와 업주에 대한 행정 처분기준이 바르게 짝지어진 것은?

① 영업정지 1월 – 면허정지 1월
② 영업정지 1월 – 면허정지 2월
③ 영업정지 2월 – 면허정지 2월
④ 영업정지 3월 – 면허정지 3월

손님에게 음란행위를 알선한 사람에 대한 관계행정기관의 장의 요청이 있는 때, 1차 위반에 대하여 영업소는 영업정지 3월, 업주는 면허정지 3개월의 행정처분을 받는다.

## 028
다음 중 이·미용업에 있어서 과태료 부과 대상이 아닌 사람은?

① 위생관리 의무를 지키지 아니한 자
② 영업소외의 장소에서 이용 또는 미용업무를 행한 자
③ 보건복지부령이 정하는 중요사항을 변경하고도 변경 신고를 하지 아니한 자

④ 관계 공무원의 출입·검사를 거부·기피 방해한 자

보건복지부령이 정하는 중요사항을 변경하고도 변경 신고를 하지 아니한 자는 6월 이하의 징역 또는 500만원 이하의 벌금에 처한다.

## 029
메이크업 화장품에 주로 사용되는 제조 방법은?
① 유화   ② 가용화
③ 겔화   ④ 분산

분산은 물 또는 오일에 미세한 고체입자가 계면활성제에 의해서 균일하게 혼합되어있는 상태를 말한다. 메이크업 화장품 제조에 주로 사용된다.

## 030
화장품법상 기능성 화장품에 속하지 않는 것은?
① 미백에 도움을 주는 제품
② 주름 개선에 도움을 주는 제품
③ 여드름 완화에 도움을 주는 제품
④ 자외선으로부터 피부를 보호하는데 도움을 주는 제품

기능성 화장품은 미백, 주름 개선의 도움과 자외선으로부터 피부를 보호하는 데 도움을 주는 제품이다.

## 031
식물의 꽃, 잎, 줄기, 뿌리, 씨, 과피, 수지 등에서 방향성이 높은 물질을 추출한 휘발성 오일은?
① 동물성 오일   ② 에센셜 오일
③ 광물성 오일   ④ 밍크 오일

에센셜 오일은 식물의 꽃, 잎, 줄기, 뿌리, 씨, 과피, 수지 등에서 방향성이 높은 물질을 추출한 물질이고, 호르몬과 같은 역할을 한다.

## 032
여드름 피부에 맞는 화장품 성분으로 가장 거리가 먼 것은?
① 캄퍼
② 로즈마리 추출물
③ 알부틴
④ 하마멜리스

알부틴은 미백효과를 가진 화장품 성분으로 여드름 피부에는 적합하지 않다.

## 033
보습제가 갖추어야 할 조건으로 틀린 것은?
① 다른 성분과 혼용성이 좋을 것
② 모공수축을 위해 휘발성이 있을 것
③ 적절한 보습 능력이 있을 것
④ 응고점이 낮을 것

보습제는 휘발성이 없고, 적절한 보습 능력, 피부 친화성, 다른 성분과 혼용성이 좋아야 하며, 응고점에 낮아야 한다.

## 034
화장품의 피부 흡수에 관한 설명으로 옳은 것은?
① 분자량이 적을수록 피부흡수율이 높다.
② 수분이 많을수록 피부흡수율이 높다.
③ 동물성 오일 < 식물성 오일 < 광물성오일 순으로 피부흡수력이 높다.
④ 크림류 < 로션류 < 화장수류 순으로 피부 흡수력이 높다.

화장품의 피부 흡수율은 분자량이 적을수록 피부 흡수율이 높고, 광물성오일, 동물성오일, 식물성오일 순으로 피부 흡수력이 높다.

## 035
손톱이 나빠지는 후천적 요인이 아닌 것은?
① 잘못된 푸셔와 니퍼 사용에 의한 손상
② 손톱 강화제 사용 빈도수
③ 과도한 스트레스
④ 잘못된 파일링에 의한 손상

손톱 강화제 사용하면 손톱 보호와 손톱을 건강하게 해준다.

## 036
뼈의 기능이 아닌 것은?

① 흡수기능
② 지렛대 역할
③ 보호작용
④ 무기질 저장

> 뼈의 기능은 보호, 저장, 지지, 운동, 조혈 기능이 있다.

## 037
표피성진균증 중 네일 몰드는 습기, 열, 공기에 의해 균이 번식되어 발생한다. 이 때 몰드가 발생한 수분 함유율이 옳게 표기된 것은?

① 2%~5%
② 7%~10%
③ 12%~18%
④ 23%~25%

> 자연 손톱의 습도는 12%~18%이고 몰드의 습도는 23~25% 정도일 때 균이 번식한다.

## 038
골격근에 대한 설명으로 틀린 것은?

① 인체의 약 60%를 차지한다.
② 횡문근이라고도 한다.
③ 수의근이라고도 한다.
④ 대부분이 골격에 부착되어 있다.

> 골격근은 골격에 부착해 있는 뼈를 움직이는 수의근으로 체중의 약 40%를 차지한다.

## 039
다음 중 하지의 신경에 속하지 않는 것은?

① 총비골 신경        ② 액와신경
③ 복재신경          ④ 배측신경

> 액와신경은 소원근과 삼각근의 운동 및 삼각근 상부에 있는 피부 감각을 지배하는 신경으로 손의 신경에 해당한다.

## 040
고객을 응대할 때 네일 아티스트의 자세로 틀린 것은?

① 고객에게 알맞은 서비스를 하여야 한다.
② 모든 고객은 공평하게 하여야 한다.
③ 진상 고객은 단념해야 한다.
④ 안전 규정을 준수하고 충실히 하여야 한다.

> 진상고객이라 하더라도 끝까지 서비스를 마치도록 한다.

## 041
매니큐어의 유래에 관한 설명 중 틀린 것은?

① 중국은 특권층의 신분을 드러내기 위해 홍화를 손톱에 바르기 시작했다.
② 매니큐어는 고대 희랍어에서 유래된 말로 마누와 큐라의 합성어이다.
③ 17세기경 인도의 상류층 여성들은 손톱의 뿌리 부분에 신분을 나타내는 목적으로 문신을 했다.
④ 건강을 기원하는 주술적 의미에서 손톱에 빨간색을 물들이게 되었다.

> 매니큐어는 마누스와 큐라라는 라틴어에서 유래되었다.

## 042
매니큐어 시술 시에 미관상 제거의 대상이 되는 손톱을 덮고 있는 각질세포는?

① 네일 큐티클(Nail Cuticle)
② 네일 플레이트(Nail Plate)
③ 네일 프리에지(Nail Free edge)
④ 네일 그루브(Nail Groove)

> 큐티클은 손톱을 덮고 있는 각질세포이다.

## 043
성장기 어린이의 대사성 질환으로 비타민 D 결핍 시 뼈 발육에 변형을 일으키는 것은?
① 석회결석　　② 골막파열증
③ 괴혈증　　　④ 구루병

구루병은 4개월~2세 사이의 아기들에게 주로 발생하는 비타민 D 결핍증으로 머리, 가슴, 팔 다리뼈의 변형과 성장 장애를 일으키는 질환이다.

## 044
손톱의 특성이 아닌 것은?
① 손톱은 피부의 일종이며, 머리카락과 같은 케라틴과 칼슘으로 만들어져 있다.
② 손톱의 손상으로 조갑이 탈락되고 회복되는 데는 6개월 정도 걸린다.
③ 손톱의 성장은 겨울보다 여름이 잘 자란다.
④ 엄지손톱의 성장이 가장 느리며, 중지 손톱이 가장 빠르다.

손톱 중 소지의 성장이 가장 느리다.

## 045
손톱에 색소가 침착되거나 변색되는 것을 방지하고 네일 표면을 고르게 하여 폴리시의 밀착성을 높이는데 사용되는 네일 미용 화장품은?
① 탑 코트　　　② 베이스 코트
③ 폴리시 리무버　④ 큐티클 오일

베이스코트는 폴리시를 바르기 전에 손톱 전체에 도포하는 것으로 손톱에 색소가 침착되거나 변색되는 것을 방지하고, 네일 표면을 고르게 하여 폴리시의 밀착력을 높여 주기 위한 역할을 한다.

## 046
손톱의 역할 및 기능과 가장 거리가 먼 것은?
① 물건을 잡거나 성상을 구별하는 기능
② 작은 물건을 들어 올리는 기능
③ 방어와 공격의 기능
④ 몸을 지탱해주는 기능

몸을 지탱해주는 것은 골격의 기능이다.

## 047
발톱의 쉐입으로 가장 적절한 것은?
① 라운드 쉐입　　② 오발 쉐입
③ 스퀘어 쉐입　　④ 아몬드 쉐입

발톱의 쉐입은 스퀘어형이 가장 적합하다.

## 048
매니큐어를 가장 잘 설명한 것은?
① 네일 에나멜을 바르는 것이다.
② 손톱 모양을 다듬고 색깔을 칠하는 것이다.
③ 손 매뉴얼 테크닉과 네일 에나멜을 바르는 것이다.
④ 손톱 모양을 다듬고 큐티클정리, 컬러링 등을 포함한 관리이다.

매니큐어란 손과 손톱을 건강하고 아름답게 가꾸는 미용 기술로 손톱 모양을 다듬고 큐티클 정리, 컬러링 등을 포함한 관리이다.

## 049
네일 재료에 대한 설명으로 적합하지 않은 것은?
① 네일 에나멜 시너 - 에나멜을 묽게 해주기 위해 사용한다.
② 큐티클 오일 - 글리세린을 함유하고 있다.
③ 네일 블리치 - 20볼륨 과산화수소를 함유하고 있다.
④ 네일 보강제 - 자연 네일이 강한 고객에게 사용하면 효과적이다.

네일 보강제는 자연네일이 약하고 손상된 고객에게 사용했을 때 효과적이다.

## 050
에나멜을 바르는 방법으로 손톱이 가늘어 보이게 하는 것은?

① 프리에지  ② 루눌라
③ 프렌치  ④ 프리 월

> 프리 월 또는 슬림 라인은 손톱을 좁고 가늘게 보이기 위해 손톱의 양 측면은 1.5mm 정도 남기고 바르는 방법이다.

## 051
큐티클 정리 및 제거 시 필요한 도구로 알맞은 것은?

① 파일, 탑 코트  ② 라운드 패드, 니퍼
③ 샌딩 블록, 핑거볼  ④ 푸셔, 니퍼

> 푸셔를 사용하여 큐티클을 밀어 올리고, 니퍼로 큐티클을 제거한다.

## 052
다른 쉐입보다 강한 느낌을 주며, 대회용으로 많이 사용되는 손톱 모양은?

① 오벌 쉐입  ② 라운드 쉐입
③ 스퀘어 쉐입  ④ 아몬드형 쉐입

> 스퀘어 쉐입은 다른 쉐입의 종류보다 강한 느낌을 준다.

## 053
네일 팁 접착 방법의 설명으로 틀린 것은?

① 네일 팁 접착 시 자연 네일의 1/2 이상 덮지 않는다.
② 올바른 각도의 팁 접착으로 공기가 들어가지 않도록 유의한다.
③ 손톱과 네일 팁 전체에 프라이머를 도포한 후 접착한다.
④ 네일 팁 접착할 때 5-10초 동안 누르면서 기다린 후 팁의 양쪽 꼬리 부분을 살짝 눌러준다.

> 프라이머는 손톱 표면에만 바른다.

## 054
아크릴릭 스캅춰 시술 시 손톱에 부착해 길이를 연장하는데 받침대 역할을 하는 재료로 옳은 것은?

① 네일 폼  ② 리퀴드
③ 모노머  ④ 아크릴파우더

> 아크릴릭 스컬프처는 손톱에 네일 종이폼을 부착하여 길이를 연장하는 시술이다.

## 055
습식매니큐어 시술에 관한 설명 중 틀린 것은?

① 베이스코트를 가능한 얇게 1회 전체에 바른다.
② 벗겨짐을 방지하기 위해 도포한 폴리쉬를 완전히 커버하여 탑 코트를 바른다.
③ 프리엣지 부분까지 깔끔하게 바른다.
④ 손톱의 길이 정리는 클리퍼를 사용할 수 없다.

> 손톱의 길이 정리할 때는 클리퍼를 사용한다.

## 056
아크릴릭 보수 과정 중 옳지 않은 것은?

① 심하게 들뜬 부분은 파일과 니퍼를 적절히 사용하여 세심히 잘라내고 경계가 없도록 파일링한다.
② 새로 자라난 손톱 부분에 에칭을 주고 프라이머를 바른다.
③ 적절한 양의 비드로 큐티클 부분에 자연스러운 라인을 만든다.
④ 새로 비드를 얹은 부위는 파일링이 필요하지 않다.

> 새로 비드를 얹은 부위에도 파일링이 필요하다.

## 057

페디큐어 시술 과정에서 베이스코트를 바르기 전 발가락이 서로 닿지 않게 하기 위해 사용하는 도구는?

① 엑티베이터
② 콘 커터
③ 클리퍼
④ 토우세퍼레이터

페디큐어 시술 고정에서 베이스코트를 바르기 전 발가락이 서로 닿아 컬러링 시술이 불편하므로 토우세퍼레이터를 사용하여 시술한다.

## 058

UV젤 네일 시술 시 리프팅이 일어나는 이유로 적절하지 않은 것은?

① 네일의 유·수분기를 제거하지 않고 시술했다.
② 젤을 프리 에지까지 시술하지 않았다.
③ 젤을 큐티클라인에 닿지 않게 시술했다.
④ 큐어링 시간을 잘 지키지 않았다.

젤을 큐티클라인어 닿지 않게 시술해야 리프팅이 일어나지 않는다.

## 059

다음 ( ) 단의 a와 b에 알맞은 단어를 바르게 짝지은 것은?

(a)는 폴리쉬 리무버나 아세톤을 담아 펌프식으로 편하게 사용할 수 있다.
(b)는 아크릴 리퀴드를 덜어 담아 사용할 수 있는 용기이다.

① a-다크디쉬, b-작은종지
② a-디스펜서, b-다크디쉬
③ a-다크디쉬, b-디스펜서
④ a-디스펜서, b-디펜디쉬

디스펜서는 펌프식으로 사용할 수 있는 용기이며, 디펜디쉬는 아크릴 리퀴드를 덜어 사용하는 용기이다.

## 060

아크릴릭 네일의 설명으로 맞는 것은?

① 네일 폼을 사용하여 다양한 형태로 조형이 가능하다.
② 투톤 스캅춰인 프렌치 스캅춰에 적용할 수 없다.
③ 물어뜯는 손톱에 사용하여서는 안된다.
④ 두꺼운 손톱 구조로만 완성되며 다양한 형태로 만들 수 없다.

아크릴릭 네일은 네일 폼을 사용하여 다양한 형태로 조형이 가능하며, 투톤 스컬프쳐, 물어뜯는 손톱에도 적용할 수 있다.

### 05회 [정답] 적중모의고사

| 001 | 002 | 003 | 004 | 005 |
|---|---|---|---|---|
| ③ | ③ | ④ | ③ | ① |
| 006 | 007 | 008 | 009 | 010 |
| ② | ② | ③ | ④ | ③ |
| 011 | 012 | 013 | 014 | 015 |
| ① | ① | ① | ② | ① |
| 016 | 017 | 018 | 019 | 020 |
| ① | ① | ④ | ① | ④ |
| 021 | 022 | 023 | 024 | 025 |
| ① | ③ | ② | ④ | ③ |
| 026 | 027 | 028 | 029 | 030 |
| ① | ④ | ② | ④ | ① |
| 031 | 032 | 033 | 034 | 035 |
| ② | ③ | ② | ① | ② |
| 036 | 037 | 038 | 039 | 040 |
| ① | ④ | ① | ② | ③ |
| 041 | 042 | 043 | 044 | 045 |
| ② | ① | ④ | ④ | ② |
| 046 | 047 | 048 | 049 | 050 |
| ④ | ③ | ④ | ④ | ④ |
| 051 | 052 | 053 | 054 | 055 |
| ④ | ③ | ② | ① | ④ |
| 056 | 057 | 058 | 059 | 060 |
| ④ | ④ | ③ | ④ | ① |

# 제 06 회 적중모의고사

○ CHECK POINT QUESTION

## 001
세계보건기구에서 정의하는 보건행정의 범위에 속하지 않는 것은?

① 산업행정
② 모자보건
③ 환경위생
④ 감염병 관리

> 보건 행정의 범위는 보건교육, 보건 통계, 보건 간호, 학교보건, 산업보건, 모자보건, 구강보건, 전염병 관리 및 역학, 정신보건, 보건 검사, 환경위생, 식품위생, 영양개선, 성인병 관리, 지역 사회 보건, 국제 보건사업 등이 있다.

## 002
질병 발생의 3대 요소는?

① 숙주, 환경, 병명
② 병인, 숙주, 환경
③ 숙주, 체력, 환경
④ 감정, 체력, 숙주

> 질병 발생의 3대 요소는 병원체(병인), 숙주, 환경이다.

## 003
상수(上水)에서 대장균 검출의 주된 의의는?

① 소독상태가 불량하다.
② 환경위생의 상태가 불량하다.
③ 오염의 지표가 된다.
④ 전염병 발생의 우려가 있다.

> 상수에서 음용수의 일반적인 오염지표로 사용되는 것은 대장균이다.

## 004
결핵예방접종으로 사용하는 것은?

① DPT
② MMR
③ PPD
④ BCG

> 출생 후 4주 이내에 BCG 접종으로 결핵을 예방한다.

## 005
폐흡충 감염이 발생할 수 있는 경우는?

① 가재를 생식했을 때
② 우렁이를 생식했을 때
③ 은어를 생식했을 때
④ 소고기를 생식했을 때

> 폐흡충 감염의 제2중간 숙주는 가재나 게 등이다.

## 006
한 나라의 건강 수준을 다른 국가들과 비교할 수 있는 지표로 세계보건기구가 제시한 것은?

① 인구증가율, 평균수명, 비례 사망지수
② 비례 사망지수, 조사망율, 평균수명
③ 평균수명, 조사망율, 국민소득
④ 의료시설, 평균수명, 주거상태

> 한 나라의 건강 수준을 다른 국가들과 비교할 수 있는 지표로 세계보건기구가 제시한 것은 비례사망지수, 조사망율, 평균수명이다.

## 007
장티푸스, 결핵, 파상풍 등의 예방접종으로 얻어지는 면역은?

① 인공 능동면역
② 인공 수동면역
③ 자연 능동면역
④ 자동 수동면역

- 인공능동면역 : 예방접종, 생균백신, 사균 백신, 순화 독소, 톡소이드
- 자연수동면역 : 모체태반, 모유 수유
- 인공수동면역 : 면역혈청, 감마글로불린, 항독소 주사
- 자연능동면역 : 감염 후 생기는 면역

## 008
계면활성제 중 가장 살균력이 강한 것은?

① 음이온성
② 양이온성
③ 비이온성
④ 양쪽이온성

양이온성 계면활성제는 살균 및 소독 작용이 우수하며, 음이온성 계면활성제는 세정 작용 및 기포 형성 작용이 우수하다.

## 009
미생물의 증식을 억제하는 영양의 고갈과 건조 등이 불리한 환경 속에서 생존하기 위하여 세균이 생성하는 것은?

① 아포
② 협막
③ 세포벽
④ 점질층

세균은 증식 환경이 적당하지 않은 경우 아포를 생성하여 강한 내성을 가지게 된다.

## 010
물리적 소독법에 속하지 않는 것은?

① 건열 멸균법
② 고압증기 멸균법
③ 크레졸 소독법
④ 자비 소독법

크레졸 소독법은 화학적 소독법에 해당한다.

## 011
소독제인 석탄산의 단점이라 할 수 없는 것은?

① 유기물 접촉 시 소독력이 약화된다.
② 피부에 자극성이 있다.
③ 금속에 부식성이 있다.
④ 독성과 취기가 강하다.

석탄산은 유기물에 접촉 시 소독력이 약화 되지 않는다.

## 012
소독제의 구비조건에 해당하지 않는 것은?

① 높은 살균력을 가질 것
② 인체에 해가 없을 것
③ 저렴하고 구입과 사용이 간편할 것
④ 용해성이 낮을 것

소독제는 용해성이 높아야 한다.

## 013
미생물의 종류에 해당하지 않는 것은?

① 벼룩
② 효모
③ 곰팡이
④ 세균

미생물의 종류에는 세균, 곰팡이, 효모, 리케차, 스피로헤타, 바이러스가 있다.

## 014
재질에 관계없이 빗이나 브러시 등의 소독 방법으로 가장 적합한 것은?

① 70% 알코올 솜으로 닦는다.
② 고압증기 멸균기에 넣어 소독한다.
③ 락스액에 담근 후 씻어낸다.
④ 세제를 풀어 세척 한 후 자외선 소독기에 넣는다.

사용한 빗이나 브러시는 세척 후 자외선 소독기를 이용해 소독한다.

## 015
표피와 진피의 경계선 형태는?

① 직선
② 사선
③ 물결상
④ 점선

> 표피와 진피의 경계선은 물결모양이다.

## 016
건강한 피부를 유지하기 위한 방법이 아닌 것은?

① 적당한 수분을 항상 유지해 주어야 한다.
② 두꺼운 각질층은 제거해 주어야 한다.
③ 일광욕을 많이 해야 건강한 피부가 된다.
④ 충분한 수면과 영양을 공급해 주어야 한다.

> 건강한 피부를 유지하기 위한 방법은 적당한 일광욕을 해야 한다.

## 017
다음 중 영양소와 그 최종 분해로 연결이 옳은 것은?

① 탄수화물-지방산
② 단백질-아미노산
③ 지방-포도당
④ 비타민-미네랄

> 탄수화물 – 포도당, 단백질 – 아미노산, 지방 – 지방산과 글리세롤

## 018
자외선차단지수의 설명으로 옳지 않은 것은?

① SPF라 한다
② SPF 1이란 대략 1시간을 의미한다.
③ 자외선의 강약에 따라 차단제의 효과 시간이 변한다.
④ 색소침착 부위에는 가능하면 1년 내내 차단제를 사용하는 것이 좋다.

> SPF 뒤의 숫자는 자외선 차단 지수이고, 수가 높을수록 자외선 차단 지수가 높은 것을 의미한다.

## 019
백반증에 관한 내용 중 틀린 것은?

① 멜라닌 세포의 과다한 증식으로 일어난다.
② 백색 반점이 피부에 나타난다.
③ 후천적 탈색소 질환이다.
④ 원형, 타원형 또는 부정형의 흰색 반점이 나타난다.

> 멜라닌 세포의 과다한 증식으로 과색소침착은 유전질환, 약물, 염증, 외상, 일광 노출 그리고 기미와 같은 과색소성 피부 질환 등 다양한 원인에 의해 발생한다.

## 020
기계적 손상에 의한 피부질환이 아닌 것은?

① 굳은살
② 티눈
③ 종양
④ 욕창

> 기계적 손상에 의한 피부질환은 외부의 마찰이나 압력에 의해 생기는 피부질환이며, 티눈, 굳은살, 욕창, 마찰성 수포가 해당된다.

## 021
사람의 피부 표면은 주로 어떤 형태인가?

① 삼각 또는 마름모꼴의 다각형
② 삼각 또는 사각형
③ 삼각 또는 오각형
④ 사각 또는 오각형

> 사람의 피부 표면은 삼각 또는 마름모꼴의 다각형 모양이다.

## 022
이·미용업 영업 신고를 하지 않고 영업을 한 자에 해당하는 벌칙 기준은?

① 6월 이하의 징역 또는 100만원 이하의 벌금
② 6월 이하의 징역 또는 300만원 이하의 벌금
③ 1년 이하의 징역 또는 500만원 이하의 벌금
④ 1년 이하의 징역 또는 1천만원 이하의 벌금

이·미용업 영업 신고를 하지 않고 영업을 한 자는 1년 이하의 징역 또는 1천만원 이하의 벌금에 처한다.

## 023
공중위생관리법상 위생교육에 관한 설명으로 틀린 것은?

① 위생교육은 교육부 장관이 허가한 단체가 실시할 수 있다
② 공중위생영업의 신고를 하고자 하는 자는 원칙적으로 미리 위생교육을 받아야 한다
③ 공중위생영업자는 매년 위생교육을 받아야 한다
④ 위생교육을 받아야 하는 자 중 영업에 직접 종사하지 아니하거나 2 이상의 장소에서 영업을 하는 자는 종업원 중 영업장별로 공중위생에 관한 책임자를 지정하고 그 책임자로 하여금 위생교육을 받게 하여야 한다.

위생교육은 보건복지부장관이 허가한 단체가 실시할 수 있다.

## 024
과태료 처분에 불복이 있는 자는 그 처분의 고지를 받은 날부터 얼마의 기간 이내에 처분권자에게 이의를 제기 할 수 있는가?

① 10일     ② 20일
③ 30일     ④ 3개월

과태료 처분에 불복이 있는 자는 그 처분의 고지를 받은 날부터 30일 이내에 처분권자에게 이의를 제기할 수 있다.

## 025
이·미용업자는 신고한 영업장 면적을 얼마 이상 증감하였을 때 변경 신고를 하여야 하는가?

① 5분의 1
② 4분의 1
③ 3분의 1
④ 2분의 1

이·미용업자는 신고한 영업장 면적의 3분의 1 이상의 증감이 있을 때 변경 신고를 하여야 한다.

## 026
공중위생영업자가 영업소 폐쇄 명령을 받고도 계속하여 영업을 하는 때에 대한 조치사항으로 옳은 것은?

① 당해 영업소가 위법한 영업소임을 알리는 게시물 등을 부착
② 당해 영업소의 출입자 통제
③ 당해 영업소의 출입 금지구역 설정
④ 당해 영업소의 강제 폐쇄 집행

영업소 폐쇄 조치는 당해 영업소의 위법한 영업소임을 알리는 게시물 부착, 당해 영업소의 간판, 영업표지물의 제거, 당해 영업소의 영업을 위한 필수 불가결한 기구 또는 시설물을 사용할 수 없게 봉인한다.

## 027
공중위생관리법상 이·미용업 영업장 안의 조명도는 얼마 이상이어야 하는가?

① 50룩스
② 75룩스
③ 100룩스
④ 125룩스

이·미용업 영업장 안의 조명도는 75룩스 이상 되도록 한다.

## 028
다음 중 이·미용사면허를 발급할 수 있는 사람만으로 짝지어진 것은?

| (ㄱ) 특별·광역시장 | (ㄴ) 도지사 |
| (ㄷ) 시장 | (ㄹ) 구청장 |
| (ㅁ) 군수 | |

① (ㄱ), (ㄴ)
② (ㄱ), (ㄴ), (ㄷ)
③ (ㄱ), (ㄴ), (ㄷ), (ㄹ)
④ (ㄷ), (ㄹ), (ㅁ)

이·미용사면허를 발급할 수 있는 사람은 시장·군수·구청장이다.

## 029
일반적으로 많이 사용하고 있는 화장수의 알코올 함유량은?

① 70% 전후
② 10% 전후
③ 30% 전후
④ 50% 전후

화장수는 피부의 각질층에 수분을 공급하는 기초 화장품으로 10% 전후의 알코올을 함유하고 있다.

## 030
화장품의 분류에 관한 설명 중 틀린 것은?

① 샴푸, 헤어 린스는 모발용 화장품에 속한다.
② 팩, 마사지 크림은 스페셜 화장품에 속한다.
③ 퍼퓸(perfume), 오데코롱(eau de Cologne)은 방향 화장품에 속한다.
④ 자외선 차단제나 태닝 제품은 기능성 화장품에 속한다.

팩, 마사지 크림은 기초 화장품이다.

## 031
AHA에 대한 설명으로 옳은 것은?

① 물리적으로 각질을 제거하는 기능을 한다.
② 글리콜산은 사탕수수에 함유된 것으로 침투력이 좋다.
③ pH 3.5 이상에서 15% 농도가 각질 제거의 가장 효과적이다.
④ AHA보다 안전성은 떨어지나 효과가 좋은 BHA가 많이 사용된다.

• AHA는 화학적으로 각질을 제거하는 기능을 한다.
• pH 3.5 이상에서 10% 이하의 농도가 각질 제거의 가장 효과적이다.
• BHA는 AHA보다 각질 제거 효과는 떨어지나 안전성이 좋아서 많이 사용된다.

## 032
손을 대상으로 하는 제품 중 알콜을 주 베이스로 하며, 청결 및 소독을 주된 목적으로 하는 제품은?

① 핸드워셔 (hand wash)
② 새니타이저 (sanitizer)
③ 비누 (soap)
④ 핸드크림 (hand cream)

새니타이저는 알콜을 주 베이스로 하며, 청결 및 소독을 주된 목적으로 하는 제품이다.

## 033
피부의 미백을 돕는데 사용되는 화장품 성분이 아닌 것은?

① 플라센타, 비타민 C
② 레몬추출물, 감초추출물
③ 코직산, 구연산
④ 캄퍼, 카모마일

캄퍼는 녹나무 추출물의 주요 성분으로 피부의 진정 효과가 있고, 카모마일은 피부 보습 및 진정, 노화 예방의 효과가 있다.

## 034
라벤더 에센셜 오일의 효능에 대한 설명으로 가장 거리가 먼 것은?

① 재생작용
② 화상치유작용
③ 이완작용
④ 모유생성작용

라벤더 에센셜 오일은 여드름 완화, 미백, 습진, 피부 재생, 주름 등에 효능이 있다.

## 035
SPF에 대한 설명으로 틀린 것은?

① Sun Protection Factor의 약자로써 자외선 차단 지수라 불리어진다.
② 엄밀히 말하면 UV-B 방어 효과를 나타내는 지수라고 볼 수 있다.
③ 오존층으로부터 자외선이 차단되는 정보를 알아보기 위한 목적으로 이용된다.
④ 자외선 차단제를 바른 피부에 최소한의 홍반을 일어나게 하는데 필요한 자외선 양을 바르지 않는 피부에 최소한의 홍반을 일어나게 하는데 필요한 자외선 양으로 나눈 값이다.

자외선 차단 지수는 피부로부터 자외선이 차단되는 정도를 알아보기 위한 목적으로 이용된다.

## 036
마누스(Manus)와 큐라(Cura)라는 말에서 유래된 용어는?

① 네일 팁(Nail Tip)
② 매니큐어(Manicure)
③ 페디큐어(Pedicure)
④ 아크릴릭(Acrylic)

매니큐어는 마누스와 큐라라는 라틴어에서 유래되었다.

## 037
손목을 굽히고 손가락을 구부리는데 작용하는 근육은?

① 회내근
② 회외근
③ 장근
④ 굴근

굴근은 손목을 굽히고 손가락을 구부리는데 작용하는 근육이다.

## 038
네일 역사에 대한 설명으로 잘못 연결된 것은?

① 1930년대 – 인조네일 개발
② 1950년대 – 패티큐어 등장
③ 1970년대 – 아몬드형 네일 유행
④ 1990년대 – 네일시장의 급성장

1800년대 아몬드형 네일이 유행하였다.

## 039
에포니키움과 관련한 설명으로 틀린 것은?

① 네일 메트릭스를 보호한다.
② 에포니키움 위에는 큐티클이 존재한다.
③ 에포니키움 아래편은 끈적한 형질로 되어 있다.
④ 에포니키움의 부상은 영구적인 손상을 초래한다.

에포니키움 아래에 큐티클이 존재한다.

## 040
자율 신경에 대한 설명으로 틀린 것은?

① 복재신경 – 종아리 뒤 바깥쪽을 내려와 발뒤꿈치의 바깥쪽 뒤에 분포
② 배측신경 – 발등에 분포
③ 요골신경 – 손등에 외측과 요골에 분포
④ 수지골신경 – 손가락에 분포

복재신경은 대퇴신경의 가장 크고 긴 피부 분지이고, 정강이 내측부터 무릎 아래까지 분포한다.

## 041
네일 샵에서 시술이 불가능한 손톱 병변에 해당하는 것은?

① 조갑박리증(오니코리시스)
② 조갑위측증(오니케트로피아)
③ 조갑비대증(오니콕시스)
④ 조갑익상편(테리지움)

> 조갑박리증은 손톱과 네일 베드 사이에 틈이 생겨 점점 벌어지는 증상으로 네일 샵에서 시술이 불가능하다.

## 042
다음 중 손톱 밑의 구조에 포함되지 않는 것은?

① 반월(루눌라)
② 조모(매트릭스)
③ 조근(네일루트)
④ 조상(네일 베드)

> 조근은 손톱 구조에 해당된다.

## 043
손톱의 구조에 대한 설명으로 가장 거리가 먼 것은?

① 네일 플레이트(조판)는 단단한 각질 구조물로 신경과 혈관이 없다.
② 네일 루트(조근)는 손톱이 자라나기 시작하는 곳이다.
③ 프리엣지(자유연)는 손톱의 끝부분으로 네일베드와 분리되어 있다.
④ 네일 베드(조상)는 네일 플레이트(조판) 위에 위치하며 손톱의 신진대사를 돕는다.

> 네일 베드(조상)는 네일 바디를 받치고 있는 밑 부분에 위치하며, 손톱의 수분을 공급하고 신진대사를 돕는다.

## 044
다음 중 고객관리카드의 작성 시 기록해야 할 내용과 가장 거리가 먼 것은?

① 손발의 질병 및 이상 증상
② 시술 시 주의사항
③ 고객이 원하는 서비스의 종류 및 시술 내용
④ 고객의 학력 여부 및 가족 사항

> 고객관리 카드는 고객의 개인 사적 내용은 기록하지 않는다.

## 045
네일의 구조에서 모세혈관, 림프 및 신경조직이 있는 것은?

① 매트릭스
② 에포니키움
③ 큐티클
④ 네일바디

> 매트릭스는 네일 루트 밑에 위치하고, 네일의 성장을 조절하는 역할을 하며, 모세혈관, 림프 및 신경이 분포하고 있다.

## 046
네일 큐티클에 대한 설명으로 옳은 것은?

① 살아있는 각질 세포이다.
② 완전히 제거가 가능하다.
③ 네일 베드에서 자라 나온다.
④ 손톱 주위를 덮고 있다.

> 큐티클은 손톱 주위를 덮고 있는 신경이 없는 부분이다.

## 047
손과 발의 뼈 구조에 대한 설명으로 틀린 것은?

① 한 손은 손목뼈 8개, 손바닥뼈 5개, 손가락뼈 14개로 총 27개의 뼈로 구성되어 있다.
② 한 발은 발목뼈 7개, 발바닥뼈 5개, 발가락뼈 14개로 총 26개의 뼈로 구성되어 있다.
③ 손목뼈는 손목을 구성하는 뼈로 8개의 작고 다른 뼈들이 두 줄로 손목에 위치하고 있다.

④ 발목뼈는 몸의 무게를 지탱하는 5개의 길고 가는 뼈로 체중을 지탱하기 위해 튼튼하고 길다.

발목뼈는 거골, 중골, 주상골, 제1설상골, 제2설상골, 제3설상골, 입방골 총 7개의 뼈로 구성되어 있다.

## 048
건강한 네일의 조건에 대한 설명으로 틀린 것은?

① 건강한 네일은 유연하고 탄력성이 좋아서 튼튼하다.
② 건강한 네일은 네일베드에 단단히 잘 부착되어야 한다.
③ 건강한 네일은 연한 핑크빛을 띠며 내구력이 좋아야 한다.
④ 건강한 네일은 25~30%의 수분과 10%의 유분을 함유해야 한다.

건강한 12~18%의 수분을 함유하고 있다.

## 049
다음 중 네일 팁의 재질이 아닌 것은?

① 아세테이트   ② 플라스틱
③ 아크릴       ④ 나일론

네일 팁은 아세테이트, 플라스틱, 나일론, ABS수지 등의 재질이다.

## 050
다음은 조갑종렬증(오니코렉시스)의 관한 설명으로 옳은 것은?

① 손톱의 색이 푸르스름하게 변하는 증상이다.
② 멜라닌색소가 착색되어 일어나는 증상이다.
③ 손톱이 갈라지거나 부서지는 증상이다.
④ 큐티클이 과잉 성장하여 네일 플레이트 위로 자라는 증상이다.

조갑종렬증(오니코렉시스)은 손톱이 세로로 갈라지거나 부서지는 증상으로 강알칼리성 비누나 에나멜 리무버를 과다하게 사용할 때 발생한다.

## 051
아크릴릭 네일의 제거 방법으로 가장 적합한 것은?

① 드릴머신으로 갈아준다.
② 솜에 아세톤을 적혀 호일로 감싸 30분 정도 불린 후 오렌지 우드스틱으로 밀어서 떼어준다.
③ 100그릿 파일로 파일링하여 제거한다.
④ 솜에 알코올을 적셔 호일로 감싸 30분 정도 불린 후 오렌지 우드스틱으로 밀어서 떼어준다.

아크릴 네일 제거 할 때는 솜에 아세톤을 적혀 호일로 감싸 30분 정도 불린 후 오렌지 우드스틱으로 밀어서 떼어준다.

## 052
프렌치 컬러링에 대한 설명으로 옳은 것은?

① 옐로우 라인에 맞추어 완만한 U자 형태로 컬러링한다.
② 프리에지의 컬러링의 너비는 규격화되어 있다.
③ 프리에지의 컬러링 색상은 흰색으로 규정되어 있다.
④ 프리에지 부분만을 제외하고 컬러링한다.

프렌치 컬러링은 프리에지 부분만 컬러링 하는 방법으로 옐로우 라인에 맞추어 완만한 U자 형태로 컬러링한다.

## 053
아크릴릭 시술에서 핀칭(Pinching)을 하는 주된 이유는?

① 리프팅(Lifting)방지에 도움이 된다.
② C커브에 도움이 된다.
③ 하이 포인트 형성에 도움이 된다.
④ 에칭(Etching)에 도움이 된다.

아크릴릭 시술에는 적당한 C커브를 만들기 위해 핀칭을 준다.

## 054
네일 종이 폼의 적용 설명으로 틀린 것은?

① 다양한 스컬프쳐 네일 시술 시에 사용한다.
② 자연스런 네일의 연장을 만들 수 있다.
③ 디자인 UV젤 팁 오버레이 시에 사용한다.
④ 일회용이며 프렌치 스컬프쳐에 적용한다.

네일 종이 폼은 팁에는 적용하지 않는다.

## 055
페디큐어 시술 순서로 가장 적합한 것은?

① 소독하기 – 폴리시지우기 – 발톱 모양 만들기 – 큐티클 오일 바르기 – 큐티클 정리하기
② 폴리시 지우기 – 소독하기 – 발톱 표면 정리하기 – 큐티클 오일 바르기 – 큐티클 정리하기
③ 소독하기 – 발톱 표면 정리하기 – 폴리시 지우기 – 발톱 모양 만들기 – 큐티클 정리하기
④ 폴리시 지우기 – 소독하기 – 발톱 모양 만들기 – 큐티클 오일 바르기 – 큐티클 정리하기

페디큐어 시술 시 모델의 발과 시술자의 손 손독을 하고, 기존 컬러링을 지우고, 발톱 모양을 만들고, 큐티클 오일을 발라 큐티클을 정리한 후 큐티클을 한번 더 소독해준다.

## 056
패티큐어 시술 시 굳은살을 제거하는 도구의 명칭은?

① 푸셔
② 토우 세퍼레이터
③ 콘커터
④ 클리퍼

콘커터는 발바닥 굳은살이나 각질을 제거하는데 사용하는 도구이다.

## 057
푸셔로 큐티클을 밀어 올릴 때 가장 적합한 각도는?

① 15도
② 30도
③ 45도
④ 60도

푸셔로 큐티클을 밀어 올릴 때는 네일 표면과 45° 각도가 적합하다.

## 058
팁 위드 랩 시술 시 사용하지 않는 재료는?

① 글루 드라이
② 실크
③ 젤 글루
④ 아크릴 파우더

아크릴 파우더는 아크릴 연장 시술에 사용하는 재료이다.

## 059
UV젤의 특징이 아닌 것은?

① 올리고머 형태의 분자구조를 가지고 있다.
② 탑 젤의 광택은 인조 네일 중 가장 좋다.
③ 젤은 농도에 따라 묽기가 약간씩 다르다.
④ UV젤은 상온에서 경화가 가능하다.

UV젤은 젤 램프를 이용하여 경화한다.

## 060

컬러링의 설명으로 틀린 것은?

① 베이스 코트는 폴리시의 착색을 방지한다.
② 폴리시 브러시의 각도는 90도 로 잡는 것이 가장 적합하다.
③ 폴리시는 얇게 바르는 것이 빨리 건조되고 색상이 오래 유지된다.
④ 탑코트는 폴리시의 광택을 더해주고 지속력을 높인다.

폴리시의 브러시 각도는 45°의 각도로 잡는 것이 가장 적합하다.

### 06회 [정답]  적중모의고사

| 001 | 002 | 003 | 004 | 005 |
|---|---|---|---|---|
| ① | ② | ③ | ④ | ① |
| 006 | 007 | 008 | 009 | 010 |
| ② | ① | ② | ① | ③ |
| 011 | 012 | 013 | 014 | 015 |
| ① | ④ | ① | ④ | ③ |
| 016 | 017 | 018 | 019 | 020 |
| ③ | ② | ② | ① | ③ |
| 021 | 022 | 023 | 024 | 025 |
| ① | ④ | ① | ③ | ③ |
| 026 | 027 | 028 | 029 | 030 |
| ① | ② | ④ | ② | ② |
| 031 | 032 | 033 | 034 | 035 |
| ② | ② | ④ | ④ | ③ |
| 036 | 037 | 038 | 039 | 040 |
| ② | ④ | ③ | ② | ① |
| 041 | 042 | 043 | 044 | 045 |
| ① | ③ | ④ | ④ | ① |
| 046 | 047 | 048 | 049 | 050 |
| ④ | ④ | ④ | ③ | ③ |
| 051 | 052 | 053 | 054 | 055 |
| ② | ① | ② | ③ | ① |
| 056 | 057 | 058 | 059 | 060 |
| ③ | ③ | ④ | ④ | ② |

# 제 07 회 적중모의고사

○ CHECK POINT QUESTION

## 001
일명 도시형, 유입형이라고도 하며 생산층 인구가 전체 인구의 50% 이상이 되는 인구 구성의 유형은?

① 별형(star form)
② 항아리형(pot form)
③ 농촌형(guitar form)
④ 종형(bell form)

> 별형은 도시형, 인구 유입형으로 생산층의 인구가 증가하는 형태의 인구 구성 형태이다.

## 002
다음 중 식물에게 가장 피해를 많이 줄 수 있는 기체는?

① 일산화탄소
② 이산화탄소
③ 탄화수소
④ 이산화황

> 식물이 이산화황에 많이 노출되면 엽맥이나 잎의 가장자리에 색이 변하게 되며, 해면조직과 표피조직의 세포가 얇아지는 피해를 받게 된다.

## 003
다음 감염병 중 호흡기계 감염병에 속하는 것은?

① 발진티푸스    ② 파라티푸스
③ 디프테리아    ④ 황열

> 디프테리아, 백일해, 조류독감, 결핵 등이 호흡기계 감염병이다.

## 004
사회보장의 종류에 따른 내용의 연결이 옳은 것은?

① 사회보험 – 기초생활보장, 의료보장
② 사회보험 – 소득 보장, 의료보장
③ 공적부조 – 기초생활보장, 보건의료서비스
④ 공적부조 – 의료보장, 사회복지서비스

> 사회보험의 소득 보장은 국민연금, 고용보험, 산재보험이며, 사회보험의 의료보장은 건강보험, 산재보험이다.

## 005
( ) 안에 들어갈 알맞은 것은?

> (    )(이)란 감염병 유행지역의 입국자에 대하여 감염병 감염이 의심되는 사람의 강제격리로 "건강격리"라고도 한다.

① 검역          ② 감금
③ 감시          ④ 전파 예방

> 검역은 감염병 유행 지역의 입국자에 대하여 감염병 감염이 의심되는 사람의 강제격리이다.

## 006
감염병을 옮기는 질병과 그 매개곤충을 연결한 것으로 옳은 것은?

① 말라리아 – 진드기
② 발진티푸스 – 모기
③ 양충병(쯔쯔가무시) – 진드기
④ 일본뇌염 – 체체파리

> 말라리아 – 모기, 발진티푸스 – 이, 일본뇌염 – 모기

## 007
영양소의 3대 작용으로 틀린 것은?

① 신체의 생리기능 조절
② 에너지 열량 감소
③ 신체의 조직 구성
④ 열량 공급 작용

영양소의 3대 작용
- 신체의 생리기능 조절(비타민, 무기질, 물)
- 신체의 조직 구성(단백질, 무기질, 물)
- 열량 공급 작용(탄수화물, 지방, 단백질)

## 008
다음 소독 방법 중 완전 멸균으로 가장 빠르고 효과적인 방법은?

① 유통증기법  ② 간헐살균법
③ 고압증기법  ④ 건열소독

고압 증기 멸균법은 고압 증기 멸균기를 이용하여 소독하는 방법으로 가장 빠르고 효과적인 완전 멸균 방법이다.

## 009
인체에 질병을 일으키는 병원체 중 대체로 살아있는 세포에서만 증식하고 크기가 가장 작아 전자현미경으로만 관찰할 수 있는 것은

① 구균
② 간균
③ 바이러스
④ 원생동물

바이러스는 크기가 가장 작은 병원체로 살아있는 세포에만 증식한다.

## 010
이·미용업소 쓰레기통, 하수구 소독으로 효과적인 것은?

① 역성 비누액, 승홍수
② 승홍수, 포르말린수
③ 생석회, 석회유
④ 역성 비누액, 생석회

쓰레기통 소독은 석회유, 하수구 소독은 생석회, 석회유를 이용한다.

## 011
이·미용업소에서 공기 중 비말전염으로 가장 쉽게 옮겨질 수 있는 감염병은?

① 인플루엔자
② 대장균
③ 뇌염
④ 장티푸스

침방울이 타인의 코나 입으로 들어가면서 감염되는 것을 비말전염이라 하는데 인플루엔자, 결핵, 백일해, 디프테리아 등이 이에 속한다.

## 012
소독약의 살균력 지표로 가장 많이 이용되는 것은?

① 알코올
② 크레졸
③ 석탄산
④ 포름알데히드

석탄산은 소독약의 살균력 지표로 가장 많이 이용된다.

## 013
다음 중 아포(포자)까지도 사멸시킬 수 있는 멸균 방법은?

① 자외선 조사법
② 고압증기멸균법
③ P.O. (Propylene Oxide)가스 멸균법
④ 자비소독법

아포를 형성하는 세균에 고압증기멸균법이 가장 효과적인 소독법이다.

## 014
소독제의 구비조건과 가장 거리가 먼 것은?

① 높은 살균력을 가질 것
② 인축에 해가 없어야 할 것
③ 저렴하고 구입과 사용이 간편할 것
④ 냄새가 강할 것

소독제는 냄새가 없는 것이 좋다.

## 015
여드름을 유발하는 호르몬은?

① 인슐린 (insulin)
② 안드로겐 (androgen)
③ 에스트로겐 (estrogen)
④ 티록신 (thyroxine)

안드로겐의 영향으로 피지가 증가하고 이 피지가 충분히 배출하지 못하면서 여드름이 생기게 된다.

## 016
멜라닌 세포가 주로 위치하는 곳은?

① 각질층
② 기저층
③ 유극층
④ 망상층

기저층은 각질형성세포와 색소형성세포가 존재한다.

## 017
피지, 각질세포, 박테리아가 서로 엉겨서 모공이 막힌 상태를 무엇이라 하는가?

① 구진
② 면포
③ 반점
④ 결절

얼굴, 이마, 콧등에 나타나는 좁쌀 크기의 굳어진 피지 덩어리, 각질 세포, 박테리아가 서로 엉겨서 모공이 막힌 상태가 면포이다.

## 018
사춘기 이후 성호르몬의 영향을 받아 분비되기 시작하는 땀샘으로 체취선이라고 하는 것은?

① 소한선
② 대한선
③ 갑상선
④ 피지선

대한선은 성호르몬의 영향을 받아 분비되기 시작하는 땀샘으로 겨드랑이, 유두, 배꼽 등에 존재한다.

## 019
일광화상의 주된 원인이 되는 자외선은?

① UV-A
② UV-B
③ UV-C
④ 가시광선

UV-B는 290~320nm의 영역에서 나오는 자외선으로 파장이 짧아 피부 깊숙이 침투하지 못하는데 과다하게 노출될 경우는 일광화상을 받을 수 있다.

## 020
다음 중 뼈와 치아의 주성분이며, 결핍되면 혈액의 응고 현상이 나타나는 영양소는?

① 인(P)
② 요오드(I)
③ 칼슘(Ca)
④ 철분(Fe)

칼슘은 뼈와 치아를 형성하는 영양소이다.

## 021
노화 피부에 대한 전형적인 증세는?

① 피지가 과다 분비되어 번들거린다.
② 항상 촉촉하고 매끈하다.
③ 수분이 80% 이상이다.
④ 유분과 수분이 부족하다.

노화 피부는 유분과 수분이 부족하여 탄력이 떨어지고 건조해 주름이 생긴다.

## 022
공중위생관리법상 이·미용 기구의 소독기준 및 방법으로 틀린 것은?

① 건열멸균소독 : 섭씨 100℃ 이상의 건조한 열에 10분 이상 쐬어준다.
② 증기소독 : 섭씨 100℃ 이상의 습한 열에 20분 이상 쐬어준다.
③ 열탕소독 : 섭씨 100℃ 이상의 물속에 10분 이상 끓여준다.
④ 석탄산수소독 : 석탄산수 (석탄산 3%, 물 97%의 수용액)에 10분 이상 담가둔다.

건열멸균소독은 섭씨 100℃ 이상의 건조한 열에 20분 이상 쐬어준다.

## 023
공중위생업자가 매년 받아야 하는 위생교육 시간은?

① 5시간
② 4시간
③ 3시간
④ 2시간

공중위생업자가 매년 받아야 하는 위생교육 시간은 3시간이다.

## 024
면허의 정지명령을 받은 자가 반납한 면허증은 정지기간 동안 누가 보관하는가?

① 관할 시·도지사
② 관할 시장·군수·구청장
③ 보건복지부장관
④ 관할 경찰서장

면허의 정지명령을 받은 자는 그 면허증을 관할 시·군·구청장에게 제출하여야 한다.

## 025
과태료의 부과·징수 절차에 관한 설명으로 틀린 것은?

① 시장·군수·구청장이 부과·징수한다.
② 과태료 처분의 고지를 받은 날부터 30일 이내에 이의를 제기할 수 있다.
③ 과태료 처분을 받은 자가 이의를 제기한 경우 처분권자는 보건복지부장관에게 이를 통보한다.
④ 기간 내 이의가 없이 과태료를 납부하지 아니한 때에는 지방세 체납 처분의 예에 따른다.

과태료 처분을 받은 자가 이의를 제기한 경우 시장·군수·구청장은 관할법원에 그 사실을 통보하여야 한다.

## 026
다음 중 청문의 대상이 아닌 때는?

① 면허취소 처분을 하고자 하는 때
② 면허정지 처분을 하고자 하는 때
③ 영업소폐쇄명령의 처분을 하고자 하는 때
④ 벌금으로 처벌하고자 하는 때

청문의 대상은 면허취소, 면허정지, 영업소 폐쇄 명령, 공중위생영업의 정지, 일부 시설의 사용 중지이다.

## 027
신고를 하지 아니하고 영업소의 소재지를 변경한 때에 대한 1차 위반 시 행정처분 기준은?

① 영업정지 1월
② 영업정지 6월
③ 영업정지 3월
④ 영업정지 2월

신고를 하지 아니하고 영업소의 소재지를 변경한 때에 대한 1차 위반 시 행정처분 기준은 영업정지 1월이다.

## 028
이·미용업 영업 신고 신청 시 필요한 구비서류에 해당하는 것은?

① 이·미용사 자격증 원본
② 교육수료증
③ 호적등본 및 주민증록등본
④ 건축물 대장

> 이·미용업 영업 신고 신청 시 영업시설 및 설비개요서, 교육수료증(미리 교육을 받은 경우)을 제출해야 한다.

## 029
화장수에 대한 설명 중 올바르지 않은 것은?

① 수렴화장수는 아스트린젠트라고 불린다.
② 수렴화장수는 지성, 복합성 피부에 효과적으로 사용된다.
③ 유연화장수는 건성 또는 노화피부에 효과적으로 사용된다.
④ 유연화장수는 모공을 수축시켜 피부결을 섬세하게 정리해 준다.

> 수렴화장수의 기능은 모공을 수축시켜 피부결을 섬세하게 정리해 준다.

## 030
아줄렌(Azulene)은 어디에서 얻어지는가?

① 카모마일(Camomile)
② 로얄젤리(Royal Jelly)
③ 아르니카(Arnica)
④ 조류(Algae)

> 아줄렌은 카모마일을 증류하여 추출한 것으로 피부의 진정, 알레르기, 염증 치유 등의 효과가 있다.

## 031
향수에 대한 설명으로 옳은 것은?

① 퍼퓸 (perfume extract) – 알코올 70%와 향수원액을 30% 포함하며, 향이 3일 정도 지속된다.
② 오드 퍼퓸 (eau de perfume) – 알코올 95%이상, 향수원액 2~3%로 30분 정도 향이 지속된다.
③ 샤워 코롱 (shower cologne) – 알코올 80%와 물 및 향수원액 15%가 함유된 것으로 5시간 정도 향이 지속된다.
④ 헤어 토닉 (hair tonic) – 알코올 85~95%와 향수원액 8%가량이 함유된 것으로 향이 2~3시간 정도 지속된다.

> • 오드 코롱 : 알코올 95%이상, 향수원액 2~3%로 30분 정도 향이 지속된다.
> • 샤워 코롱 : 알코올 80%와 물 및 향수원액 15%가 함유된 것으로 5시간 정도 향이 지속된다.
> • 오드 토일렛 : 알코올 85~95%와 향수원액 8%가량이 함유된 것으로 향이 2~3시간 정도 지속된다.

## 032
린스의 기능으로 틀린 것은?

① 정전기를 방지한다.
② 모발 표면을 보호한다.
③ 자연스러운 광택을 준다.
④ 세정력이 강하다.

> 세정력이 강한 것은 샴푸이다.

## 033
화장품 성분 중 기초화장품이나 메이크업 화장품에 널리 사용되는 고형의 유성 성분으로 화학적으로는 고급지방산에 고급알코올이 결합된 에스테르이며, 화장품의 굳기를 증가시켜 주는 원료에 속하는 것은?

① 왁스(wax)
② 폴리에틸렌글리콜(polyethylene glycol)
③ 피마자유(caaster oil)
④ 바셀린(vaseline)

> 기초화장품이나 메이크업 화장품에 널리 사용되는 고형의 유성 성분은 왁스이다.

## 034
화장품의 4대 요건에 속하지 않는 것은?

① 안전성
② 안정성
③ 치유성
④ 유효성

화장품의 4대요건은 안전성, 안정성, 유효성, 사용성이다.

## 035
다음 중 미백 기능과 가장 거리가 먼 것은?

① 비타민 C
② 코직산
③ 캠퍼
④ 감초

캠퍼는 녹나무 추출물의 주요 성분으로 피부의 진정 효과가 있다.

## 036
네일미용의 역사에 대한 설명으로 틀린 것은?

① 최초의 미용네일은 기원전 3000년 경에 이집트에서 시작되었다.
② 고대 이집트에서는 헤나를 이용하여 붉은 오렌지색으로 손톱을 물들였다.
③ 그리스에서는 계란 흰자와 아라비아산 고무나무 수액을 섞어 손톱에 칠하였다.
④ 15세기 중국의 명 왕조에서는 흑색과 적색으로 손톱에 칠하여 장식하였다.

계란 흰자와 아라비아산 고무나무 수액을 섞어 손톱에 칠한 것은 고대 중국이다.

## 037
손톱의 구조 중 조근에 대한 설명으로 가장 적합한 것은?

① 손톱 모양을 만든다.
② 연분홍의 반달 모양이다.
③ 손톱이 자라기 시작하는 곳이다.
④ 손톱의 수분공급을 담당한다.

조근은 새로운 세포가 만들어져 손톱의 성장이 시작되는 부분이다.

## 038
네일 샵(shop)의 안전관리를 위한 대처방법으로 가장 적합하지 않은 것은?

① 화학물질을 사용할 때는 반드시 뚜껑이 있는 용기를 이용한다.
② 작업 시 마스크를 착용하여 가루의 흡입을 막는다.
③ 작업공간에서는 음식물이나 음료, 흡연을 금한다.
④ 가능하면 스프레이 형태의 화학물질을 사용한다.

스프레이 형태의 화학물질을 사용하게 되면 눈, 코, 입으로 들어갈 수 있기에 사용하지 않도록 한다.

## 039
손톱의 구조에서 자유연(프리에지) 밑부분의 피부를 무엇이라고 하는가?

① 하조피(하이포니키움)
② 조구(네일 그루부)
③ 큐티클
④ 조상연(페리오니키움)

자유연(프리에지) 밑부분의 피부를 하조피(하이포니키움)이라 한다.

## 040
다음 중 손톱의 역할과 가장 거리가 먼 것은?

① 손끝과 발끝을 외부 자극으로부터 보호한다.
② 미적 · 장식적 기능이 있다.
③ 방어와 공격의 기능이 있다.
④ 분비 기능이 있다.

분비 기능은 손톱의 역할이 아니다.

## 041
다음 중 손가락의 수지골 뼈의 명칭이 아닌 것은?

① 기절골  ② 말절골
③ 중절골  ④ 요골

> 요골은 아래팔뼈 중 바깥쪽에 있는 뼈를 말한다.

## 042
다음 중 네일미용 시술이 가능한 경우는?

① 사상균증  ② 조갑구만증
③ 조갑탈락증  ④ 행네일

> 행네일은 거스러미 네일이라고도 불리며, 핫크림 매니큐어나 파라핀 매니큐어로 보습을 주어 관리한다.

## 043
네일도구의 설명으로 틀린 것은?

① 큐티클 니퍼 : 손톱 위에 거스러미가 생긴 살을 제거할 때 사용한다.
② 아크릴릭 브러시 : 아크릴릭 파우더로 볼을 만들어 인조손톱을 만들 때 사용한다.
③ 클리퍼 : 인조팁을 잘라 길이를 조절할 때 사용한다.
④ 아크릴릭 폼지 : 팁 없이 아크릴릭 파우더만을 가지고 네일을 연장할 때 사용하는 일종의 받침대 역할을 한다.

> 인조 팁을 잘라 길이를 조절할 때는 팁 커터를 사용한다.

## 044
손가락과 손가락 사이가 붙지 않고 벌어지게 하는 외향에 작용하는 손등의 근육은?

① 외전근  ② 내전근
③ 대립근  ④ 회외근

> 외전근은 손가락 사이를 벌어지게 하는 손등의 근육이다.

## 045
네일미용 관리 중 고객관리에 대한 응대로 지켜야 할 사항이 아닌 것은?

① 시술의 우선 순위에 대한 논쟁을 막기 위해서 예약 고객을 우선으로 한다.
② 고객이 도착하기 전에는 필요한 물건과 도구를 준비해야 한다.
③ 관리 중에는 고객과 대화를 나누지 않는다.
④ 고객에게 소지품과 옷 보관함을 제공하고 바뀌는 일이 없도록 한다.

> 고객관리 중 적당한 대화를 나누는 것이 좋다.

## 046
고객관리에 대한 설명으로 옳은 것은?

① 피부 습진이 있는 고객은 처치를 하면서 서비스한다.
② 진한 메이크업을 하고 고객을 응대한다.
③ 네일 제품으로 인한 알레르기 반응이 생길 수 있으므로 원인이 되는 제품의 사용을 멈추도록 한다.
④ 문제성 피부를 지닌 고객에게 주어진 업무수행을 자유롭게 한다.

> 단정하고 깔끔한 복장과 자연스러운 메이크업을 하고 고객이 피부 습진이나 문제성 피부이면 서비스를 하지 않는다.

## 047
다음 중 발의 근육에 해당하는 것은?

① 비복근
② 대퇴근
③ 장골근
④ 족배근

> 발바닥 근육은 족척근, 발등의 근육은 족배근이라 한다.

## 048
화학물질로부터 자신과 고객을 보호하는 방법으로 틀린 것은?
① 화학물질은 피부에 닿아도 되기 때문에 신경 쓰지 않아도 된다.
② 통풍이 잘되는 작업장에서 작업을 한다.
③ 공중 스프레이 제품보다 찍어 바르거나 솔로 바르는 제품을 선택한다.
④ 콘택트렌즈의 사용을 제한한다.

화학물질은 피부에 닿지 않게 주의한다.

## 049
한국의 네일미용의 역사에 관한 설명 중 틀린 것은?
① 우리나라 네일 장식의 시작은 봉선화 꽃물을 들이는 것이라 할 수 있다.
② 한국의 네일 산업이 본격화되기 시작한 것은 1960년대 중반으로 미국과 일본의 영향으로 네일산업이 급성장하면서 대중화되기 시작했다.
③ 1990년대부터 대중화 되어 왔고 1998년에는 민간자격증이 도입되었다.
④ 화장품 회사에서 다양한 색상의 폴리시를 판매하면서 일반인들이 네일에 대해 관심을 갖기 시작했다.

한국의 네일 산업이 본격화되기 시작한 것은 1990년대이다.

## 050
네일 질환 중 교조증(오니코파지, Onychophagy)의 원인과 관리 방법 중 가장 적합한 것은?
① 유전에 의하여 손톱의 끝이 두껍게 자라는 것이 원인으로 매니큐어나 페디큐어가 증상을 완화 시킨다.
② 멜라닌 색소가 착색되어 일어나는 증상이 원인이며 손톱이 자라면서 없어지기도 한다.
③ 손톱을 심하게 물어뜯을 경우 원인이 되며 인조손톱을 붙여서 교정할 수 있다.
④ 식습관이나 질병에서 비롯된 증상이 원인이며 부드러운 파일을 사용하여 관리한다.

교조증은 손톱을 심하게 물어뜯는 습관이 원인이 되며 인조손톱을 붙여서 교정할 수 있다.

## 051
습식매니큐어 시술에 관한 설명으로 틀린 것은?
① 고객의 취향과 기호에 맞게 손톱 모양을 잡는다.
② 자연손톱 파일링 시 한 방향으로 시술한다.
③ 손톱 질환이 심각할 경우 의사의 진료를 권한다.
④ 큐티클은 죽은 각질 피부이므로 반드시 모두 제거하는 것이 좋다.

큐티클을 너무 가까이 제거하면 출혈이 생길 수 있어 적당히 제거하는 것이 좋다.

## 052
폴리시를 바르는 방법 중 손톱이 길고 가늘게 보이도록 하기 위해 양쪽 사이드 부위를 남겨두는 컬러링 방법은?
① 프리에지(free edge)
② 풀코트(full coat)
③ 슬림 라인(slim line)
④ 루눌라(lunula)

슬림라인은 손톱의 양쪽 옆면을 1.5mm 정도 남기고 컬러링하는 방법으로 손톱이 길고 가늘게 보인다.

## 053
UV-젤 네일의 설명으로 옳지 않은 것은?
① 젤은 끈끈한 점성을 가지고 있다.
② 파우더와 믹스되었을 때 단단해진다.
③ 네일 리무버로 제거되지 않는다.
④ 투명도와 광택이 뛰어나다.

젤은 파우더와 믹스되었을 때 단단해지지 않는다.

## 054
아크릴릭 시술 시 바르는 프라이머에 대한 설명으로 틀린 것은?

① 단백질을 화학작용으로 녹여준다.
② 아크릴릭 네일이 손톱에 잘 부착되도록 도와준다.
③ 피부에 닿으면 화상을 입힐 수 있다.
④ 충분한 양으로 여러 번 도포해야 한다.

프라이머는 손톱에 소량으로 1회~2회정도만 바른다.

## 055
네일 팁 오버레이의 시술 과정에 대한 설명으로 틀린 것은?

① 네일 팁 접착 시 자연손톱 길이의 1/2이상 덮지 않는다.
② 자연 손톱이 넓은 경우 좁게 보이게 하기 위하여 작은 사이즈의 네일 팁을 붙인다.
③ 네일 팁의 접착력을 높여주기 위해 자연손톱의 에칭작업을 한다.
④ 프리프라이머를 자연손톱에만 도포한다.

네일 팁을 선택할 때는 자연네일과 동일한 크기의 팁을 골라 부착한다.

## 056
아크릴릭 네일의 보수 과정에 대한 설명으로 가장 거리가 먼 것은?

① 들뜬 부분의 경계를 파일링 한다.
② 아크릴릭 표면이 단단하게 굳은 후에 파일링 한다.
③ 새로 자라난 자연 손톱 부분에 프라이머를 바른다.
④ 들뜬 부분에 오일 도포 후 큐티클을 정리한다.

들뜬 부분에 오일 도포하면 리프팅의 원인이 될 수 있기 때문에 건식으로 큐티클을 정리한다.

## 057
페디파일의 사용 방향으로 가장 적합한 것은?

① 바깥쪽에서 안쪽으로
② 왼쪽에서 오른쪽으로
③ 족문 방향으로
④ 사선 방향으로

페디파일은 족문 방향으로 사용한다.

## 058
큐티클을 정리하는 도구의 명칭으로 가장 적합한 것은?

① 핑거볼
② 니퍼
③ 핀셋
④ 클리퍼

큐티클을 정리하는 도구는 니퍼와 푸셔이다.

## 059
페디큐어의 시술 방법으로 맞는 것은?

① 파고드는 발톱의 예방을 위하여 발톱의 모양(shape)은 일자형으로 한다.
② 혈압이 높거나 심장병이 있는 고객은 마사지를 더 강하게 해준다.
③ 모든 각질 제거에는 콘커터를 사용하여 완벽하게 제거한다.
④ 발톱의 모양은 무조건 고객이 원하는 형태로 잡아준다.

• 혈압이 높거나 심장병이 있는 고객은 마사지를 약하게 하거나 하지 않는다.
• 굳은살은 콘커터를 사용하여 제거한다.
• 발톱의 모양은 일자 형태로 잡아준다.

## 060

네일 팁에 대한 설명으로 틀린 것은?

① 네일 팁 접착 시 손톱의 1/2 이상 커버해서는 안 된다.
② 네일 팁은 손톱의 크기에 너무 크거나 작지 않은 가장 잘 맞는 사이즈의 팁을 사용한다.
③ 웰 부분의 형태에 따라 풀 웰(full well)과 하프 웰(half well)이 있다.
④ 자연 손톱이 크고 납작한 경우 커브타입의 팁이 좋다.

자연 손톱이 크고 납작한 경우는 끝이 좁은 내로우 팁을 사용한다.

## 07회 [정답] 적중모의고사

| 001 | 002 | 003 | 004 | 005 |
|---|---|---|---|---|
| ① | ④ | ③ | ② | ① |
| 006 | 007 | 008 | 009 | 010 |
| ③ | ② | ③ | ③ | ③ |
| 011 | 012 | 013 | 014 | 015 |
| ① | ③ | ② | ④ | ② |
| 016 | 017 | 018 | 019 | 020 |
| ② | ② | ② | ② | ③ |
| 021 | 022 | 023 | 024 | 025 |
| ④ | ① | ③ | ② | ③ |
| 026 | 027 | 028 | 029 | 030 |
| ④ | ① | ② | ④ | ① |
| 031 | 032 | 033 | 034 | 035 |
| ① | ④ | ① | ③ | ③ |
| 036 | 037 | 038 | 039 | 040 |
| ③ | ③ | ④ | ① | ④ |
| 041 | 042 | 043 | 044 | 045 |
| ④ | ④ | ③ | ① | ③ |
| 046 | 047 | 048 | 049 | 050 |
| ③ | ④ | ① | ② | ③ |
| 051 | 052 | 053 | 054 | 055 |
| ④ | ③ | ② | ④ | ② |
| 056 | 057 | 058 | 059 | 060 |
| ④ | ③ | ② | ① | ④ |

# 제 08 회 적중모의고사

○ CHECK POINT QUESTION

## 001
야채를 고온에서 요리할 때 가장 파괴되기 쉬운 비타민은?

① 비타민 A    ② 비타민 C
③ 비타민 D    ④ 비타민 K

비타민 C는 수용성 비타민이며, 고온에서 파괴되기 쉽다.

## 002
다음 중 병원소에 해당하지 않는 것은?

① 흙
② 물
③ 가축
④ 보균자

병원소의 종류에는 인간 병원소, 동물 병원소, 토양 병원소가 있다.

## 003
일반폐기물 처리 방법 중 가장 위생적인 방법은?

① 매립법
② 소각법
③ 투기법
④ 비료 화법

소각법은 폐기물을 불에 태우는 것을 의미하며, 가장 위생적인 방법이다.

## 004
인구통계에서 5~9세 인구란?

① 만4세 이상 ~ 만8세 미만 인구
② 만5세 이상 ~ 만10세 미만 인구
③ 만4세 이상 ~ 만9세 미만 인구
④ 4세 이상 ~ 9세 이하 인구

인구통계에서 5~9세 인구는 만5세 이상 ~ 만9세 인구를 말한다.

## 005
모유 수유에 대한 설명으로 옳지 않은 것은?

① 수유 전 산모의 손을 씻어 감염을 예방하여야 한다.
② 모유 수유를 하면 배란을 촉진 시켜 임신을 예방하는 효과가 없다.
③ 모유에는 림프구, 대식세포 등의 백혈구가 들어 있어 각종 감염으로부터 장을 보호하고 설사를 예방하는 데 큰 효과를 갖고 있다.
④ 초유는 영양가가 높고 면역체가 있으므로 아기에게 반드시 먹이도록 한다.

모유 수유를 하면 배란이 억제되면서 임신을 예방하는 효과가 있다.

## 006
감염병 감염 후 얻어지는 면역의 종류는?

① 인공능동면역
② 인공수동면역
③ 자연능동면역
④ 자연수동면역

자연능동면역은 감염병 감염 후 몸에 항원 반응을 통해 항체가 형성된다.

## 007
다음 중 출생 후 아기에게 가장 먼저 실시하게 되는 예방접종은?

① 파상풍
② B형 간염
③ 홍역
④ 폴리오

생후 1~2개월 안에 B형간염의 예방접종을 한다.

## 008
바이러스의 특성으로 가장 거리가 먼 것은?

① 생체 내에서만 증식이 가능하다.
② 일반적으로 병원체 중에서 가장 작다.
③ 황열바이러스가 인간 질병 최초의 바이러스이다.
④ 항생제에 감수성이 있다.

바이러스는 항생제에 감수성이 없다.

## 009
소독제의 적정 농도로 틀린 것은?

① 석탄산 1~3%
② 승홍수 0.1%
③ 크레졸수 1~3%
④ 알코올 1~3%

알코올은 70%의 농도로 사용한다.

## 010
병원성·비병원성 미생물 및 포자를 가진 미생물 모두를 사멸 또는 제거하는 것은?

① 소독　　② 멸균
③ 방부　　④ 정균

멸균은 대상으로 하는 물체의 표면과 내부에 존재하는 모든 곰팡이, 세균, 바이러스 및 원생동물 등의 영양세포 및 포자까지 사멸 또는 제거 시켜 무균상태로 만드는 것이다.

## 011
다음 중 이·미용업소에서 가장 쉽게 옮겨질 수 있는 질병은?

① 소아마비　　② 뇌염
③ 비활동성 결핵　　④ 전염성 안질

이·미용업소에서 소독되지 않는 수건을 사용할 경우 전염성 안질에 전염될 수 있다.

## 012
다음 중 음용수 소독에 사용되는 소독제는?

① 석탄산　　② 액체염소
③ 승홍　　④ 알코올

음용수 소독에는 염소를 사용한다.

## 013
다음 중 미생물학의 대상에 속하지 않는 것은?

① 세균　　② 바이러스
③ 원충　　④ 원시 동물

미생물은 그 크기가 매우 작아 육안으로는 식별이 불가능하며 세균, 바이러스, 조류, 진균, 원생생물(원충류) 등이 해당된다.

## 014
소독제의 사용 및 보존상의 주의 점으로 틀린 것은?

① 일반적으로 소독제는 밀폐시켜 일광이 직사되지 않는 곳에 보존해야 한다.
② 부식과 상관이 없으므로 보관 장소의 제한이 없다.
③ 승홍이나 석탄산 같은 것은 인체에 유해하므로 특별히 주의 취급하여야 한다. 하고,
④ 염소제는 일광과 열에 의해 분해되지 않도록 냉암소에 보존하는 것이 좋다.

소독제는 밀폐시켜 일광이 직사되지 않는 곳에 보존하고, 승홍이나 석탄산 같은 것은 인체에 유해하므로 특별히 주의 취급하며, 염소제는 일광과 열에 의해 분해되지 않도록 냉암소에 보존하는 것이 좋다.

## 015
리보플라빈이라고도 하며, 녹색 채소류, 밀의 배아, 효모, 계란, 우유 등에 함유되어 있고 결핍되면 피부염을 일으키는 것은?

① 비타민 $B_2$
② 비타민 E
③ 비타민 K
④ 비타민 A

비타민 $B_2$는 리보플라빈이라고도 하고 결핍 시 피부병, 구순염, 백내장 등의 원인이 될 수 있다.

## 016
다음 태양광선 중 파장이 가장 짧은 것은?

① UV – A
② UV – B
③ UV – C
④ 가시광선

- UV – A : 320~400nm
- UV – B : 290~320nm
- UV – C : 200~290nm

## 017
멜라닌 색소 결핍의 선천적 질환으로 쉽게 일광화상을 입는 피부병변은?

① 주근깨
② 기미
③ 백색증
④ 노인성 반점(검버섯)

백색증은 멜라닌 색소 결핍의 선천적 질환으로 쉽게 일광화상을 입는 피부병변이므로 주의해야 한다.

## 018
진균에 의한 피부병변이 아닌 것은?

① 족부백선
② 대상포진
③ 무좀
④ 두부백선

대상포진은 바이러스성 피부질환이다.

## 019
피부에 대한 자외선의 영향으로 피부의 급성 반응과 가장 거리가 먼 것은?

① 홍반반응
② 화상
③ 비타민 D 합성
④ 광노화

광노화는 햇빛, 바람, 추위, 공해 등의 요인으로 피부가 노화되는 현상이므로 급성 반응과는 거리가 멀다.

## 020
얼굴에서 피지선이 가장 발달 된 곳은?

① 이마 부분
② 코 옆 부분
③ 턱 부분
④ 뺨 부분

얼굴 중 피지선이 가장 발달 된 곳은 코 옆부분이다.

## 021
에크린 땀샘(소한선)이 가장 많이 분포된 곳은?

① 발바닥
② 입술
③ 음부
④ 유두

소한선은 입술과 생식기를 제외한 전신에 분포되어 있으며, 손바닥, 발바닥, 겨드랑이에 많이 분포되어 있다.

## 022
이·미용업소 내에 반드시 게시하지 않아도 무방한 것은?

① 이·미용업 신고증
② 개설자의 면허증 원본
③ 최종지불 요금표
④ 이·미용사 자격증

이·미용업소 내에 게시해야 할 사항은 이·미용업 신고증, 개설자의 면허증 원본, 최종지불 요금표이다.

## 023
다음 중 이·미용업의 시설 및 설비기준으로 옳은 것은?

① 소독기, 자외선 살균기 등의 소독장비를 갖추어야 한다.
② 영업소 안에는 별실, 기타 이와 유사한 시설을 설치할 수 있다.
③ 응접 장소와 작업 장소를 구획하는 경우에는 커튼, 칸막이 기타 이와 유사한 장애물의 설치가 가능하며 외부에서 내부를 확인할 수 없어야 한다.
④ 탈의실, 욕실, 욕조 및 샤워기를 설치하여야 한다.

이·미용업의 시설 및 설비기준
- 이·미용기구는 소독을 한 기구와 소독을 하지 아니한 기구를 구분하여 보관할 수 있는 용기를 비치하여야 한다.
- 소독기·자외선살균기 등 이·미용기구를 소독하는 장비를 갖추어야 한다.
- 영업소 안에는 별실 그 밖에 이와 유사한 시설을 설치하여서는 아니된다.

## 024
풍속 관련 법령 등 다른 법령에 의하여 관계행정기관의 장의 요청이 있을 때 공중위생영업자를 처벌할 수 있는 자는?

① 시·도지사
② 시장·군수·구청장
③ 보건복지부장관
④ 행정안전부장관

성매매 알선 등 행위의 처벌에 관한 법률, 풍속영업의 규제에 관한 법률 위반은 시장·군수·구청장의 주체에 의해 영업소 폐쇄 등의 명령을 받을 수 있다.

## 025
1차 위반 시의 행정처분이 면허취소가 아닌 것은?

① 국가기술자격법에 따라 이·미용사 자격이 취소된 때
② 이중으로 면허를 취득한 때
③ 면허정지처분을 받고 그 정지 기간 중 업무를 행한 때
④ 국가기술자격법에 의하여 이·미용사 자격정지 처분을 받을 때

국가기술자격법에 의하여 이·미용사 자격정지 처분을 받을 때 1차 위반 시 면허정지의 행정처분을 받게 된다.

## 026
다음 중 영업소 외에서 이용 또는 미용업무를 할 수 있는 경우는?

㉠ 중병에 걸려 영업소에 나올 수 없는 자의 경우
㉡ 혼례 기타 의식에 참여하는 자에 대한 경우
㉢ 이용장의 감독을 받은 보조원이 업무를 하는 경우
㉣ 미용사가 손님 유치를 위하여 통행이 빈번한 장소에서 업무를 하는 경우

① ㉢
② ㉠, ㉡
③ ㉠, ㉡, ㉢
④ ㉠, ㉡, ㉢, ㉣

영업소 외에서 이용 또는 미용업무를 할 수 있는 경우
- 질병·고령·장애나 그 밖의 사유로 영업소에 나올 수 없는 자에 대하여 이용 또는 미용을 하는 경우
- 혼례나 그 밖의 의식에 참여하는 자에 대하여 그 의식 직전에 이용 또는 미용을 하는 경우
- 사회복지시설에서 봉사활동으로 이용 또는 미용을 하는 경우
- 방송 등의 촬영에 참여하는 사람에 대하여 그 촬영 직전에 이용 또는 미용을 하는 경우
- 그 외에 특별한 사정이 있다고 시장·군수·구청장이 인정하는 경우

## 027
공중위생영업의 승계에 대한 설명으로 틀린 것은?

① 공중위생영업자가 그 공중위생영업을 양도하거나 사망한 때 또는 법인의 합병이 있는 때에는 그 양수인·상속인 또는 합병 후 존속하는 법인이나 합병에 의하여 설립되는 법인은 그 공중위생영업자의 지위를 승계한다.
② 이용업 또는 미용업의 경우에는 규정에 의한 면허를 소지한 자에 한하여 공중위생영업자의 지위를 승계할 수 있다.
③ 민사 집행법에 의한 경매, 채무자 회생 및 파산에 관한 법률에 의한 환가나 국제징수법·관세법 또는 지방세기본법에 의한 압류재산의 매각, 그 밖에 이에 준하는 절차에 따라 공중위생영업 관련 시설 및 설비의 전부를 인수한 자는 이 법에 의한 그 공중위생영업자의 지위를 승계한다.
④ 공중위생영업자의 지위를 승계한 자는 1월 이내에 보건복지부령이 정하는 바에 따라 보건복지부장관에게 신고하여야 한다.

> 공중위생영업자의 지위를 승계한 자는 1월 이내에 보건복지부령이 정하는 바에 따라 시장·군수·구청장에게 신고하여야 한다.

## 028
처분기준이 2백만 원 이하의 과태료가 아닌 것은?

① 규정을 위반하여 영업소 이외 장소에서 이·미용 업무를 행한 자
② 위생교육을 받지 아니한 자
③ 위생 관리 의무를 지키지 아니한 자
④ 관계 공무원의 출입·검사·기타 조치를 거부·방해 또는 기피한 자

> 관계 공무원의 출입·검사·기타 조치를 거부·방해 또는 기피한 자는 3백만의 이하의 과태료가 부과된다.

## 029
향수의 부향률이 높은 순에서 낮은 순으로 바르게 정렬된 것은?

① 퍼퓸(Perfume) > 오데 퍼퓸(Eau de Perfume) > 오데 토일렛(Eau de Toilet) > 오데 코롱(Eau de Cologne)
② 퍼퓸(Perfume) > 오데 토일렛(Eau de Toilet) > 오데 퍼퓸(Eau de Perfume) > 오데 코롱(Eau de Cologne)
③ 오데 코롱(Eau de Cologne) > 오데 퍼퓸(Eau de Perfume) > 오데 토일렛(Eau de Toilet) > 퍼퓸(Perfume)
④ 오데 코롱(Eau de Cologne) > 오데 토일렛(Eau de Toilet) > 오데 퍼퓸(Eau de Perfume) > 퍼퓸(Perfume)

> 퍼퓸 15~30% > 오데 퍼퓸 9~12% > 오데 토일렛 6~8% > 오데 코롱 3~5% > 샤워 코롱 1~3%

## 030
화장품의 요건 중 제품이 일정 기간 동안 변질되거나 분리되지 않는 것을 의미하는 것은 무엇인가?

① 안전성
② 안정성
③ 사용성
④ 유효성

> 안정성은 변색, 변취, 미생물의 오염이 없는 것이다.

## 031
자외선 차단 성분의 기능이 아닌 것은?

① 노화를 막는다.
② 과 색소를 막는다.
③ 일광화상을 막는다.
④ 미백작용을 한다.

> 자외선으로부터 차단 성분은 피부노화, 과 색소침착, 일광화상 방지 등의 기능을 하며, 미백 기능을 하는 성분은 아니다.

## 032
다음 중 화장수의 역할이 아닌 것은?

① 피부의 수렴작용을 한다.
② 피부 노폐물의 분비를 촉진 시킨다.
③ 각질층에 수분을 공급한다.
④ 피부의 pH 균형을 유지 시킨다.

화장수의 역할은 수분공급, 클렌징 잔여물 제거, pH 밸런스 조절, 청량감 부여, 피부 수렴작용이다.

## 033
양모에서 추출한 동물성 왁스는?

① 라놀린          ② 스쿠알렌
③ 레시틴          ④ 리바이탈

양의 털에서는 동물성 왁스의 라놀린을 추출한다.

## 034
세정제에 대한 설명으로 옳지 않은 것은?

① 가능한 한 피부의 생리적 균형에 영향을 미치지 않는 제품을 사용하는 것이 바람직하다.
② 대부분 비누는 알칼리성의 성질을 가지고 있어서 피부의 산, 염기 균형에 영향을 미치게 된다.
③ 피부노화를 일으키는 활성산소로부터 피부를 보호하기 위해 비타민 C, 비타민 E를 사용한 기능성 세정제를 사용할 수도 있다.
④ 세정제는 피지선에서 분비되는 피지와 피부장벽의 구성요소인 지질 성분을 제거하기 위하여 사용된다.

세정제는 피부의 노폐물 및 화장품의 잔여물을 제거하기 위해 사용한다.

## 035
바디샴푸가 갖추어야 할 이상적인 성질과 거리가 먼 것은?

① 각질의 제거 능력
② 적절한 세정력
③ 풍부한 거품과 거품의 지속성
④ 피부에 대한 높은 안정성

바디샴푸는 풍부한 거품과 안정성, 적절한 세정력이 필요하다.

## 036
파일의 거칠기 정도를 구분하는 기준은?

① 파일의 두께     ② 그릿 숫자
③ 소프트 숫자     ④ 파일의 길이

파일의 거칠기는 그릿 숫자로 구분하며, 숫자가 높을수록 부드럽고, 숫자가 낮을수록 거친 파일이다.

## 037
부드럽고 가늘며 하얗게 되어 네일 끝이 굴곡진 상태의 증상으로 질병, 다이어트, 신경성 등에서 기인되는 네일 병변으로 옳은 것은?

① 위축된 네일(onychatrophia)
② 파란 네일(onychocyanosis)
③ 계란껍질 네일(onychomalacia)
④ 거스러미 네일(hang nail)

계란껍질 네일(조연화증)은 네일이 부드럽고 가늘며 하얗게 되어 네일 끝이 굴곡진 상태의 증상으로 질병, 다이어트, 신경성 등으로 인하여 생긴 것이다.

## 038
인체를 구성하는 생태학적 단계로 바르게 나열한 것은?

① 세포 – 조직 – 기관 – 계통 – 인체
② 세포 – 기관 – 조직 – 계통 – 인체
③ 세포 – 계통 – 조직 – 기관 – 인체
④ 인체 – 계통 – 기관 – 세포 – 조직

인체를 구성하는 기본 단위는 세포이며, 각 세포들이 모여 조직을 이루고, 조직은 체내에서 일정한 기능을 가진 기관을 구성하고, 기관이 모여 계통을 만들어 인체를 구성한다.

## 039
네일의 역사에 대한 설명으로 틀린 것은?
① 최초의 네일관리는 기원전 3,000년경에 이집트와 중국의 상류층에서 시작되었다.
② 고대 이집트에서는 헤나라는 관목에서 빨간색과 오렌지색을 추출하였다.
③ 고대 이집트에서는 남자들도 네일 관리를 하였다.
④ 네일관리는 지금까지 5,000년에 걸쳐 변화되어 왔다.

고대 이집트의 남자들은 네일 관리를 하지 않았다.

## 040
고객의 홈케어 용도로 큐티클 오일을 사용 시 주된 사용 목적으로 옳은 것은?
① 네일 표면에 광택을 주기 위해서
② 네일과 네일 주변의 피부에 트리트먼트 효과를 주기 위해서
③ 네일 표면에 변색과 오염을 방지하기 위해서
④ 찢어진 손톱을 보강하기 위해서

큐티클 오일은 네일과 네일 주변의 피부에 트리트먼트 효과를 주기 위해 발라준다.

## 041
폴리시 바르는 방법 중 네일을 가늘어 보이게 하는 것은?
① 프리에지
② 루눌라
③ 프렌치
④ 프리월

프리월은 손톱의 양쪽 옆면을 1.5mm 정도 남기고 컬러링하는 방법으로 손톱이 길고 가늘게 보인다.

## 042
다음 중 네일의 병변과 그 원인의 연결이 잘못된 것은?
① 모반점(니버스) – 네일의 멜라닌 색소 작용
② 과잉성장으로 두꺼운 네일 – 유전, 질병, 감염
③ 고랑 파진 네일 – 아연 결핍, 과도한 푸셔링, 순환계 이상
④ 붉거나 검붉은 네일 – 비타민, 레시틴 부족, 만성질환 등

찢어진 네일 – 비타민, 레시틴 부족, 만성질환 등

## 043
네일 매트릭스에 대한 설명 중 틀린 것은?
① 손·발톱의 세포가 생성되는 곳이다.
② 네일 매트릭스의 세로 길이는 네일 플레이트의 두께를 결정한다.
③ 네일 매트릭스의 가로 길이는 네일 베드의 길이를 결정한다.
④ 네일 매트릭스는 네일 세포를 생성시키는 데 필요한 산소를 모세혈관을 통해서 공급받는다.

매트릭스는 네일 루트 밑에 위치하고, 네일의 성장을 조절하는 역할을 하며, 모세혈관, 림프 및 신경이 분포하고 있다. 네일 플레이트의 가로 길이 및 두께의 결정은 네일 매트릭스의 세로길이, 크기, 두께에 있다.

## 044
다음 중 손의 중간근(중수근)에 속하는 것은?
① 엄지맞섬근(무지대립근)
② 엄지모음근(무지내전근)
③ 벌레근(충양근)
④ 작은원근(소원근)

손의 근육 중 중수근에는 배측골간골, 장측골간골, 충양근이 있다.

## 045
다음 중 뼈의 구조가 아닌 것은?

① 골막
② 골질
③ 골수
④ 골조직

뼈는 골막, 골조직, 골수강, 골단으로 구성되어 있다.

## 046
건강한 손톱의 조건으로 틀린 것은?

① 12~18%의 수분을 함유하여야 한다.
② 네일 베드에 단단히 부착되어 있어야 한다.
③ 루눌라(반월)가 선명하고 커야 한다.
④ 유연성과 강도가 있어야 한다.

손톱의 건강과 루눌라의 크기는 관련이 없다.

## 047
일반적인 손·발톱의 성장에 관한 설명 중 틀린 것은?

① 소지 손톱이 가장 빠르게 자란다.
② 여성보다 남성의 경우 성장 속도가 빠르다.
③ 여름철에 더 빨리 자란다.
④ 발톱의 성장 속도는 손톱의 성장 속도보다 1/2 정도 늦다.

중지 손톱이 가장 빠르게 자라고, 소지 손톱이 가장 느리게 자란다.

## 048
다음 중 소독 방법에 대한 설명으로 틀린 것은?

① 과산화수소 3% 용액을 피부 상처의 소독에 사용한다.
② 포르말린 1~1.5% 수용액을 도구 소독에 사용한다.
③ 크레졸 3% 물 97% 수용액을 도구 소독에 사용한다.
④ 알코올 30%의 용액을 손, 피부 상처에 사용한다.

알코올은 약 70%의 농도로 사용한다.

## 049
한국 네일미용의 역사와 가장 거리가 먼 것은?

① 고려시대부터 주술적 의미로 시작하였다.
② 1990년대부터 네일산업이 점차 대중화되어 갔다.
③ 1998년 민간자격시험 제도가 도입 및 시행되었다.
④ 상류층 여성들은 손톱 뿌리 부분에 문신 바늘로 색소를 주입하여 상류층임을 과시하였다.

17세기 인도의 상류층 여성들이 문신 바늘로 조모에 색소를 주입하여 상류층임을 과시하였다.

## 050
네일 도구를 제대로 위생 처리하지 않고 사용했을 때 생기는 질병으로 시술할 수 없는 손톱의 병변은?

① 오니코렉시스(조갑종렬증)
② 오니키아(조갑염)
③ 에그쉘 네일(조갑연화증)
④ 니버스(모반점)

오니키아(조갑염)는 비위생적인 도구 사용 시 네일 폴드가 감염되는 증상이다.

## 051
젤 큐어링 시 발생하는 히팅 현상과 관련한 내용으로 가장 거리가 먼 것은?

① 손톱이 얇거나 상처가 있을 경우에 히팅 현상이 나타날 수 있다.
② 젤 시술이 두껍게 되었을 경우에 히팅 현상이 나타날 수 있다.
③ 히팅 현상 발생 시 경화가 잘되도록 잠시 참는다.
④ 젤 시술 시 얇게 여러 번 발라 큐어링하여 히팅 현상에 대처한다.

히팅 현상이 일어나면 램프에서 손을 꺼내야 한다.

## 052
스마일 라인에 대한 설명 중 틀린 것은?

① 손톱의 상태에 따라 라인의 깊이를 조절할 수 있다.
② 깨끗하고 선명한 라인을 만들어야 한다.
③ 좌우 대칭의 밸런스보다 자연스러움을 강조해야 한다.
④ 빠른 시간에 시술해서 얼룩지지 않도록 해야 한다.

스마일라인은 좌우 대칭 밸런스를 맞추어야 한다.

## 053
프라이머의 특징이 아닌 것은?

① 아크릴릭 시술 시 자연손톱에 잘 부착되도록 돕는다.
② 피부에 닿으면 화상을 입힐 수 있다.
③ 자연손톱 표면의 단백질을 녹인다.
④ 알칼리 성분으로 자연손톱을 강하게 한다.

프라이머는 강한 산성이므로 피부에 닿지 않도록 주의한다.

## 054
가장 기본적인 네일 관리법으로 손톱 모양 만들기, 큐티클 정리, 마사지, 컬러링 등을 포함하는 네일 관리법은?

① 습식매니큐어
② 페디아트
③ UV 젤네일
④ 아크릴 오버레이

습식매니큐어는 가장 기본 관리법으로 하는 시술이며, 손톱 모양 만들기, 큐티클 정리, 마사지, 컬러링 등이 있다.

## 055
다음 중 원톤 스캅춰 제거에 대한 설명으로 틀린 것은?

① 니퍼로 뜯는 행위는 자연 손톱에 손상을 주므로 피한다.
② 표면에 에칭을 주어 아크릴 제거가 수월하도록 한다.
③ 100% 아세톤을 사용하여 아크릴을 녹여준다.
④ 파일링만으로 제거하는 것이 원칙이다.

원톤 스캅춰 제거 시 100% 아세톤을 사용하여 아크릴을 녹여주고, 우드스틱 또는 푸셔를 이용하여 제거해 준다.

## 056
페디큐어 과정에서 필요한 재료로 가장 거리가 먼 것은?

① 니퍼
② 콘커터
③ 액티베이터
④ 토우 세퍼레이터

액티베이터는 접착제 경화제이다.

## 057
자연 손톱에 인조 팁을 붙일 때 유지하는 가장 적합한 각도는?

① 35°
② 45°
③ 90°
④ 95°

자연 손톱에 인조 팁을 붙일 때 45°의 각도를 유지하는 것이 가장 적합한 각도이다.

## 058
원톤 스컬프처의 완성 시 인조네일의 아름다운 구조 설명으로 틀린 것은?

① 옆선이 네일의 사이드 월 부분과 자연스럽게 연결되어야 한다.
② 컨벡스와 컨케이브의 균형이 균일해야 한다.

③ 하이포인트의 위치가 스트레스 포인트 부근에 위치해야 한다.
④ 인조네일의 길이는 길어야 아름답다.

인조네일의 길이는 적당한 길이를 유지하는 것이 아름답다.

## 059
네일 폼의 사용에 관한 설명으로 옳지 않은 것은?

① 측면에서 볼 때 네일 폼은 항상 20° 하향하도록 장착한다.
② 자연 네일과 네일 폼 사이가 멀어지지 않도록 장착한다.
③ 하이포니키움이 손상되지 않도록 주의하며 장착한다.
④ 네일 폼이 틀어지지 않도록 균형을 잘 조절하여 장착한다.

측면에서 볼 때 네일 폼은 항상 수평을 유지하도록 장착한다.

## 060
페디큐어의 정의로 옳은 것은?

① 발톱을 관리하는 것을 말한다.
② 발과 발톱을 관리, 손질하는 것을 말한다.
③ 발을 관리하는 것을 말한다.
④ 손상된 발톱을 교정하는 것을 말한다.

페디큐어는 발과 발톱을 아름답고 건강하게 가꾸는 것을 의미한다.

### 08회 [정답] 적중모의고사

| 001 | 002 | 003 | 004 | 005 |
|---|---|---|---|---|
| ② | ② | ② | ② | ② |
| 006 | 007 | 008 | 009 | 010 |
| ③ | ② | ④ | ④ | ② |
| 011 | 012 | 013 | 014 | 015 |
| ④ | ② | ④ | ② | ① |
| 016 | 017 | 018 | 019 | 020 |
| ③ | ③ | ② | ④ | ② |
| 021 | 022 | 023 | 024 | 025 |
| ① | ④ | ① | ② | ④ |
| 026 | 027 | 028 | 029 | 030 |
| ② | ④ | ④ | ① | ② |
| 031 | 032 | 033 | 034 | 035 |
| ④ | ② | ① | ④ | ① |
| 036 | 037 | 038 | 039 | 040 |
| ② | ③ | ① | ③ | ② |
| 041 | 042 | 043 | 044 | 045 |
| ④ | ④ | ③ | ③ | ② |
| 046 | 047 | 048 | 049 | 050 |
| ③ | ① | ④ | ④ | ③ |
| 051 | 052 | 053 | 054 | 055 |
| ③ | ③ | ④ | ① | ④ |
| 056 | 057 | 058 | 059 | 060 |
| ③ | ② | ④ | ① | ② |

# 제 09 회 적중모의고사

○ CHECK POINT QUESTION

## 001
자연적 환경요소에 속하지 않는 것은?
① 기온
② 기습
③ 소음
④ 위생시설

위생시설은 사회적 환경요소이다.

## 002
역학에 대한 내용으로 옳은 것은?
① 인간 개인을 대상으로 질병 발생 현상을 설명하는 학문 분야이다.
② 원인과 경과보다 결과 중심으로 해석하여 질병 발생을 예방한다.
③ 질병 발생 현상을 생물학과 환경적으로 이분하여 설명한다.
④ 인간 집단을 대상으로 질병 발생과 그 원인을 탐구하는 학문이다.

역학이란 인간 집단을 대상으로 질병 발생과 그 원인을 탐구하는 학문이다.

## 003
파리가 매개할 수 있는 질병과 거리가 먼 것은?
① 아메바성 이질
② 장티푸스
③ 발진티푸스
④ 콜레라

파리가 매개할 수 있는 질병은 콜레라, 아메바성 이질, 장티푸스, 콜레라, 파라티푸스 등이 있다.

## 004
인구 구성 중 14세 이하가 65세 이상 인구의 2배 정도이며 출생률과 사망률이 모두 낮은 형은?
① 피라미드형
② 종형
③ 항아리형
④ 별형

종형은 출생률과 사망률이 모두 낮은 인구의 구성 형태이다.

## 005
식생활이 탄수화물이 주가 되며, 단백질과 무기질이 부족한 음식물을 장기적으로 섭취함으로써 발생 되는 단백질 결핍증은?
① 펠라그라(pellagra)
② 각기병
③ 콰시오르코르증(kwashiorkor)
④ 괴혈병

콰시오르코르증은 단백질의 섭취를 제한했을 때 생기는 영양불균형 상태를 말한다.

## 006
감염병의 예방 및 관리에 관한 법률상 제2급 감염병에 해당하지 않는 것은?
① 콜레라, 장티푸스
② 파라티푸스, 홍역
③ 세균성이질, 폴리오
④ 신종인플루엔자, B형간염

신종인플루엔자는 제1급, B형간염은 제3급 감염병에 해당된다.

## 007
흡연이 인체에 미치는 영향으로 가장 적합한 것은?

① 구강암, 식도암 등의 원인이 된다.
② 피부 혈관을 이완시켜서 피부 온도를 상승시킨다.
③ 소화 촉진, 식욕 증진 등에 영향을 미친다.
④ 폐기종에는 영향이 없다.

폐기종은 흡연이 가장 큰 원인으로 생긴다.

## 008
대장균이 사멸되지 않는 경우는?

① 고압증기멸균
② 저온 소독
③ 방사선 멸균
④ 건열 멸균

저온 소독법은 우유 속의 결핵균 등의 오염을 방지하는 목적으로 사용되는 것으로 대장균은 사멸하지 못한다.

## 009
다음 중 자외선 소독기의 사용으로 소독 효과를 기대할 수 없는 경우는?

① 여러 개의 머리빗
② 날이 열린 가위
③ 염색용 볼
④ 여러 장의 겹쳐진 타월

자외선 소독기는 대상의 표면에 소독 효과를 위해 사용되며, 여러 장의 겹쳐진 타월에는 소독 효과를 기대할 수 없다.

## 010
다음 중 가위를 끓이거나 증기소독한 후 처리 방법으로 가장 적합하지 않은 것은?

① 소독 후 수분을 잘 닦아낸다.
② 수분 제거 후 엷게 기름칠을 한다.
③ 자외선 소독기에 넣어 보관한다.
④ 소독 후 탄산나트륨을 발라둔다.

탄산나트륨은 자비소독법으로 물에 1~2% 넣어 희석해 살균력을 높이기 위해 사용한다.

## 011
다음 중 미생물의 종류에 해당하지 않는 것은?

① 진균
② 바이러스
③ 박테리아
④ 편모

편모는 운동성을 지닌 세균의 사상 부속기관에 해당된다.

## 012
금속성 식기, 면 종류의 의류, 도자기의 소독에 적합한 소독 방법은?

① 화염멸균법
② 건열멸균법
③ 소각소독법
④ 자비소독법

자비소독법은 100℃의 끓는 물속에서 20~30분간 가열하는 방법이다.

## 013
100℃에서 30분간 가열하는 처리를 24시간마다 3회 반복하는 멸균법은?

① 고압증기멸균법
② 건열멸균법
③ 고온멸균법
④ 간헐멸균법

간헐멸균법은 100℃에서 30~60분간 멸균시킨 다음 20℃ 이상의 실온에서 24시간 방치하는 방법을 3회 반복하는 멸균법이다.

## 014
여러 가지 물리화학적 방법으로 병원성 미생물을 가능한 한 제거하여 사람에게 감염의 위험이 없도록 하는 것은?

① 멸균  ② 소독
③ 방부  ④ 살충

> 소독은 병의 감염이나 전염을 예방하기 위하여 병원균을 죽이는 일이다.

## 015
피지선에 대한 설명으로 틀린 것은?

① 피지를 분비하는 선으로 진피 중에 위치한다.
② 피지선은 손바닥에는 없다.
③ 피지의 1일 분비량은 10~20g 정도이다.
④ 피지선이 많은 부위는 코 주위이다.

> 피지의 1일 분비량은 1~2g 정도이다.

## 016
다음 중 입모근과 가장 관련 있는 것은?

① 수분 조절
② 체온 조절
③ 피지 조절
④ 호르몬 조절

> 입모근은 피부의 소름을 돋게 할 때 쓰이는 근육이며, 체온 조절과 관련이 있다.

## 017
적외선이 피부에 미치는 작용이 아닌 것은?

① 온열 작용
② 비타민 D 형성 작용
③ 세포증식 작용
④ 모세혈관 확장 작용

> 비타민 D 형성 작용을 하는 것은 자외선이다.

## 018
얼굴에 있어 T존 부위는 번들거리고, 볼 부위는 당기는 피부 유형은?

① 건성피부
② 정상(중성) 피부
③ 지성피부
④ 복합성 피부

> 유분이 많아 T존 부위는 번들거리고, 세안 후 볼 부위에 당기는 피부는 복합성 피부이다.

## 019
다음 중 기미의 유형이 아닌 것은?

① 표피형 기미  ② 진피형 기미
③ 피하조직형 기미  ④ 혼합형 기미

> 기미의 유형에는 표피가 침착되는 표피형 기미, 진피까지 침투하는 진피형 기미, 표피와 진피에 침착되는 혼합형 기미 유형이 있다.

## 020
지용성 비타민이 아닌 것은?

① Vitamin D  ② Vitamin A
③ Vitamin E  ④ Vitamin B

> • 수용성 비타민 : 비타민 B군, C
> • 지용성 비타민 : 비타민 A, D, E, K

## 021
단순포진이 나타나는 증상으로 가장 거리가 먼 것은?

① 통증이 심하여 다른 부위로 통증이 퍼진다.
② 홍반이 나타나고 곧이어 수포가 생긴다.
③ 상체에 나타나는 경우 얼굴과 손가락에 잘 나타난다.
④ 하체에 나타나는 경우 성기와 둔부에 잘 나타난다.

단순포진은 수포성 질환으로 다른 부위로 통증이 퍼지지 않는다.

## 022
공중위생관리법에서 사용하는 용어의 정의로 틀린 것은?

① "공중위생영업"이라 함은 다수인을 대상으로 위생 관리서비스를 제공하는 영업으로서 숙박업, 목욕장업, 이용업, 미용업, 세탁업, 위생 관리용영업을 말한다.
② "숙박업"이라 함은 손님이 잠을 자고 머물 수 있도록 시설 및 설비 등의 서비스를 제공하는 영업을 말한다.
③ "위생관리용역업"이라 함은 공중이 이용하는 건축물, 시설물 등의 청결 유지와 실내 공기정화를 위한 청소 등을 대행하는 영업을 말한다.
④ "미용업"이라 함은 손님의 머리카락 또는 수염을 깎거나 다듬는 등의 방법으로 손님의 용모를 단정하게 하는 영업을 말한다.

미용업이란 손님의 얼굴, 머리, 피부 및 손톱·발톱 등을 손질하여 손님이 외모를 아름답게 꾸미는 영업을 말한다.

## 023
공중위생관리법상의 규정에 위반하여 위생교육을 받지 아니한 때 부과되는 과태료의 기준은?

① 300만원 이하
② 500만원 이하
③ 400만원 이하
④ 200만원 이하

위생교육을 받지 아니한 때는 200만원 이하의 과태료가 부과된다.
200만원 이하의 과태료
• 이·미용업소의 위생관리 의무를 지키지 아니한 자
• 영업소외의 장소에서 이용 또는 미용업무를 행한 자
• 위생교육을 받지 아니한 자

## 024
이·미용사의 면허가 취소되거나 면허의 정지명령을 받은 자는 누구에게 면허증을 반납하여야 하는가?

① 보건복지부장관
② 시·도지사
③ 시장·군수·구청장
④ 보건소장

이·미용사의 면허가 취소되거나 면허의 정지명령을 받은 자는 시장·군수·구청장에게 면허증을 반납하여야 한다.

## 025
개선을 명할 수 있는 경우에 해당하지 않는 사람은?

① 공중위생영업의 종류별 설비기준을 위반한 공중위생영업자
② 위생관리의무 등을 위반한 공중위생영업자
③ 공중위생영업자의 지위를 승계한 자로서 이에 관한 신고를 하지 아니한 자
④ 공중위생영업의 종류별 시설기준을 위반한 공중위생영업자

위생지도 및 개선명령 대상
• 공중위생영업의 종류별 시설 및 설비기준을 위반한 공중위생영업자
• 위생관리의무 등을 위반한 공중위생영업자

## 026
이·미용업자의 위생관리 기준에 대한 내용 중 틀린 것은?

① 요금표 외의 요금을 받지 않을 것
② 의료행위를 하지 않을 것
③ 의료용구를 사용하지 않을 것
④ 1회용 면도날은 손님 1인에 한하여 사용할 것

영업소 내부에 최종 지불요금표를 게시하는 것이기에 요금표 외의 요금을 받을 수 있다.

## 027
위생서비스 평가 결과 위생서비스의 수준이 우수하다고 인정되는 영업소에 대하여 포상을 실시할 수 있는 자에 해당하지 않는 것은?

① 구청장
② 시·도지사
③ 군수
④ 보건소장

> 군수, 구청장, 시·도지사는 위생서비스 평가 결과 위생서비스의 수준이 우수하다고 인정되는 영업소에 대하여 포상을 실시할 수 있다.

## 028
손님에게 도박 그 밖에 사행행위를 하게 한 때에 대한 1차 위반 시 행정처분기준은?

① 영업정지 1월
② 영업정지 2월
③ 영업정지 3월
④ 영업장 폐쇄 명령

> 손님에게 도박 그 밖에 사행행위를 하게 한 경우
> • 1차 위반 : 영업정지 1월
> • 2차 위반 : 영업정지 2월
> • 3차 위반 : 영업장 폐쇄 명령

## 029
에멀전의 형태를 가장 잘 설명한 것은?

① 지방과 물이 불균일하게 섞인 것이다
② 두 가지 액체가 같은 농도의 한 액체로 섞여 있다.
③ 고형의 물질이 아주 곱게 혼합되어 균일한 것처럼 보인다.
④ 두 가지 또는 그 이상의 액상 물질이 균일하게 혼합되어있는 것이다.

> 에멀전의 유화 형태는 물에 오일 성분이 계면활성제에 의해 우윳빛으로 섞여 있는 상태이고, 두 가지 또는 그 이상의 액상 물질이 균일하게 혼합되어있는 것이다.

## 030
다음 중 피부 상재균의 증식을 억제하는 항균 기능을 가지고 있고, 발생한 체취를 억제하는 기능을 가진 것은?

① 바디샴푸
② 데오도란트
③ 샤워코롱
④ 오데토일렛

> 데오도란트는 피부 상재균의 증식을 억제하는 항균 기능을 가지고 있고, 방취제, 탈취제, 혹은 비위를 상하게 하는 좋지 않은 냄새를 없애는 것으로, 땀의 분비를 억제한다든지 불쾌한 냄새를 향기로 방취하게 한다.

## 031
기능성 화장품에 사용되는 원료와 그 기능의 연결이 틀린 것은?

① 비타민 C – 미백효과
② AHA(Alpha – hydroxy acid) – 각질 제거
③ DHA(dihydroxy acetone) – 자외선 차단
④ 레티노이드(retinoid) – 콜라겐과 엘라스틴의 회복을 촉진

> DHA(dihydroxy acetone)는 태닝 첨가제 중 하나로 피부 표면에 케라틴 단백질의 아미노산과 반응하여 피부를 갈색 색조로 만들어주는 기능을 한다.

## 032
방부제가 갖추어야 할 조건이 아닌 것은?

① 독특한 색상과 냄새를 지녀야 한다.
② 적용 농도에서 피부에 자극을 주어서는 안 된다.
③ 방부제로 인하여 효과가 상실되거나 변해서는 안 된다.
④ 일정 기간 동안 효과가 있어야 한다.

> 방부제는 색과 냄새를 가지면 안 되고, 무색, 무취의 성질이여야 한다.

## 033
화장품법상 화장품이 인체에 사용되는 목적 중 틀린 것은?

① 인체를 청결하게 한다.
② 인체를 미화한다.
③ 인체의 매력을 증진 시킨다.
④ 인체의 용모를 치료한다.

"화장품"이란 인체를 청결·미화하여 매력을 더하고 용모를 밝게 변화시키거나 피부·모발의 건강을 유지 또는 증진하기 위하여 인체에 바르고 문지르거나 뿌리는 등 이와 유사한 방법으로 사용되는 물품으로서 인체에 대한 작용이 경미한 것을 말한다. 다만, 의약품에 해당하는 물품은 제외한다.

## 034
에센셜 오일의 보관 방법에 관한 내용으로 틀린 것은?

① 뚜껑을 닫아 보관해야 한다.
② 직사광선을 피하는 것이 좋다.
③ 통풍이 잘되는 곳에 보관해야 한다.
④ 투명하고 공기가 통할 수 있는 용기에 보관해야 한다.

에센셜 오일은 어두운 갈색병에 넣어 보관해야 한다.

## 035
기초화장품의 기능이 아닌 것은?

① 피부 세정
② 피부 정돈
③ 피부 보호
④ 피부 결점 커버

기초화장품의 기능은 세정, 피부 정돈, 피부 보호이다.

## 036
발허리뼈(중족골) 관절을 굴곡 시키고, 외측 4개 발가락의 지골간관절을 신전시키는 발의 근육은?

① 벌레근(충양근)
② 새끼벌림근(소지외전근)
③ 짧은새끼굽힘근(단소지굴근)
④ 짧은엄지굽힘근(단무지굴근)

충양근은 발허리뼈 관절을 굴곡 시키고, 외측 4개 발가락의 지골간관절을 신전시키는 기능을 한다.

## 037
한국네일미용에서 부녀자와 처녀들 사이에서 염지갑화라고 하는 봉선화 물들이기 풍습이 이루어졌던 시기로 옳은 것은?

① 신라시대
② 고구려시대
③ 고려시대
④ 조선시대

부녀자와 처녀들이 봉선화과의 한해살이 풀인 지갑화를 물들이기 시작한 것은 고려시대이다.

## 038
네일 매트릭스에 대한 설명으로 옳은 것은?

① 네일 베드를 보호하는 기능을 한다.
② 네일 바디를 받쳐주는 역할을 한다.
③ 모세혈관, 림프, 신경조직이 있다.
④ 손톱이 자라기 시작하는 곳이다.

매트릭스는 네일 루트 밑에 위치하고, 네일의 성장을 조절하는 역할을 하며, 모세혈관, 림프 및 신경이 분포하고 있다.

## 039
손톱의 성장과 관련한 내용 중 틀린 것은?

① 겨울보다 여름이 빨리 자란다.
② 임신기간 동안에는 호르몬의 변화로 손톱이 빨리 자란다.
③ 피부 유형 중 지성피부의 손톱이 더 빨리 자란다.
④ 연령이 젊을수록 손톱이 더 빨리 자란다.

손톱의 성장은 피부 유형하고는 관계가 없다.

## 040
손톱의 특성에 대한 설명으로 가장 거리가 먼 것은?

① 조체(네일 바디)는 약 5% 수분을 함유하고 있다.
② 아미노산과 시스테인이 많이 함유되어 있다.
③ 조상(네일 베드)은 혈관에서 산소를 공급받는다.
④ 피부의 부속물로 신경, 혈관, 털이 없으며 반투명의 각질판이다.

조체(네일 바디)는 약 12~18% 수분을 함유하고 있다.

## 041
손톱과 발톱을 너무 짧게 자를 경우 발생할 수 있는 것은?

① 오니코렉시스
② 오니코아트로피
③ 오니코파이마
④ 오니코크립토시스

오니코크립토시스는 너무 꽉 조이는 신발을 신거나 손톱과 발톱의 모서리 부분을 많이 잘랐을 때 발생한다.

## 042
다음 중 손의 근육이 아닌 것은?

① 바깥쪽뼈사이근(장측골간근)
② 등쪽뼈사이근(배측골간근)
③ 새끼맞섬근(소지대립근)
④ 반힘줄근(반건양근)

반건양근은 허벅지 뒤쪽 근육이다.

## 043
자연 네일이 매끄럽게 되도록 손톱 표면의 거칠음과 기복을 제거하는 데 사용하는 도구로 가장 적합한 것은?

① 100그릿 네일 파일
② 에머리 보드
③ 네일 클리퍼
④ 샌딩 파일

샌딩파일은 손톱 표면의 거칠음과 기복을 제거하는 데 사용하는 도구이다.

## 044
네일 미용 관리 후 고객이 불만족할 경우 네일 미용인이 우선적으로 해야 할 대처 방법으로 가장 적합한 것은?

① 만족할 수 있는 주변의 네일샵 소개
② 불만족 부분을 파악하고 해결방안 모색
③ 샵 입장에서의 불만족 해소
④ 할인이나 서비스 티켓으로 상황 마무리

고객이 미용 관리 후 불만족했을 때는 불만족 부분을 파악하고 해결방안 모색한다.

## 045
손톱의 주요 기능 및 역할과 가장 거리가 먼 것은?

① 물건을 잡거나 긁을 때 또는 성상을 구별하는 기능이 있다.
② 방어와 공격의 기능이 있다.
③ 노폐물의 분비 기능이 있다.
④ 손끝을 보호한다.

노폐물의 분비 기능은 손톱의 기능이 아니다.

## 046
외국의 네일 미용 변천과 관련하여 그 시기와 내용의 연결이 옳은 것은?

① 1885년 : 폴리시의 필름 형성제인 니트로셀룰로즈가 개발되었다.
② 1892년 : 손톱 끝이 뾰족한 아몬드형 네일이 유행하였다.

③ 1917년 : 도구를 이용한 케어가 시작되었으며 유럽에서 네일 관리가 본격적으로 시작되었다.
④ 1960년 : 인조손톱 시술이 본격적으로 시작되었으며 네일 관리와 아트가 유행하기 시작하였다.

- 1800년 : 손톱 끝이 뾰족한 아몬드형 네일이 유행하였다.
- 1917년 : 홈케어 제품이 보그 잡지에 소개되었다.
- 1970년 : 인조손톱 시술이 본격적으로 시작되었으며 네일 관리와 아트가 유행하기 시작하였다.

## 047
손톱 밑의 구조가 아닌 것은?
① 조근(네일 루트)  ② 반월(루눌라)
③ 조모(매트릭스)  ④ 조상(네일 베드)

조근은 손톱의 아랫부분에 묻혀 있는 얇고 부드러운 부분으로 손톱의 성장이 시작되는 곳이다.

## 048
손톱의 이상 증상 중 손톱을 심하게 물어뜯어 생기는 증상으로 인조손톱 관리나 매니큐어를 통해 습관을 개선할 수 있는 것은?
① 고랑진 손톱
② 교조증
③ 조갑위축증
④ 조내성증

손톱을 심하게 물어뜯어 생기는 증상을 오니코파지(교조증)이라 한다.

## 049
손가락 마디에 있는 뼈로서 총 14개로 구성되어 있는 뼈는?
① 손가락뼈(수지골)  ② 손목뼈(수근골)
③ 노뼈(요골)  ④ 자뼈(척골)

손가락 뼈를 수지골이라 한다. 엄지손가락 2개, 나머지 3개씩 총 14개의 뼈로 구성되어 있다.

## 050
손톱에 대한 설명 중 옳은 것은?
① 손톱에는 혈관이 있다.
② 손톱의 주성분은 인이다.
③ 손톱의 주성분은 단백질이며, 죽은 세포로 구성되어 있다.
④ 손톱에는 신경과 근육이 존재한다.

손톱의 주성분은 케라틴이라는 섬유 단백질이며, 죽은 세포로 구성되어 있다.

## 051
인조네일을 보수하는 이유로 틀린 것은?
① 깨끗한 네일 미용의 유지
② 녹황색균의 방지
③ 인조네일의 견고성 유지
④ 인조네일의 원활한 제거

인조네일의 보수의 이유에는 인조네일 제거의 목적은 해당하지 않는다.

## 052
페디큐어 컬러링 시 작업 공간 확보를 위해 발가락 사이에 끼워주는 도구는?
① 페디파일  ② 푸셔
③ 토우세퍼레이터  ④ 콘커터

페디큐어 컬러링 작업을 위해 토우세퍼레이터를 발가락에 끼워 피부에 묻지 않게 해준다.

## 053
자연 네일을 오버레이하여 보강할 때 사용할 수 없는 재료는?
① 실크  ② 아크릴
③ 젤  ④ 파일

자연 네일을 오버레이하여 보강할 때 사용하는 재료는 실크, 아크릴, 젤을 이용한다.

## 054
남성 매니큐어 시 자연 네일의 손톱모양 중 가장 적합한 형태는?

① 오발형
② 아몬드형
③ 둥근형
④ 사각형

둥근형은 누구에게나 잘 어울리고 짧은 손톱, 남성들이 가장 선호하는 손톱의 형태이다.

## 055
페디큐어 작업과정 중 (    )에 해당하는 것은?

| 손·발소독 – 폴리시 제거 – 길이 및 모양잡기 – (        ) – 큐티클 정리 – 각질 제거하기 |

① 매뉴얼테크닉
② 족욕기에 발 담그기
③ 페디파일링
④ 탑코트 바르기

큐티클 정리 전에 족욕기에 발을 담가 큐티클을 불려준다.

## 056
라이트 큐어드 젤에 대한 설명이 옳은 것은?

① 공기 중에 노출되면 자연스럽게 응고된다.
② 특수한 빛에 노출 시켜 젤을 응고시키는 방법이다.
③ 경화 시 실내 온도와 습도에 민감하게 반응한다.
④ 글루 사용 후 글루드라이를 분사시켜 말리는 방법이다.

라이트 큐어드 젤은 특수 광선, 할로겐 램프의 빛을 이용하여 젤을 응고시키는 방법이다.

## 057
네일 팁 작업에서 팁을 접착하는 올바른 방법은?

① 자연 네일보다 한 사이즈 정도 작은 팁을 접착한다.
② 큐티클에 최대한 가깝게 부착한다.
③ 45° 각도로 네일 팁을 접착한다.
④ 자연 네일의 절반 이상을 덮도록 한다.

네일 팁 접착 시 자연 네일의 1/2 이상 덮지 않는다.

## 058
베이스코트와 탑코트의 주된 기능에 대한 설명으로 가장 거리가 먼 것은?

① 베이스코트는 손톱에 색소가 착색되는 것을 방지한다.
② 베이스코트는 폴리시가 곱게 발리는 것을 도와준다.
③ 탑코트는 폴리시에 광택을 더하여 컬러를 돋보이게 한다.
④ 탑코트는 손톱에 영양을 주어 손톱을 튼튼하게 해준다.

탑코트는 손톱에 광택과 폴리시를 오래 지속시켜주는 역할을 한다.

## 059
습식매니큐어 작업 과정에서 가장 먼저 해야 할 절차는?

① 컬러 지우기
② 손톱 모양 만들기
③ 손 소독하기
④ 핑거볼에 손 담그기

습식매니큐어 작업 과정에서 가장 먼저 시술자와 고객의 손을 소독한다.

## 060

아크릴 프렌치 스컬프처 시술 시 형성되는 스마일 라인의 설명으로 틀린 것은?

① 선명한 라인 형성
② 일자 라인 형성
③ 균일한 라인 형성
④ 좌우 라인 대칭

스마일 라인은 길자가 아닌 좌우 대칭이 맞는 선명하고 완만한 곡선으로 형성한다.

## 09회 [정답] 적중모의고사

| 001 | 002 | 003 | 004 | 005 |
|---|---|---|---|---|
| ④ | ④ | ③ | ② | ③ |
| 006 | 007 | 008 | 009 | 010 |
| ① | ① | ② | ④ | ④ |
| 011 | 012 | 013 | 014 | 015 |
| ④ | ④ | ④ | ② | ③ |
| 016 | 017 | 018 | 019 | 020 |
| ② | ② | ④ | ③ | ④ |
| 021 | 022 | 023 | 024 | 025 |
| ① | ④ | ④ | ③ | ③ |
| 026 | 027 | 028 | 029 | 030 |
| ① | ④ | ① | ④ | ② |
| 031 | 032 | 033 | 034 | 035 |
| ③ | ① | ④ | ④ | ④ |
| 036 | 037 | 038 | 039 | 040 |
| ① | ③ | ③ | ③ | ① |
| 041 | 042 | 043 | 044 | 045 |
| ④ | ④ | ④ | ② | ③ |
| 046 | 047 | 048 | 049 | 050 |
| ① | ① | ② | ① | ③ |
| 051 | 052 | 053 | 054 | 055 |
| ④ | ③ | ④ | ③ | ② |
| 056 | 057 | 058 | 059 | 060 |
| ② | ③ | ④ | ③ | ② |

# 제 10 회 적중모의고사

CHECK POINT QUESTION

**001**
다음 중 제2급 감염병이 아닌 것은?
① 홍역　　② 성홍열
③ 폴리오　④ 디프테리아

디프테리아는 제1급 감염병이다.

**002**
다음 5대 영양소 중 신체의 생리기능 조절에 주로 작용하는 것은?
① 단백질, 지방
② 비타민, 무기질
③ 지방, 비타민
④ 탄수화물, 무기질

신체의 생리기능 조절 작용은 비타민, 무기질, 물이다.

**003**
다음 중 감염병이 아닌 것은?
① 폴리오　② 풍진
③ 성병　　④ 당뇨병

당뇨병은 감염병에 해당하지 않는다.

**004**
다음 중 실내공기 오염의 지표로 널리 사용되는 것은?
① $CO_2$　② $CO$
③ $Ne$　　④ $NO$

이산화탄소($CO_2$)는 실내공기 오염의 지표로 위생학적 허용한계는 0.1%(1,000ppm)이다.

**005**
보건 행정의 특성과 거리가 먼 것은?
① 공공성과 사회성
② 과학성과 기술성
③ 조장성과 교육
④ 독립성과 독창성

보건 행정의 특성은 사회성, 공공성, 교육성, 기술성, 봉사성, 조장성 등이다.

**006**
출생 시 모체로부터 받는 면역은?
① 인공능동면역　② 인공수동면역
③ 자연능동면역　④ 자연수동면역

엄마로부터 받은 면역. 모체 태반과 모유 수유를 통한 자연수동면역이다.

**007**
오늘날 인류의 생존을 위협하는 대표적인 3요소는?
① 인구 – 환경오염 – 교통 문제
② 인구 – 환경오염 – 인간관계
③ 인구 – 환경오염 – 빈곤
④ 인구 – 환경오염 – 전쟁

인류의 생존을 위협하는 대표적인 3요소에는 인구, 환경오염, 빈곤이 해당된다.

## 008
다음 중 이학적(물리적) 소독법에 속하는 것은?

① 크레졸 소독
② 생석회 소독
③ 열탕 소독
④ 포르말린 소독

①, ②, ④항은 화학적 소독법에 속한다.

## 009
다음 중 살균효과가 가장 높은 소독 방법은?

① 염소소독
② 일광소독
③ 저온소독
④ 고압증기멸균

고압증기멸균은 소독 방법 중 완전 멸균으로 가장 빠르고 효과적이다.

## 010
이·미용 작업 시 시술자의 손 소독 방법으로 가장 거리가 먼 것은?

① 흐르는 물에 비누로 깨끗이 씻는다.
② 락스 액에 충분히 담갔다가 깨끗이 헹군다.
③ 시술 전 70% 농도의 알코올을 적신 솜으로 깨끗이 씻는다.
④ 세척액을 넣은 미온수와 솔을 이용하여 깨끗하게 닦는다.

이·미용 작업 시 시술자의 손 소독 방법은 70% 농도의 알코올을 적신 솜으로 깨끗이 닦거나 흐르는 물에 비누로 깨끗이 씻는다.

## 011
소독용 과산화수소($H_2O_2$) 수용액의 적당한 농도는?

① 2.5~3.5%
② 3.5~5.0%
③ 5.0~6.0%
④ 6.5~7.5%

과산화수소는 피부 상처 부위나 구강 세척 등에 사용되는데 2.5~3.5%의 과산화수소 수용액을 사용한다.

## 012
세균의 단백질 변성과 응고 작용에 의한 기전을 이용하여 살균하고자 할 때 주로 이용하는 방법은?

① 가열
② 희석
③ 냉각
④ 여과

가열은 세균의 단백질 변성과 응고 작용에 의한 기전을 이용하여 살균하고자 할 때 주로 이용하는 방법이다.

## 013
이·미용실의 기구(가위, 레이저) 소독으로 가장 적합한 소독제는?

① 70~80%의 알코올
② 100~200배 희석 역성비누
③ 5% 크레졸비누액
④ 50%의 페놀액

이·미용실의 기구(가위, 레이저) 소독은 70~80%의 알코올을 이용하여 소독한다.

## 014
살균작용의 기전 중 산화에 의하지 않는 소독제는?

① 오존
② 알코올
③ 과망간산칼륨
④ 과산화수소

산화작용에는 오존, 과망간산칼륨, 과산화수소 등이 있다.

## 015
흡연이 인체에 미치는 영향에 대한 설명으로 적절하지 않은 것은?

① 간접흡연은 인체에 해롭지 않다.
② 흡연은 암을 유발할 수 있다.
③ 흡연은 피부의 표피를 얇아지게 해서 피부의 잔주름 생성을 증가시킨다.
④ 흡연은 비타민 C를 파괴한다.

간접흡연도 직접흡연과 마찬가지로 인체에 해롭다.

## 016
피부 관리가 가능한 여드름의 단계로 가장 적절한 것은?

① 결절  ② 구진
③ 흰면포  ④ 농포

흰면포 상태는 여드름의 초기 단계이기 때문에 피부 관리가 가능하다.

## 017
다음 중 체모의 색상을 좌우하는 멜라닌이 가장 많이 함유되어 있는 곳은?

① 모표피  ② 모피질
③ 모수질  ④ 모유두

모피질은 모표피의 안쪽 부분으로 멜라닌 색소를 가장 많이 함유하고 있는 곳이다.

## 018
다음에서 설명하는 피부병변은?

신진대사의 저조가 원인으로 중년 여성 피부의 유핵층에 자리하며, 안면의 상반부에 위치한 기름샘과 땀구멍에 주로 생성되며 모래알 크기의 각질 세포로서 특히 눈 아래 부분에 생긴다.

① 매상 혈관종
② 비립종
③ 섬망성 혈관종
④ 섬유종

비립종은 피부 표면 가까이 위치한 1mm 내외의 크기가 작은 흰색 혹은 노란색의 주머니로 안에는 각질이 차 있다. 원인에 따라 원발성 비립종과 속발성 비립종으로 나뉜다.

## 019
피부 상피세포조직의 성장과 유지 및 점막 손상 방지에 필수적인 비타민은?

① 비타민 A
② 비타민 B
③ 비타민 E
④ 비타민 K

비타민 A는 지용성 비타민으로서 생물의 성장과 발달, 생식, 상피세포의 분화, 세포분열, 유전자 조절 및 면역 반응 등에 다양하게 활용되는 레티노이드 화합물의 집합이다.

## 020
다한증과 관련한 설명으로 가장 거리가 먼 것은?

① 더위에 견디기 어렵다.
② 땀이 지나치게 많이 분비된다.
③ 스트레스가 악화 요인이 될 수 있다.
④ 손바닥의 다한증은 악수 등의 일상생활에서 불편함을 초래한다.

다한증은 더위하고는 상관없다.

## 021
인체에 있어 피지선이 존재하지 않는 곳은?

① 이마
② 코
③ 귀
④ 손바닥

손바닥, 발바닥에는 피지선이 존재하지 않는다.

## 022
이·미용업 영업자가 시설 및 설비기준을 위반한 경우 1차 위반에 대한 행정처분 기준은?

① 경고
② 개선명령
③ 영업정지 5일
④ 영업정지 10일

이·미용업 영업자가 시설 및 설비기준을 위반한 경우 2차는 영업정지 15일, 3차는 영업정지 1개월, 4차는 영업장 폐쇄명령이다.

## 023
공중위생감시원의 업무에 해당하지 않는 것은?

① 공중위생영업 신고 시 시설 및 설비의 확인에 관한 사항
② 공중위생영업자 준수사항 이행 여부의 확인에 관한 사항
③ 위생지도 및 개선명령 이행 여부의 확인에 관한 사항
④ 세금 납부 적정 여부의 확인에 관한 사항

세금 납부 적정 여부의 확인에 관한 사항은 국세청의 업무이다.

## 024
법에 따라 이·미용업 영업소 안에 게시하여야 하는 게시물에 해당하지 않는 것은?

① 이·미용업 신고증
② 개설자의 면허증 원본
③ 최종 지불요금표
④ 이·미용사 국가 기술 자격증

이·미용사 국가 기술 자격증은 영업소 안에 게시할 필요는 없다.

## 025
과태료 처분에 불복이 있는 자는 그 처분의 고지를 받은 날부터 며칠 이내에 처분권자에게 이의를 제기할 수 있는가?

① 7일 이내
② 10일 이내
③ 15일 이내
④ 30일 이내

과태료 처분에 불복이 있는 자는 그 처분의 고지를 받은 날부터 30일 이내에 처분권자에게 이의를 제기할 수 있다.

## 026
이·미용업 위생교육에 관한 내용이 맞는 것은?

① 위생교육 대상자는 이·미용업 영업자이다.
② 이·미용사의 면허를 받은 사람은 모두 위생교육을 받아야 한다.
③ 위생교육은 시·군·구청장이 실시한다.
④ 위생교육 시간은 매년 4시간으로 한다.

- 이·미용사의 면허를 받은 사람이 아닌 영업자가 위생교육을 받아야 한다.
- 위생교육은 보건복지부장관이 허가한단체 또는 공중위생영업자 단체가 실시한다.
- 위생교육 시간은 매년 3시간으로 한다.

## 027
이·미용사의 면허를 받을 수 없는 자는?

① 전문대학에서 이용 또는 미용에 관한 학과를 졸업한 자
② 교육부장관이 인정하는 이·미용 고등학교에서 이용 또는 미용에 관한 학과를 졸업 한자
③ 교육부장관이 인정하는 고등기술학교에서 6개월 과정의 이용 또는 미용에 관한 소정의 과정을 이수한 자
④ 국가기술자격법에 의한 이·미용사의 자격을 취득한 자

고등학교 또는 이와 동등의 학력이 있다고 교육부 장관이 인정하는 학교에서 미용에 관한 학과를 졸업한 자

## 028
영업정지처분을 받고 그 영업정지기간 중 영업을 한 때, 1차 위반 시 행정처분기준은?

① 경고 또는 개선명령
② 영업정지 1월
③ 영업장 폐쇄명령
④ 영업정지 2월

> 영업정지처분을 받고 그 영업정지기간 중 영업을 한때, 1차 위반으로 영업장 폐쇄명령의 행정처분을 받는다.

## 029
다음 중 립스틱의 성분으로 가장 거리가 먼 것은?

① 색소
② 라놀린
③ 알란토인
④ 알코올

> 립스틱의 성분은 색소와 유화제인 라놀린, 보습력의 알란토인 등이고, 알코올은 들어가지 않는다.

## 030
화장품 제조와 판매 시 품질의 특성으로 틀린 것은?

① 효과성　　② 유효성
③ 안정성　　④ 안정성

> 화장품에 요구되는 4대 품질 특성에는 안전성, 안정성, 유효성, 사용성이다.

## 031
다음에서 설명하는 것은?

> 비타민 A 유도체로 콜라겐 생성을 촉진, 케라티노사이트의 증식 촉진, 표피의 두께 증가, 히아루론산 생성을 촉진하여 피부 주름을 개선시키고 탄력을 증대시키는 성분이다.

① 코엔자임Q10　　② 레티놀
③ 알부틴　　④ 세라마이트

> 레티놀은 비타민 A 유도체로 피부의 주름을 개선 시키고, 표피의 두께 증가와 노화 예방의 기능을 하는 성분이다.

## 032
화장품의 사용 목적과 가장 거리가 먼 것은?

① 인체를 청결, 미화하기 위하여 사용한다.
② 용모를 변화시키기 위하여 사용한다.
③ 피부, 모발의 건강을 유지하기 위하여 사용한다.
④ 인체에 대한 약리적인 효과를 주기 위해 사용한다.

> 인체에 대한 약리적인 효과를 주기 위해 사용하는 것은 의약품이다.

## 033
향수의 구비 요건으로 가장 거리가 먼 것은?

① 향에 특징이 있어야 한다.
② 향은 적당히 강하고 지속성이 좋아야 한다.
③ 향은 확산성이 낮아야 한다.
④ 시대성에 부합되는 향이어야 한다.

> 향수의 향은 확산성이 높아야 한다.

## 034
계면활성제에 대한 설명으로 옳은 것은?

① 계면활성제는 일반적으로 둥근 머리모양의 소수성기와 막대꼬리 모양의 친수성기를 가진다.
② 계면활성제의 피부에 대한 자극은 양쪽성 > 양이온성 > 음이온성 > 비이온성의 순으로 감소한다.
③ 비이온성 계면활성제는 피부에 대한 안전성이 높고 유화력이 우수하여 에멀전의 유화제로 사용된다.
④ 양이온성 계면활성제는 세정작용이 우수하여 비누, 샴푸 등에 사용된다.

- 계면활성제는 일반적으로 둥근 머리모양의 소수성기와 막대꼬리 모양의 소수성기를 가진다.
- 계면활성제의 피부에 대한 자극은 양이온성 > 음이온성 > 양쪽성 > 비이온성의 순으로 감소한다.
- 음이온성 계면활성제는 세정작용이 우수하여 비누, 샴푸 등에 사용된다.

## 035
자외선 차단제의 올바른 사용법은?
① 자외선 차단제는 아침에 한 번만 바르는 것이 중요하다.
② 자외선 차단제는 도포 후 시간이 경과 되면 덧바르는 것이 좋다.
③ 자외선 차단제는 피부에 자극됨으로 되도록 사용하지 않는다.
④ 자외선 차단제는 자외선이 강한 여름에만 사용하면 된다.

자외선 차단제는 도포 후 시간이 경과 되면 차단제 효과가 떨어지므로 덧바르는 것이 좋다.

## 036
마누스(Manus)와 큐라(Cura)라는 단어에서 유래된 용어는?
① 네일 팁(Nail Tip)
② 매니큐어(Manicure)
③ 페디큐어(Pedicure)
④ 아크릴(Arcylic)

매니큐어 manicure = 마누스Manus(hand손) + 큐라Cura(cure관리)

## 037
각 나라 네일 미용 역사의 설명으로 틀리게 연결된 것은?
① 그리스, 로마 – 네일 관리로써 '마누스 큐라' 라는 단어가 시작 되었다.
② 미국 – 노크 행위는 예의에 어긋난 행동으로 여겨 손톱을 길게 길러 문을 긁도록 하였다.
③ 인도 – 상류 여성들은 손톱의 뿌리 부분에 문신바늘로 색소를 주입하여 상류층임을 과시하였다.
④ 중국 – 특권층의 신분을 드러내기 위해 '홍화'의 재배가 유행하였고, 손톱에도 바르며 이를 '홍조'라 하였다.

바로크 시대의 프랑스의 베르사유 궁전에서는 노크 행위는 예의에 어긋난 행동으로 여겨 손톱을 길게 길러 문을 긁도록 하였다.

## 038
네일 미용 작업 시 실내공기 환기 방법으로 틀린 것은?
① 작업장 내에 설치된 커튼은 장기적으로 관리한다.
② 자연환기와 신선한 공기의 유입을 고려하여 창문을 설치한다.
③ 공기보다 무거운 성분이 있으므로 환기구를 아래쪽에도 설치한다.
④ 겨울과 여름에는 냉·난방을 고려하여 공기청정기를 준비한다.

네일 미용에 쓰이는 화학성분들이 공기 중에 노출되기 때문에 작업장 내에 설치된 커튼은 자주 관리한다.

## 039
손, 발톱 함유량이 가장 높은 성분은?
① 칼슘
② 철분
③ 케라틴
④ 콜라겐

네일은 케라틴이라는 단백질로 주로 구성되어 있다.

## 040
네일 기본 관리 작업과정으로 옳은 것은?

① 손 소독 → 프리에지 모양 만들기 → 네일 폴리시 제거 → 큐티클 정리하기 → 컬러도포하기 → 마무리하기
② 손 소독 → 네일 폴리시 제거 → 프리에지모양 만들기 → 큐티클 정리하기 → 컬러도포하기 → 마무리하기
③ 손 소독 → 프리에지모양 만들기 → 큐티클 정리하기 → 네일 폴리시 제거 → 컬러도포하기 → 마무리하기
④ 프리에지모양 만들기 → 네일 폴리시 제거 → 마무리하기 → 손 소독

시술자와 고객의 손독 후 기존 컬러를 지우고, 손톱 모양을 만들고, 큐티클 정리하고, 원하는 컬러 도포 후 마무리한다.

## 041
손의 근육과 가장 거리가 먼 것은?

① 벌림근(외전근)
② 모음근(내전근)
③ 맞섬근(대립근)
④ 엎침근(회내근)

엎침근은 손바닥을 뒤로 돌리는데 작용하는 근육이다.

## 042
매니큐어 작업 시 알코올 소독 용기에 담가 소독하는 기구로 적절하지 못한 것은?

① 네일파일
② 네일 클리퍼
③ 오렌지 우드스틱
④ 네일 더스트 브러시

네일 파일은 소독용기에 담그면 알코올에 젖기 때문에 시술이 불편하여 담그지 않는다.

## 043
네일숍에서의 감염 예방 방법으로 가장 거리가 먼 것은?

① 작업 장소에서 음식을 먹을 때는 환기에 유의해야 한다.
② 네일 서비스를 할 때는 상처를 내지 않도록 항상 조심해야 한다.
③ 감기 등 감염 가능성이 있거나 감염이 된 상태에서는 시술하지 않는다.
④ 작업 전, 후에는 70% 알코올이나 소독용액으로 작업자와 고객의 손을 닦는다.

감염 예방 방법에 음식 냄새의 환기 여부는 거리가 멀다.

## 044
손 근육의 역할에 대한 설명으로 틀린 것은?

① 물건을 잡는 역할을 한다.
② 손으로 세밀하고 복잡한 작업을 한다.
③ 손가락을 벌리거나 모으는 역할을 한다.
④ 자세를 유지하기 위해 지지대 역할을 한다.

지지대 역할은 손 근육의 역할이 아니다.

## 045
잘못된 습관으로 손톱을 물어뜯어 손톱이 자라지 못하는 증상은?

① 교조증(Onychophagy)
② 조갑비대증(Onychauxis)
③ 조갑위축증(Onychatrophy)
④ 조내생증(Onyshocryptosis)

교조증은 잘못된 습관으로 손톱을 물어뜯어 손톱이 자라지 못하는 증상이며, 인조네일을 해서 손톱을 물어뜯는 습관을 없애는 데 도움을 준다.

## 046
건강한 손톱에 대한 조건으로 틀린 것은?

① 반투명하며 아치형을 이루고 있어야 한다.
② 반월(루눌라)이 크고 두께가 두꺼워야 한다.
③ 표면이 굴곡이 없고 매끈하며 윤기가 나야 한다.
④ 단단하고 탄력 있어야 하며 끝이 갈라지지 않아야 한다.

건강한 손톱에 대한 조건으로는 반월(루눌라)의 크기와는 상관이 없다.

## 047
네일 기기 및 도구류의 위생관리로 틀린 것은?

① 타월은 1회 사용 후 세탁 · 소독 한다.
② 소독 및 세제용 화학제품은 서늘한 곳에 밀폐 보관한다.
③ 큐티클 니퍼 및 네일 푸셔는 자외선 소독기에 소독할 수 없다.
④ 모든 도구는 70% 알코올을 이용하며 20분 동안 담근 후 건조시켜 사용한다.

큐티클 니퍼 및 네일 푸셔는 자외선 소독기에 소독할 수 있다.

## 048
네일숍 고객관리 방법으로 틀린 것은?

① 고객의 질문에 경청하며 성의 있게 대답한다.
② 고객의 잘못된 관리 방법을 제품 판매로 연결한다.
③ 고객의 대화를 바탕으로 고객 요구사항을 파악한다.
④ 고객의 직무와 취향 등을 파악하여 관리 방법을 제시한다.

무리한 제품 판매의 권유는 고객의 불쾌감을 줄 수 있으므로 무리하게 권유해서는 안 된다.

## 049
손가락 뼈의 기능으로 틀린 것은?

① 지지기능   ② 흡수기능
③ 보호작용   ④ 운동기능

손가락 뼈에는 흡수기능이 해당하지 않는다.

## 050
네일서비스 고객 관리카드에 기재하지 않아도 되는 것은?

① 예약 가능한 날짜와 시간
② 손톱의 상태와 선호하는 색상
③ 은행 계좌정보와 고객의 월수입
④ 고객의 기본 인적 사항

고객 관리카드에 고객의 개인 은행 계좌정보와 고객의 월수입은 기재하지 않아도 된다.

## 051
큐티클 정리 시 유의 사항으로 가장 적합한 것은?

① 큐티클 푸셔는 90°의 각도를 유지해 준다.
② 에포니키움의 밑 부분까지 깨끗하게 정리한다.
③ 큐티클은 외관상 지저분한 부분만을 정리한다.
④ 에포니키움과 큐티클 부분은 힘을 주어 밀어준다.

• 큐티클 푸셔는 45°의 각도를 유지해 준다.
• 에포니키움의 밑 부분까지 정리하지 않는다.
• 에포니키움과 큐티클 부분은 힘을 주지 않고 살살 밀어준다.

## 052
UV 젤 스컬프쳐 보수 방법으로 가장 적합하지 않은 것은?

① UV젤과 자연네일의 경계 부분을 파일링 한다.
② 투웨이 젤을 이용하여 두께를 만들고 큐어링 한다.
③ 파일링 시 너무 부드럽지 않은 파일을 사용 한다.
④ 거친 네일 표면 위에 UV젤 탑코트를 바른다.

UV 젤 스컬프처 보수에는 클리어 젤과 탑젤을 사용하여 두께와 마무리를 하며, 투웨이 젤은 젤 글루이기 때문에 젤 스컬프처 보수에는 사용하지 않는다.

## 053
네일 탑의 사용과 관련하여 가장 적합한 것은?

① 팁 접착 부분에 공기가 들어갈수록 손톱의 손상을 줄일 수 있다.
② 팁을 부착할 시 유지력을 높이기 위해 모든 네일에 하프웰팁을 적용한다.
③ 팁을 부착할 시 네일팁이 자연손톱의 1/2 이상 덮어야 유지력을 높이는 기준이다.
④ 팁을 선택할 때에는 자연손톱의 사이즈와 동일하거나 한 사이즈 큰 것을 선택한다.

팁을 부착할 시 네일팁이 자연손톱의 1/3 이상 덮는 것이 적당하며, 팁 접착에 공기가 들어가지 않도록 주의하며 부착한다.

## 054
내추럴 프렌치 스컬프처의 설명으로 틀린 것은?

① 자연스러운 스마일라인을 형성한다.
② 네일 프리에지가 내추럴 파우더로 조형된다.
③ 네일 바디 전체가 내추럴 파우더로 오버레이 된다.
④ 네일 베드는 핑크 파우더 또는 클리어 파우더로 작업한다.

내추럴 프렌치 스컬프처는 네일 길이를 연장 후 두 가지 색으로 자연스럽게 오버레이 하는 방법이다.

## 055
손톱에 네일 폴리시가 착색되었을 때 착색을 제거하는 제품은?

① 네일 화이트너
② 네일 표백제
③ 네일 보강제
④ 폴리시리무버

손톱에 네일 폴리시가 착색되었을 때 네일 표백제를 이용하여 착색된 부분을 제거한다.

## 056
자외선램프 기기에 조사해야만 경화되는 네일 재료는?

① 아크릴릭 모노머
② 아크릴릭 폴리머
③ 아크릴릭 올리고머
④ UV젤

UV젤은 자외선램프 기기를 이용하여 경화시켜야 한다.

## 057
새로 성장한 손톱과 아크릴 네일 사이의 공간을 보수하는 방법으로 옳은 것은?

① 들뜬 부분은 니퍼나 다른 도구를 이용하여 강하게 뜯어낸다.
② 손톱과 아크릴 네일 사이의 턱을 거친 파일로 강하게 파일링 한다.
③ 아크릴 네일 보수 시 프라이머를 손톱과 인조 네일 전체에 바른다.
④ 들뜬 부분을 파일로 갈아내고 손톱 표면에 프라이머를 바른 후 아크릴 화장물을 올려준다.

아크릴 네일의 보수에는 들뜬 부분을 너무 강하게 뜯어내면 공간이 더 생길 수 있으며, 들뜬 부분을 파일로 갈아낸 뒤 표면에 프라이머를 바르고 아크릴 화장물을 올려준다.

## 058
매니큐어 과정으로 (   ) 안에 들어 갈 가장 적합한 작업 과정은?

소독하기 – 네일 폴리쉬 지우기 – (   ) – 샌딩 파일 사용하기 – 핑거볼 담그기 – 큐티클 정리하기

① 손톱 모양 만들기
② 큐티클 오일 바르기
③ 거스러미 제거하기
④ 네일 표백하기

기존의 네일 폴리시를 지운 다음 자연 네일의 손톱 모양을 만들어 준 후 샌딩 파일로 표면 정리하고, 핑거볼을 사용하여 큐티클을 정리한다.

## 059
네일 폴리시 작업 방법으로 가장 적합한 것은?

① 네일 폴리시는 1회 도포가 이상적이다.
② 네일 폴리시를 섞을 때는 위, 아래로 흔들어준다.
③ 네일 폴리시가 굳었을 때는 네일 리무버를 혼합한다.
④ 네일 폴리시는 손톱 가장자리 피부에 최대한 가깝게 도포한다.

네일 폴리시는 2회 도포가 이상적이고, 폴리시가 굳었을 때는 폴리시 전용 시너를 사용하며, 폴리시를 섞을 때는 위아래로 흔들면 기포가 생기므로 좌우로 비비면서 섞어준다.

## 060
매니큐어와 관련한 설명으로 틀린 것은?

① 일반 매니큐어와 파라핀 매니큐어는 함께 병행할 수 없다.
② 큐티클 니퍼와 네일 푸셔는 하루에 한 번 오전에 소독해서 사용한다.
③ 손톱의 파일링은 한 방향으로 해야 자연 네일의 손상을 줄일 수 있다.
④ 과도한 큐티클 정리는 고객에게 통증을 유발하거나 출혈이 발생함으로 주의한다.

큐티클 니퍼와 네일 푸셔는 사용 전과 사용 후 소독해야 한다.

**10회 [정답]** 　　　　　　　　　　적중모의고사

| 001 | 002 | 003 | 004 | 005 |
| --- | --- | --- | --- | --- |
| ④ | ② | ④ | ① | ④ |
| 006 | 007 | 008 | 009 | 010 |
| ④ | ③ | ③ | ④ | ② |
| 011 | 012 | 013 | 014 | 015 |
| ① | ① | ① | ② | ① |
| 016 | 017 | 018 | 019 | 020 |
| ③ | ② | ② | ① | ① |
| 021 | 022 | 023 | 024 | 025 |
| ④ | ② | ④ | ④ | ④ |
| 026 | 027 | 028 | 029 | 030 |
| ① | ③ | ③ | ④ | ① |
| 031 | 032 | 033 | 034 | 035 |
| ② | ④ | ③ | ③ | ② |
| 036 | 037 | 038 | 039 | 040 |
| ② | ② | ① | ③ | ② |
| 041 | 042 | 043 | 044 | 045 |
| ④ | ① | ① | ④ | ① |
| 046 | 047 | 048 | 049 | 050 |
| ② | ③ | ② | ② | ③ |
| 051 | 052 | 053 | 054 | 055 |
| ③ | ② | ④ | ③ | ② |
| 056 | 057 | 058 | 059 | 060 |
| ④ | ④ | ① | ④ | ② |

# 네일미용사 필기
## 적중모의고사(상시시험 대비)

2026년 01월 05일 인쇄
2026년 01월 20일 발행

**저　자**　노희영 · 이기혜 공저
**발 행 처**　(주)도서출판 책과상상
**등록번호**　제2020-000205호
**발 행 인**　이강복
**주　소**　경기도 고양시 일산동구 장항로 203-191
**대표전화**　(02)3272-1703~4
**팩　스**　(02)3272-1705

**홈페이지**　www.sangsangbooks.co.kr
**ISBN**　979-11-6967-317-4

값 16,000원
Copyright© 2026
Book & SangSang Publishing Co.

저자협의
인지생략